普通高等教育电气工程自动化系列教材

电气控制与可编程控制器应用技术

主　编　黄建清
副主编　袁　琦
参　编　王步来

机械工业出版社

本书以三菱 FX_{2N} 系列 PLC 为例,全面系统地介绍了 PLC 控制系统的工作原理、设计方法和实际应用。全书共分为 11 章,内容涵盖了常用低压电器、继电-接触器控制系统的基本控制电路、PLC 应用基础、三菱 FX_2 系列及 FX_{2N} 系列 PLC 及其功能指令、PLC 的程序设计及应用、PLC 特殊功能模块及应用、变频器及其应用、计算机数控系统及 PLC 在数控机床中的应用、PLC 编程软件的使用方法和西门子 S7-200 系列 PLC。另外,为加强理论与实践的相互结合,适量安排了实训方面的内容。

本书可作为高等学校电气工程及其自动化、自动化、机电一体化等专业的教材,也可作为高职高专院校相关专业的教材,同时还适合从事电气控制技术专业的相关技术人员参考。

图书在版编目（CIP）数据

电气控制与可编程控制器应用技术/黄建清主编. —北京：机械工业出版社，2020.3

普通高等教育电气工程自动化系列教材

ISBN 978-7-111-64643-3

Ⅰ.①电… Ⅱ.①黄… Ⅲ.①电气控制-自动控制系统-高等学校-教材 ②可编程序控制器-高等学校-教材 Ⅳ.①TM571.2②TM571.61

中国版本图书馆 CIP 数据核字（2020）第 011291 号

机械工业出版社（北京市百万庄大街 22 号　邮政编码 100037）
策划编辑：王雅新　责任编辑：王雅新　王小东
责任校对：潘　蕊　封面设计：陈　沛
责任印制：张　博
三河市宏达印刷有限公司印刷
2020 年 5 月第 2 版第 1 次印刷
184mm×260mm・18.5 印张・454 千字
标准书号：ISBN 978-7-111-64643-3
定价：49.00 元

电话服务　　　　　　　　　网络服务
客服电话：010-88361066　　机 工 官 网：www.cmpbook.com
　　　　　010-88379833　　机 工 官 博：weibo.com/cmp1952
　　　　　010-68326294　　金 书 网：www.golden-book.com
封底无防伪标均为盗版　　　机工教育服务网：www.cmpedu.com

前　言

电气控制与可编程控制器（PLC）应用技术是普通高等工科院校电气类、机械类等专业中实践性较强的专业课。随着科学技术的不断发展，电气控制与可编程控制器应用技术在机械制造、冶金、化工、电力、建筑和交通运输等领域的应用越来越广泛。PLC 源于电气控制，是在电子技术、计算机技术、自动控制技术和通信技术发展的基础上产生的一种新型工业自动控制装置，具有可靠性高、抗干扰能力强、编程简单、易于扩展和调试维护方便等一系列优点。PLC 不仅可以用于开关量控制、运动控制、过程控制和数字控制，还可以用于数字通信和联网控制。目前，PLC 技术已成为现代工业控制的重要支柱之一。因此，学习和掌握电气控制与可编程控制器应用技术，对于高等院校相关专业的学生和工业自动化技术人员而言，无疑具有很高的实用价值。

本书结构严谨，内容丰富，取材新颖。在内容编写上力求循序渐进、由浅入深，注重理论与实践的有机结合。本书以国内应用广泛、具有很高性价比的三菱 FX_{2N} 系列 PLC 为例，全面系统地介绍了 PLC 的工作原理及应用技术。本书还简要介绍了西门子 S7-200 系列 PLC 的指令应用，以便于读者为学习不同类型的 PLC 技术打下良好的基础。

全书共分为 11 章，第 1 章主要介绍了传统常用低压电器，以及常用的新型电子式无触点低压电器。第 2 章介绍了以传统低压电器组成的基本电气控制电路和控制原理。第 3 章介绍了 PLC 的特点、结构和原理等基础知识。第 4 章介绍了三菱 FX_{2N} 系列 PLC 的编程元件、指令系统及应用。第 5 章介绍了 FX_{2N} 系列 PLC 的功能指令及应用。第 6 章主要介绍了 PLC 程序设计方法和 PLC 控制系统设计应用实例。第 7 章介绍了三菱 FX_{2N} 系列 PLC 的特殊功能模块，并给出一些编程实例，同时对数据通信基础和工业控制网络基础做了简单介绍。第 8 章介绍了变频器的基本原理和使用，以及 PLC 与变频器的综合应用。第 9 章介绍了计算机数控系统和 PLC 在数控机床中的应用。第 10 章介绍了三菱 GX Developer 编程软件的使用方法。第 11 章介绍了西门子 S7-200 系列 PLC 的基础知识和基本指令系统。

本书由黄建清担任主编，袁琦担任副主编。第 1 章由黄建清编写；第 2 章由王步来编写；第 3~6 章由袁琦编写；第 7~11 章和附录由黄建清编写。

本书在编写过程中参考了有关文献和资料，在此对本书所列参考文献的作者表示衷心的感谢！

由于编者水平有限，书中难免存在错误和不妥之处，恳请广大读者批评指正。

编　者

目 录

前 言
第1章 常用低压电器 ………………… 1
1.1 主令电器 ………………………… 1
1.2 开关电器 ………………………… 6
1.3 熔断器 …………………………… 11
1.4 接触器 …………………………… 13
1.5 继电器 …………………………… 15
1.6 无触点低压电器 ………………… 24
习题 …………………………………… 27

第2章 继电-接触器控制系统的基本控制电路 ………………… 28
2.1 电气控制电路的基本原则 ……… 28
2.2 直流电动机的基本控制电路 …… 29
2.3 三相异步电动机的基本控制电路 … 34
习题 …………………………………… 40
实训1 三相异步电动机的起保停控制 … 41
实训2 三相异步电动机的丫-△减压起动控制 ……………………………… 42

第3章 PLC应用基础 ………………… 45
3.1 PLC概述 ………………………… 45
3.2 PLC的基本结构与工作原理 …… 49
习题 …………………………………… 56

第4章 三菱FX$_{2N}$系列PLC …………… 57
4.1 FX$_{2N}$系列PLC的技术参数 …… 57
4.2 FX$_{2N}$系列PLC的编程元件 …… 59
4.3 FX$_{2N}$系列PLC的基本指令 …… 67
4.4 FX$_{2N}$系列PLC的步进指令 …… 77
实训3 点动、连续运行的PLC控制 … 82
实训4 三相异步电动机丫-△减压起动的PLC控制 …………………………… 84

第5章 FX$_{2N}$系列PLC的功能指令 …… 87
5.1 功能指令的分类 ………………… 87
5.2 功能指令的基本格式 …………… 87
5.3 常用功能指令 …………………… 89
实训5 用功能指令实现数码管循环点亮 ………………………………… 102
实训6 公园花样喷泉控制 ………… 104

第6章 PLC的程序设计及应用 ……… 108
6.1 梯形图绘制的一般原则 ………… 108
6.2 梯形图的基本电路 ……………… 111
6.3 PLC程序设计方法 ……………… 115
6.4 PLC的应用 ……………………… 133
习题 ……………………………………… 143

第7章 PLC特殊功能模块及应用 …… 144
7.1 FX系列PLC特殊功能模块的分类 … 144
7.2 A/D输入模块 …………………… 145
7.3 D/A输出模块 …………………… 149
7.4 模拟量I/O模块 ………………… 152
7.5 温度A/D输入模块 ……………… 157
7.6 PLC通信模块和通信扩展板 …… 160
7.7 CC-Link现场总线模块 ………… 169
7.8 其他特殊功能模块 ……………… 175
习题 ……………………………………… 177

第8章 变频器及其应用 ……………… 178
8.1 变频调速的基本原理 …………… 178
8.2 变频器的分类 …………………… 179
8.3 交-交变频器 …………………… 182
8.4 交-直-交变频器 ………………… 184
8.5 通用变频器 ……………………… 188
8.6 变频调速系统 …………………… 194
习题 ……………………………………… 202

第9章 计算机数控系统及PLC在数控机床中的应用 ………… 203
9.1 数控机床概述 …………………… 203
9.2 计算机数控系统 ………………… 205

9.3　PLC 在数控机床中的应用 …………… 209

习题 …………………………………………… 224

第 10 章　PLC 编程软件的使用方法 … 225

10.1　编程软件概述 …………………… 225

10.2　工程项目 ………………………… 227

10.3　编程操作 ………………………… 230

10.4　编辑操作 ………………………… 244

10.5　软元件注释 ……………………… 245

10.6　在线操作 ………………………… 248

第 11 章　西门子 S7-200 系列 PLC … 249

11.1　S7-200 CPU22X 系列 PLC 的型号 …… 249

11.2　S7-200 CPU22X 系列 PLC 的主要技术指标 ……………………………… 249

11.3　S7-200 系列 PLC 的编程软元件及编址方式 ……………………………… 250

11.4　S7-200 PLC 的基本逻辑指令 ………… 257

11.5　S7-200 PLC 基本指令应用举例 ……… 272

习题 …………………………………………… 275

附录 …………………………………………… 277

附录 A　常用电气图形和文字符号 ………… 277

附录 B　FX$_{2N}$ 系列 PLC 的功能指令 ………… 279

附录 C　SB70G 系列变频器部分功能参数 ………………………………… 283

附录 D　三菱 FR-A540 变频器端子接线图 ……………………………… 287

参考文献 ……………………………………… 288

第1章 常用低压电器

电器是指根据外界特定的信号和要求，能以自动或手动方式接通和断开电路，断续或连续地改变电路参数，实现对电路或非电对象的切换、控制、检测、保护、变换和调节作用的电气元件。按照其工作电压等级来划分，可以分为低压电器和高压电器两大类。凡是工作在交流1200V及以下，或直流1500V及以下的电路中的电器均称为低压电器。

低压电器功能多样，用途广泛，种类繁多，原理结构各异，分类方法也很多，较常见的分类方法有以下两种。

1. 按动作原理分类

1）手动电器。需通过人工直接操作才能完成动作的电器，例如刀开关、控制按钮和转换开关等。

2）自动电器。不需人工操作，而是按照指令、信号或某个物理量的变化自动完成动作的电器，例如接触器、继电器、电磁阀和行程开关等。

2. 按用途分类

1）低压控制电器。在低压配电电路和电动机控制电路中起控制作用的电器，例如转换开关、继电器和接触器等。

2）低压配电电器。在低压供配电系统中用来输送和分配电能的电器，例如低压断路器、熔断器和刀开关等。

3）低压保护电器。在低压供配电系统中对电路和电气设备起保护作用的电器，例如熔断器、热继电器和避雷器等。

4）低压主令电器。在自动控制系统中用来发送控制指令的电器，例如按钮、行程开关、转换开关等。

5）低压执行电器。在自动控制系统中用来完成某种动作或传送功能的电器，例如电磁铁、电磁离合器等。

常用低压电器主要是指在低压配电系统和电力拖动自动控制系统中广泛使用、比较典型的低压电器元件，例如继电器、接触器、控制按钮、熔断器、热继电器和行程开关等。本章主要介绍一些常用低压电器产品的基本结构、工作原理和技术参数。

1.1 主令电器

主令电器是自动控制系统中用于发布命令或信号，接通或断开控制电路的电器。主令电器的应用非常广泛，种类繁多，常用的有控制按钮、行程开关、万能转换开关和主令控制器等。

1.1.1 控制按钮

控制按钮通常简称为按钮，是最常用的主令电器之一。在低压控制电路中，用于手动发出控制信号，它不直接控制主电路的通断，而是在控制电路中发出"指令"去控制接触器、继电器等电器线圈的通断，间接控制主电路。

控制按钮一般由按钮帽、复位弹簧、桥式触点和外壳等组成。按用途和结构不同，控制按钮分为起动按钮、停止按钮和复合按钮等，大多数做成具有常开触点和常闭触点的复合式。常态时（未按下时）处于接通的触点，称为常闭触点；常态时处于断开的触点，称为常开触点。控制按钮的结构示意图如图1-1所示。

当操作人员按下按钮帽时，先分断常闭触点，再接通常开触点；当手指松开按钮帽时，在复位弹簧作用下，常开触点先断开，然后常闭触点闭合。

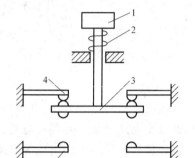

图1-1 控制按钮的结构示意图
1—按钮帽 2—复位弹簧 3—动触桥
4—常闭触点 5—常开触点

常用的控制按钮型号有LA18、LA19、LA20及LA25等系列。型号含义为

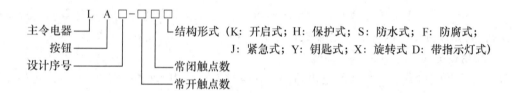

例如LA20-22DJ表示：二常开二常闭带指示灯紧急式按钮。

为了标明控制按钮的作用，避免误操作，通常将按钮帽做成红、绿、黑、黄、蓝、白和灰等不同颜色，以示区别。根据有关国家标准，对不同用途的按钮，其按钮的颜色、用途见表1-1。

表1-1 按钮的颜色、用途

按钮作用	按钮帽颜色
停止、急停	红色
起动	绿色
点动	黑色
复位	蓝色
起动与停止交替动作	黑色、白色或灰色

另外，在控制按钮选用时，起动按钮按表1-1规定一般选用绿色按钮，但可优先选用白色按钮；停止按钮一般选用红色按钮，但可优先选用黑色按钮。

LA20系列按钮的技术数据见表1-2。

控制按钮的图形、文字符号如图1-2所示。

表 1-2 LA20 系列按钮的技术数据

型号	触点数量 常开	触点数量 常闭	结构形式	按钮 钮数	按钮 颜色	指示灯 电压/V	指示灯 功率/W
LA20-11	1	1	按钮式	1	红、绿、黄、蓝或白	—	—
LA20-11J	1	1	紧急式	1	红	—	—
LA20-11D	1	1	带灯按钮式	1	红、绿、黄、蓝或白	6	<1
LA20-11DJ	1	1	带灯紧急式	1	红	6	<1
LA20-22	2	2	按钮式	1	红、绿、黄、蓝或白	—	—
LA20-22J	2	2	紧急式	1	红	—	—
LA20-22D	2	2	带灯按钮式	1	红、绿、黄、蓝或白	6	<1
LA20-22DJ	2	2	带灯紧急式	1	红	6	<1
LA20-2K	2	2	开启式	2	白红或绿红	—	—
LA20-3K	3	3	开启式	3	白、绿、红	—	—
LA20-2H	2	2	保护式	2	白红或绿红	—	—
LA20-3H	3	3	保护式	3	白、绿、红	—	—

1.1.2 行程开关

行程开关是一种不依靠手的直接操作，而利用生产机械某些运动部件上的挡块碰撞来发出控制指令使触点动作的主令电器。行程开关也称为位置开关或限位开关。

行程开关按结构不同可分为直动式、滚动式和微动式，它们都是由操作机构、触点系统和外壳三部分组成的。直动式行程开关的结构示意图如图1-3所示。

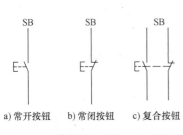

a) 常开按钮　b) 常闭按钮　c) 复合按钮

图 1-2　控制按钮的图形、文字符号

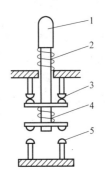

图 1-3　直动式行程开关的结构示意图
1—顶杆　2—弹簧　3—常闭触点
4—触点弹簧　5—常开触点

行程开关的动作原理如下：操作机构接受机械设备发出的动作信号，并将该信号传递到触点系统，触点系统再将操作机构传来的机械信号，通过本身的转换动作，变换成电信号，输出到有关控制电路，作出必要的反应。

常用的行程开关有 JLXK1、LX10、LX19、LX21 和 3SE3 等系列，JLXK 系列行程开关的含义为

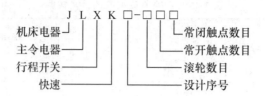

例如 JLXK1-211 表示：一常开一常闭双轮防护式行程开关。
JLXK1 系列行程开关的技术数据见表 1-3。

表 1-3 JLXK1 系列行程开关的技术数据

型　号	额定电压/V		额定电流/A	触点数量		结构形式
	交流	直流		常开	常闭	
JLXK1-111	500	440	5	1	1	单轮防护式
JLXK1-111M	500	440	5	1	1	单轮密封式
JLXK1-211	500	440	5	1	1	双轮防护式
JLXK1-211M	500	440	5	1	1	双轮密封式
JLXK1-311	500	440	5	1	1	直动防护式
JLXK1-311M	500	440	5	1	1	直动密封式
JLXK1-411	500	440	5	1	1	直动滚轮防护式
JLXK1-411M	500	440	5	1	1	直动滚轮密封式

行程开关的图形、文字符号如图 1-4 所示。

1.1.3　万能转换开关

万能转换开关是一种多档式、控制多路电路的主令电器，主要应用于低压控制电路的转换、电动机的远程控制、电压表和电流表的换相测量控制，以及小容量电动机的控制等。之所以称为"万能"转换开关，是由于它能控制多个回路，适应复杂线路的要求。它主要由操作机构、定位装置和触点系统三部分组成，其单层结构原理示意图如图 1-5 所示。

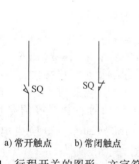

a) 常开触点　b) 常闭触点

图 1-4　行程开关的图形、文字符号

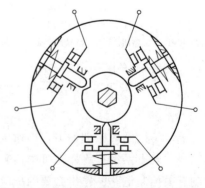

图 1-5　万能转换开关单层结构原理示意图

万能转换开关按手柄操作方式分为自复式、定位式和定位-自复式三种。万能转换开关触点的通断由每层凸轮来控制，通常每层凸轮的形状是不同的，当操作手柄转到不同位置时，通过凸轮的作用，可使各层中的各对触点按所需要的规律接通和分断，以适应不同的控制功能。

常用的万能转换开关有LW5、LW6和LW12等系列。型号含义为

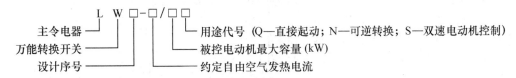

LW5系列5.5kW万能转换开关的参数、用途见表1-4。

表1-4　LW5系列5.5kW万能转换开关的参数、用途

型　号	定位特性			接触装置档数	用　途
LW5-15/5.5Q		0°	45°	2	用于直接起动
LW5-15/5.5N	45°	0°	45°	3	用于可逆转换
LW5-15/5.5S	45°	0°	45°	3	用于电动机变速

万能转换开关的图形、文字符号如图1-6所示。图1-6a中的虚线表示操作手柄转到不同位置，"·"表示操作手柄转到该位置时，对应的两触点接通。例如，当操作手柄转到0位置时，表示1、2触点接通；转到右边位置时，表示3、4触点接通。图1-6b是万能转换开关图形符号的另一种表示方法，图中的"×"表示操作手柄位于该位置时，对应的两触点处于接通状态。

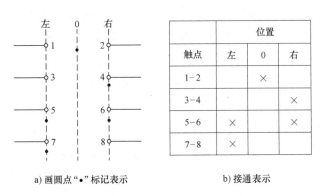

图1-6　万能转换开关的图形、文字符号

由于万能转换开关的通断能力不高，当用来直接控制电动机时，LW5系列只能控制5.5kW及以下的小容量电动机，而LW6系列只能控制2.2kW及以下的小容量电动机。当它们用于可逆运行控制时，只有在电动机停车以后才允许反向起动。

1.1.4　主令控制器

主令控制器也是一种控制多路电路的主令电器，它适用于频繁地按顺序切换多个控制回路。主令控制器主要应用于起重机、轧钢机及其他生产机械的电力拖动控制系统中的远距离控制。

主令控制器主要由转轴、凸轮、定位装置、触点系统及手柄等部分组成，其外形和结构示意图如图1-7所示。

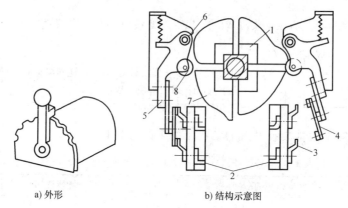

a) 外形　　　　b) 结构示意图

图1-7　主令控制器的外形和结构示意图

1、7—凸轮块　2—接线端子　3—静触点　4—动触点　5—支杆　6—转动轴　8—小轮

主令控制器按操作方式可分为手柄式和手轮式两种。

主令控制器的动作原理如下：当转动图中的方形轴时，凸轮块也跟着转动，当凸轮块的凸起部分旋转到与小轮8接触时，就推动支杆5向外张开，使动触点4与静触点3分开，断开被控电路。当凸轮的凹陷部分与小轮8接触时，支杆5在反作用弹簧作用下复位，使动、静触点闭合，从而将被控电路接通。这样在方形轴上安装一串不同形状的凸轮，便可使触点按照一定的顺序接通和断开，也就获得了按一定顺序进行控制的电路。

常用的主令控制器有LK14、LK15、LK16、LK17和LK18等系列。型号含义为

LK14系列主令控制器的技术数据见表1-5。

表1-5　LK14系列主令控制器的技术数据

型号	额定电压	额定电流	控制回路数目
LK14	380V	15A	12个

1.2　开关电器

1.2.1　刀开关

刀开关俗称闸刀开关，是一种结构最简单、应用十分广泛的手动操作电器。它主要作为不频繁接通和分断小容量的低压供电电路、小容量电路的电源开关。

刀开关由手柄、触刀、静插座、铰链支座和绝缘底板等组成，其结构示意图如图1-8

所示。

刀开关按极数分有单极、双极、三极和四极,其中三极刀开关使用量最大。

刀开关安装,合闸状态时其手柄应在上方,不得倒装或平装。如果倒装,手柄有可能因自动下滑而引起误动作合闸,造成人身和设备安全事故。接线时,将电源线接在刀开关上端,负载接在熔丝下端。这样,操作人员拉闸后,刀开关与电源隔离,便于更换熔丝。

常用的产品有 HD11~HD14 和 HS11~HS13 系列刀开关;HK1、HK2 系列开启式开关熔断器组;HH3、HH4 系列封闭式开关熔断器组;HR5、HR11 系列熔断式刀开关。型号含义为

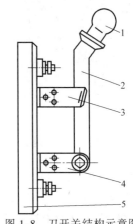

图 1-8 刀开关结构示意图
1—手柄 2—触刀 3—静插座
4—铰链支座 5—绝缘底板

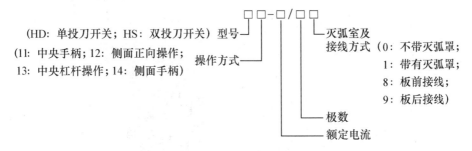

例如 HD11-400/39 表示单投三极刀开关,无灭弧罩,中央手柄式板后接线。

HK1 系列开启式开关熔断器组的技术数据见表 1-6。

表 1-6 HK1 系列开启式开关熔断器组的技术数据

额定电流值 /A	极数	额定电压值 /V	可控电动机最大容量值 /kW		触刀极限分断能力 ($\cos\varphi=0.6$) /A	熔丝极限分断能力 /A	配用熔丝规格			
							熔丝成分			熔丝直径 /mm
			220V	380V			W_{Pb}	W_{Sn}	W_{Sb}	
15	2	220	—		30	500	98%	1%	1%	1.45~1.59
30	2	220	—		60	1000				2.30~2.52
60	2	220	—		90	1500				3.36~4.00
15	3	380	1.5	2.2	30	500				1.45~1.59
30	3	380	3.0	4.0	60	1000				2.30~2.52
60	3	380	4.4	5.5	90	1500				2.36~4.00

刀开关的图形、文字符号如图 1-9 所示。

1.2.2 组合开关

组合开关又称转换开关,它也是一种刀开关,其刀片是转动式的。组合开关主要用于低压电气控制电路中,作为电源引入开关,直接控制小容量笼型异步电动机非频繁正反转以及局部照明电路的控制等。

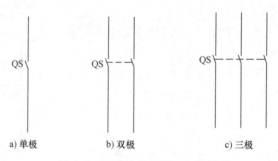

图1-9 刀开关的图形、文字符号

组合开关由动触点、静触点、方形转轴、手柄、定位机构和外壳等组成。它的动触点（片）套在装有手柄的绝缘方形转轴上，整个结构采用叠装式，层数由动触点数量决定。通过手柄转动方形转轴时，静触点（片）将插入相应的动触点中，使电路接通。组合开关的外形及结构示意图如图1-10所示。

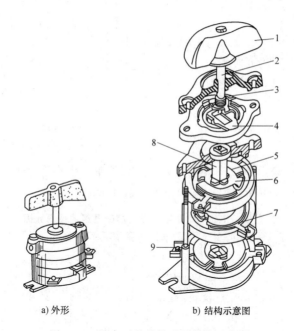

图1-10 组合开关的外形及结构示意图
1—手柄 2—转轴 3—弹簧 4—凸轮 5—绝缘垫板
6—动触点 7—静触点 8—绝缘杆 9—接线柱

组合开关按极数分为单极、双极和多极。

组合开关种类很多，常用的有HZ5、HZ10、HZ15等系列。型号含义为

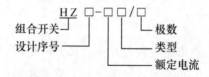

HZ10系列组合开关的技术数据见表1-7。

表1-7 HZ10系列组合开关的技术数据

型号	额定电压/V	额定电流/A	极数	极限操作电流/A		可控制电动机最大容量和额定电流	
				接通	分断	容量/kW	额定电流/A
HZ10-10	直流220，交流380	6	单极	94	62	3	7
		10	2,3	155	108	5.5	12
HZ10-25		25					
HZ10-60		60					
HZ10-100		100					

组合开关的图形、文字符号如图1-11所示。

1.2.3 低压断路器

低压断路器俗称自动空气开关，是低压配电系统中一种很重要的保护电器，它相当于刀开关、熔断器、热继电器和欠电压继电器的组合。当电路发生严重过载、短路及失电压（包括欠电压）等故障时，能自动切断故障电路，有效地保护串联在其后面的电气设备。在正常情况下，也可用于不频繁地接通和断开电路及控制电动机。因此，低压断路器既是保护电器，也是控制电器。

低压断路器在结构上由触点系统、操作机构、保护装置（各种脱扣器）、灭弧装置等组成，其结构原理图如图1-12所示。

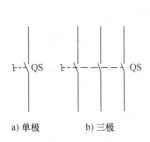

a) 单极　　b) 三极

图1-11 组合开关的图形、文字符号

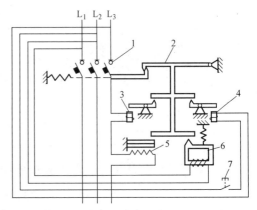

图1-12 低压断路器结构原理图
1—主触点　2—自由脱扣机构　3—过电流脱扣器
4—分励脱扣器　5—热脱扣器　6—失电压脱扣器
7—起动按钮

低压断路器按结构类型分为框架式和塑壳（塑料外壳）式两种，它们的主要用途是作为配电系统的保护开关，其中后者在低压供电电路中也常作为控制开关。

低压断路器的工作原理如下：在图1-12中，主触点是靠操作机构通过手动或电动来闭合的，主触点闭合后，自由脱扣机构将其锁在合闸位置上。当电路中发生故障时，脱扣机构就在相关脱扣器的作用下将锁钩脱开，主触点在释放弹簧的作用下迅速将电路分断。

当电路发生短路或严重过载时，与主电路串联的过电流脱扣器的线圈将产生较强的电磁力将其衔铁吸下，使自由脱扣机构的锁钩脱开，从而分断主触点。当电路发生过载时，与主电路串联的热脱扣器的热元件将产生一定的热量，加热膨胀系数不同的双金属片，使之向上弯曲，推动自由脱扣机构，使其锁钩脱开，使主触点分断。

失电压脱扣器的线圈与主电路是并联的，在电压正常情况下，失电压脱扣器的线圈产生足够强的电磁力将其衔铁吸住，不影响自由脱扣机构和主触点，但在电压严重下降或失电压的情况下，电磁吸力不足或消失，衔铁被释放而推动自由脱扣机构动作，解开锁钩，使主触点分开，切断主电路。

图 1-12 中的起动按钮用来使分励线圈得电，产生电磁力，实现远距离控制分断主电路。

框架式低压断路器主要有 DW10 和 DW15 两个系列。塑壳式低压断路器主要有 DZ15 和 DZ20 等系列。型号含义为

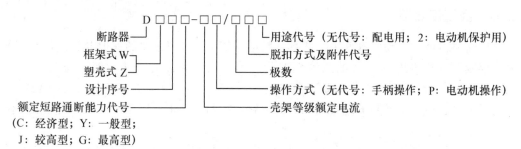

低压断路器的脱扣方式和附件代号见表 1-8。

表 1-8 低压断路器的脱扣方式和附件代号

脱扣方式	不带附件	分励	辅助触点	失电压	分励辅助触点	分励失电压	两组辅助触点	失电压辅助触点
无脱扣	00		02				06	
热脱扣	10	11	12	13	14	15	16	17
电磁脱扣	20	21	22	23	24	25	26	27
复式脱扣	30	31	32	33	34	35	36	37

DZ20 系列低压断路器的主要技术数据见表 1-9。

表 1-9 DZ20 系列低压断路器的主要技术数据

型号	壳架等级额定电流/A	脱扣器额定电流 I_N/A	交流短路极限通断能力/kA	瞬时脱扣器电流整定值/A	电气寿命/次	机械寿命/次
DZ20C-160	160	16,20,32,50,63,80,100（C:125,160）	12	配电用 $10I_N$；保护电动机用 $12I_N$	4000	4000
DZ20Y-100	100		18			
DZ20J-100			35			
DZ20G-100			100			
DZ20C-250	250	100,125,160,180,200,225（C:250）	15	配电用 $5I_N$、$10I_N$；保护电动机用 $8I_N$、$12I_N$	2000	6000
DZ20Y-200	200		25			
DZ20J-200			42			
DZ20G-200			100			

（续）

型号	壳架等级额定电流/A	脱扣器额定电流 I_N/A	交流短路极限通断能力/kA	瞬时脱扣器电流整定值/A	电气寿命/次	机械寿命/次
DZ20C-400	400	200,250,315,350,400（C:100,125,160,180）	20	配电用 $10I_N$；保护电动机用 $12I_N$	1000	4000
DZ20Y-400			30			
DZ20J-400			42	配电用 $5I_N$		
DZ20G-400			100	配电用 $10I_N$		

低压断路器的图形、文字符号如图 1-13 所示。

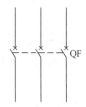

图 1-13 低压断路器的图形、文字符号

1.3 熔断器

熔断器是一种保护电器，其结构简单、使用方便、价格低廉，广泛应用于低压供电电路和控制电路及用电设备中作短路保护或严重过电流保护。

熔断器由熔体、熔断管（或座）、填料及导电部件等组成。熔体是熔断器的主要元件，通常做成丝状、片状和带状，它的材料主要是铅、锡、锌、银、铜及其合金。熔断管由陶瓷、绝缘钢或玻璃纤维制成封闭或半封闭式管状外壳，其兼有灭弧作用。

熔断器分为瓷插式、螺旋式、密封管式和自复式等几种形式，部分熔断器的结构如图 1-14~图 1-17 所示。

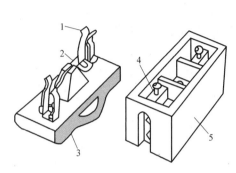

图 1-14 瓷插式熔断器的结构
1—动触点 2—熔丝 3—瓷盖
4—静触点 5—瓷座

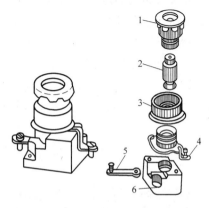

图 1-15 螺旋式熔断器的结构
1—瓷帽 2—熔管 3—瓷套 4—上接线端
5—下接线端 6—底座

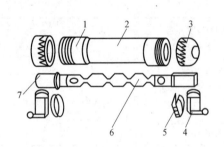 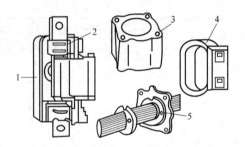

图 1-16 无填料密封管式熔断器的结构
1—黄铜套管 2—硬质绝缘管 3—黄铜帽
4—底座 5—夹座 6—熔体 7—插刀

图 1-17 有填料密封管式熔断器的结构
1—底座 2—夹座 3—石英砂填料
4—熔管 5—熔体

熔断器的熔体按串联方式接于被保护电路中,当电路正常工作时,熔体在额定电流下不会熔断;当电路发生短路或严重过电流时,熔体中的电流将远大于其额定电流,经过一定时间后,产生的热量将使熔体温度升高,当温度达到熔体熔化温度时,熔体自行熔断,切断故障电路,从而达到保护电路和电气设备的目的。

熔断器的种类很多,常用的产品有 RL、RC、RT、RM、RLS2 和 RS3 等系列。型号含义为

```
            R□□-□
            熔断器    熔断器额定电流
  (C:瓷插式;L:螺旋式;M:无填料密封管式;
      T:有填料密封管式)型式
                设计序号
```

熔断器的选择主要包括类型、额定电压、额定电流和熔体(丝)额定电流等。

熔断器的类型主要依据负载的保护特性和短路电流的大小来选择。

熔断器的额定电压是指其长期工作时和分断后能够承受的电压,其值应大于或等于电路的工作电压。

熔断器的额定电流是指其长期工作时,各部件温升不超过规定值时所能承受的电流,其值必须大于或等于所装熔体的额定电流。

熔断器的熔体额定电流与负载大小、负载性质有关,选择时可按以下几条原则进行:

1) 对于照明、电炉等电阻性负载的短路保护,熔体的额定电流应稍大于或等于负载电流,即 $I_{RN} \geq I_N$。其中 I_{RN} 为熔体的额定电流;I_N 为负载电流。

2) 当保护一台长期工作或非频繁起动的电动机时,熔体的额定电流为

$$I_{RN} \geq (1.6 \sim 2.8)I_N$$

3) 当保护一台频繁起动的电动机时,熔体的额定电流为

$$I_{RN} \geq (2.2 \sim 3.5)I_N$$

4) 当保护多台电动机时,熔体的额定电流为

$$I_{RN} \geq (1.5 \sim 2.5)I_{Nmax} + \sum I_N$$

式中,I_{Nmax} 为容量最大的一台电动机的额定电流;$\sum I_N$ 为其余电动机额定电流之和。

部分常用熔断器的技术数据见表 1-10。

表 1-10 部分常用熔断器的技术数据

型　　号	额定电压 /V	熔断器额定电流 /A	熔体额定电流 /A	额定分断电流 /kA
RL6-25，RL96-25 Ⅱ	500	25	2,4,6,10,16,20,25	50(cosφ = 0.1~0.2)
RL6-63，RL96-63 Ⅱ		63	35,50,63	
RL6-100		100	80,100	
RL6-200		200	125,160,200	
RL7-25	660	25	2,4,6,10,16,20,25	25(cosφ = 0.1~0.2)
RL7-63		63	35,50,63	
RL7-100		100	80,100	
RLS2-30	00	30	16,20,25,30	50(cosφ = 0.1~0.2)
RLS2-63		63	35,45,50,63	
RLS2-100		100	75,80,90,100	
RS3-50	500	50	10,15,30,50	50(cosφ = 0.3)
RS3-100		100	80,100	50(cosφ = 0.5)
RS3-200		200	150,200	50(cosφ = 0.5)

熔断器的图形、文字符号如图 1-18 所示。

图 1-18　熔断器的图形、文字符号

1.4　接触器

接触器是一种在低压配电电路和电动机控制电路中使用量非常大的自动切换电器，它利用电磁吸力和弹簧反力的作用使主触点闭合和分断。由于接触器体积小、价格便宜及维护方便，因而应用十分广泛，尤其适用于交直流主电路和大容量控制电路的频繁接通和分断，它的控制对象主要是电动机。另外它还具有欠电压和失电压（零电压）保护功能。

接触器按其主触点所控制的电路中电流种类的不同，分为交流接触器和直流接触器。它们的线圈电流种类也有交流和直流之分，可靠性要求高的场所，其线圈可采用直流励磁方式。

1.4.1　交流接触器的结构

交流接触器主要由电磁系统、触点系统、灭弧装置和其他部件四部分组成。交流接触器的结构示意图如图 1-19 所示。

1. 电磁系统

电磁系统由线圈、动铁心（衔铁）和静铁心三部分组成，它们的作用是产生电磁力，带动触点动作。

2. 触点系统

触点系统包括主触点和辅助触点。它们的作用是用来接通和断开被控制电路。主触点容量较大，通常用于控制电流较大的主电路；辅助触点容量较小，用于控制电流较小的辅助电路。辅助触点在控制电路中起联动作用。

3. 灭弧装置

灭弧装置用来起熄灭电弧的作用。由于直流电弧比交流电弧难以熄灭，所以直流接触器常采用磁吹式灭弧装置来灭弧，交流接触器常采用纵缝灭弧装置或栅片灭弧装置灭弧。

4. 其他部件

其他部件包括反作用弹簧、触点压力弹簧、传动机构及外壳等。

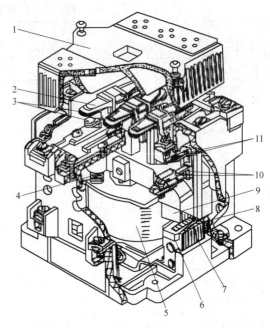

图 1-19 交流接触器的结构示意图
1—灭弧罩 2—触点压力弹簧片 3—主触点 4—反作用弹簧
5—线圈 6—短路环 7—静铁心 8—弹簧
9—动铁心 10—辅助常开触点 11—辅助常闭触点

1.4.2 交流接触器的工作原理

当电磁线圈通电后，线圈电流产生磁场，使静铁心产生电磁吸力，衔铁在电磁吸力作用下吸向铁心，同时带动动触点动作，使常闭触点断开，常开触点闭合。当线圈断电或电压显著降低时，电磁吸力消失或减弱，衔铁在反作用弹簧力的作用下释放，各触点随之复位，即常闭触点闭合，常开触点断开。

1.4.3 交流接触器的型号含义及技术数据

交流接触器的常用系列有 CJ20、CJ21、CJ26、CJ29、CJ35、CJ40、NC、B、LC1-D、3TB 和 3TF 等。交流接触器的型号含义为

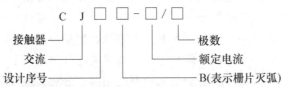

CJ40 系列接触器的主要技术参数见表 1-11。

表 1-11 CJ40 系列接触器的主要技术参数

型号	额定绝缘电压/V	最大工作电压/V	约定发热电流/A	AC-3 制额定工作电流/A			AC-3 制控制电动机最大功率/kW			AC-3 电气寿命/万次	机械寿命/万次
				380V	660V	1140V	220V	380V	660V	1140V		
CJ40-63	1140	660/1140	80	63	63		18.5	30	55		120	1000
CJ40-80				80	63		22	37	55			
CJ40-100			125	100	80		30	45	75			

(续)

型号	额定绝缘电压/V	最大工作电压/V	约定发热电流/A	AC-3制额定工作电流/A			AC-3制控制电动机最大功率/kW				AC-3电气寿命/万次	机械寿命/万次
				380V	660V	1140V	220V	380V	660V	1140V		
CJ40-125	1140	600/1140	125	125	80		37	55	75	55	120	1000
CJ40-160			250	160	125		45	75	110			
CJ40-200				200	125		55	90	110			
CJ40-250				250	125		75	132	110	110		
CJ40-315			500	315	315		90	160	300		60	600
CJ40-400				400	315		110	220	300			
CJ40-500				500	315		150	280	300			
CJ40-630			800	630	500		200	335	475		30	300
CJ40-800				800	500		250	450	475			
CJ40-1000			1000	1000	500	400	360	625	475	600		

接触器的图形、文字符号如图1-20所示。

a) 接触器线圈　　　b) 接触器主触点　　　c) 接触器辅助触点

图1-20　接触器的图形、文字符号

1.5　继电器

继电器是一种根据输入信号（电压、电流等电量或温度、时间、速度和压力等非电量）的变化，接通或断开控制电路，实现自动控制和保护电力拖动装置的电器。

继电器种类繁多，按输入信号不同可分为中间继电器、电流继电器、电压继电器、时间继电器、热继电器和速度继电器等。

1.5.1　中间继电器

中间继电器属于电磁式继电器的一种，其结构与交流接触器基本上相同。如图1-21所示，在结构上它也由电磁机构、触点系统和释放弹簧等组成。与接触器不同的是，继电器用于控制电路，触点容量较小（一般在5A以下），没有灭弧装置。触点组数较多，无主、辅触点之分。当其他继电器的触点数或容量不够时，由中间继电器的触点来补充，它主要起增加触点数量和中间放大的作用。

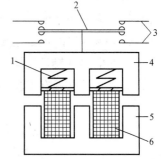

图1-21　中间继电器的结构示意图
1—复位弹簧　2—动触点　3—静触点
4—衔铁　5—铁心　6—线圈

中间继电器的工作原理与接触器大体相同。

中间继电器按线圈电压种类不同，有直流中间继电器和交流中间继电器两种。常用的中间继电器有 JZ7、JZ18 等系列。型号含义为

部分 JZ7 系列中间继电器的技术数据见表 1-12。

表 1-12　部分 JZ7 系列中间继电器的技术数据

型　号	触点额定电压 /V	触点额定电流 /A	触点数量		吸引线圈电压 /V	额定操作频率 /(次/h)
			常开	常闭		
JZ7-44	500	5	4	4	交流 50Hz 时 12、36、127、220、380	1200
JZ7-62			6	2		
JZ7-80			8	0		

中间继电器的图形、文字符号如图 1-22 所示。

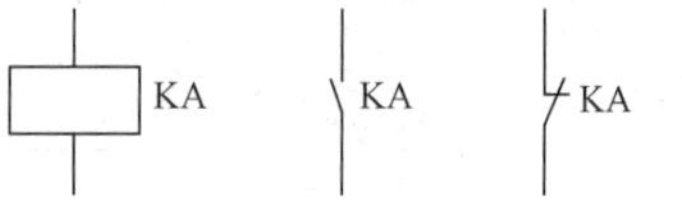

1.5.2　电流继电器

电流继电器也属于电磁式继电器，它是一种依据输入电流大小而动作的控制电器，其结构和工作原理与接触器相似。使用时，电流继电器的线圈与被测电路串联，为不影响电路的正常工作，其线圈匝数少、导线粗，线圈阻抗小。

图 1-22　中间继电器的图形、文字符号

电流继电器反映的是电流信号，根据用途分为过电流继电器和欠电流继电器。

电路正常工作时，过电流继电器因线圈中的电流小于整定电流而不动作。当电路发生短路等故障，流过线圈中的电流超过某一整定值时，继电器吸合动作，其常闭触点断开，将电路切断，对电路起到过电流保护作用。交流过电流继电器的动作电流整定范围通常为 $(1.1 \sim 4) I_N$，直流过电流继电器的动作电流整定范围则为 $(0.7 \sim 3.5) I_N$。

在电路正常工作时，欠电流继电器的衔铁是吸合的，当电路电流减小到某一整定值时，继电器释放，常开触点断开，对电路起欠电流保护作用。欠电流继电器动作电流整定范围通常是：吸合电流为线圈额定电流的 30%~65%，释放电流为线圈额定电流的 10%~20%。注意，欠电流继电器一般是自动复位的。

常用的电流继电器有 JL3、JL14、JL15 和 JL18 等。JL18 系列电流继电器的型号含义为

JL18 系列电流继电器的技术参数见表 1-13。

表 1-13 JL18 系列电流继电器的技术参数

型号	线圈额定值		结构特征
	工作电压/V	工作电流/A	
JL18-1.0	交流 380 直流 220	1.0	触点工作电压：交流 380V 直流 220V 发热电流：10A 可自动及手动复位
JL18-1.6		1.6	
JL18-2.5		2.5	
JL18-4.0		4.0	
JL18-6.3		6.3	
JL18-10		10	
JL18-16		16	
JL18-25		25	
JL18-40		40	
JL18-63		63	
JL18-100		100	
JL18-160		160	
JL18-250		250	
JL18-400		400	
JL18-630		630	

电流继电器的图形、文字符号如图 1-23 所示。

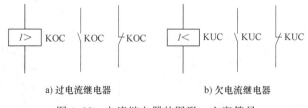

a) 过电流继电器　　　　b) 欠电流继电器

图 1-23　电流继电器的图形、文字符号

1.5.3　电压继电器

电压继电器是一种依据输入电压大小而动作的控制电器，其结构与电流继电器相似，在电力拖动系统中起电压保护和控制作用。电压继电器的线圈匝数多而线径细，使用时并联于电路中，其线圈与负载并联。电压继电器反映的是电压信号，按吸合电压的大小可分为过电压继电器和欠（零）电压继电器。

电路正常工作时，过电压继电器的线圈电压为额定电压，小于整定电压而不动作，即衔铁不吸合。当线圈电压超过额定电压达到某一规定值时，衔铁吸合，触点动作，对电路实现过电压保护。交流过电压继电器吸合电压调节范围通常为 $(1.05 \sim 1.2)U_N$。考虑到直流电路通常不会出现波动较大的过电压现象，因此产品中没有直流过电压继电器。

欠电压继电器在电路中用于欠电压保护。当线圈电压等于额定电压时，欠电压继电器的衔铁处于吸合状态，当线圈电压降低至线圈的释放电压时，其衔铁打开，使触点动作，从而控制接触器及时分断电路电源,对电路实现欠电压保护。通常,欠电压继电器在线圈电压为额定电压的40%～70%时动作;零电压继电器当电压降低至额定电压的5%～25%时动作。

常用的电压继电器有JT3、JT4、JT9、JT10和JT18等。型号含义为

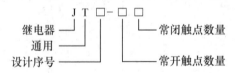

JT4系列继电器的技术参数见表1-14。

表1-14 JT4系列继电器的技术参数

型　　号	吸引线圈规格(交流)/V	触点组合形式与数量(常开、常闭)
JT4-□□P(零电压)	110,127,220,380	01,10,02,20,11
JT4-□□A(过电压)	110,220,380	01,10,02,20,11

电压继电器的图形、文字符号如图1-24所示。

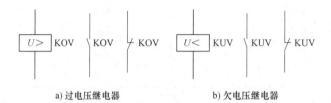

a) 过电压继电器　　　　b) 欠电压继电器

图1-24　电压继电器的图形、文字符号

1.5.4　时间继电器

时间继电器是一种从接收到输入信号开始,经过一段时间的延迟后才输出信号的继电器。

时间继电器种类很多,常用的有空气阻尼式、电磁阻尼式、电动式和晶体管式等。目前,应用得较普遍的是晶体管式和空气阻尼式时间继电器。下面以空气阻尼式时间继电器为例进行介绍。

空气阻尼式时间继电器是利用空气阻尼原理而达到延时的。它由电磁机构、延时机构和触点三部分组成。

空气阻尼式时间继电器的延时方式通常做成两种,通电延时型和断电延时型。把通电延时型的电磁机构翻转180°安装,即变成断电延时型时间继电器。JS7-A系列通电延时型时间继电器的结构示意图如图1-25所示。

通电延时型时间继电器的工作原理是:当

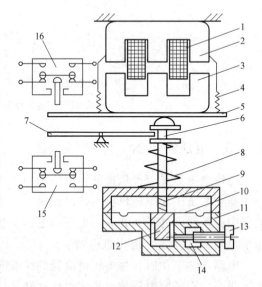

图1-25　JS7-A系列通电延时型时间继电器的结构示意图

1—线圈　2—静铁心　3—动铁心(衔铁)　4—反力弹簧
5—推板　6—活塞杆　7—杠杆　8—塔形弹簧　9—弱弹簧
10—橡皮膜　11—空气室壁　12—活塞　13—调节螺钉
14—进气孔　15、16—微动开关

线圈1通电后,动铁心(衔铁)3被静铁心2吸合,活塞杆6在塔形弹簧8的作用下,带动活塞12及橡皮膜10向上移动,由于橡皮膜下方空气室的空气稀薄,将形成负压,因此活塞杆6不能迅速上移,其移动速度由进气孔的大小决定。经过一定延时后,活塞杆会移动到最上端,此时,杠杆7压动微动开关15,其常闭触点断开,常开触点闭合,起到通电延时的作用。延时时间是线圈1通电开始至微动开关15动作为止这段时间,其大小可以通过调节螺钉13调节进气孔大小来改变。

当线圈断电时,动铁心(衔铁)3在反力弹簧4的作用下释放,橡皮膜下方空气室内的空气通过活塞肩部所形成的单向阀迅速排出,杠杆7和微动开关15迅速复位。

时间继电器除能提供延时动作的触点外,还能提供瞬时动作的触点。当线圈通电和断电时,在推板5作用下,微动开关16提供的即是瞬时动作触点。

常用的时间继电器有JS7-A、JS11、JS20和JS23等系列。型号含义为

JS23系列时间继电器输出触点的形式及组合见表1-15。

表1-15 JS23系列时间继电器输出触点的形式及组合

型 号	延时动作触点数量				瞬时动作触点数量	
	线圈通电后延时		线圈断电后延时			
	常开触点	常闭触点	常开触点	常闭触点	常开触点	常闭触点
JS23-1□/□	1	1	—	—	4	0
JS23-2□/□	1	1	—	—	3	1
JS23-3□/□	1	1	—	—	2	2
JS23-4□/□	—	—	1	1	4	0
JS23-5□/□	—	—	1	1	3	1
JS23-6□/□	—	—	1	1	2	2

JS23系列时间继电器的技术数据见表1-16。

表1-16 JS23系列时间继电器的技术数据

型 号	额定电压/V		最大额定电流/A		线圈额定电压/V	延时重复误差(%)	机械寿命/万次	电气寿命/万次	
			瞬时动作	延时动作				瞬时动作触点	延时动作触点
JS23-4□/□	交流	220	—	—	交流110、220、380	≤9	100	100	50
		380	0.79						
	直流	110	—	—					
		220	0.27	0.14					

通电延时型时间继电器的图形、文字符号如图 1-26 所示。

断电延时型时间继电器的工作原理与通电延时型时间继电器相似，线圈通电后，瞬时触点和延时触点均迅速动作；线圈断电后，瞬时触点迅速复位，延时触点延时复位。

断电延时型时间继电器的图形、文字符号如图 1-27 所示。

a) 线圈　b) 延时触点　c) 瞬时触点

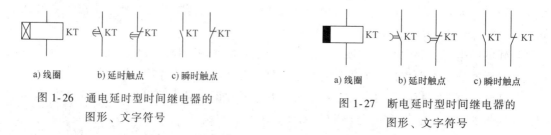

图 1-26　通电延时型时间继电器的图形、文字符号

a) 线圈　b) 延时触点　c) 瞬时触点

图 1-27　断电延时型时间继电器的图形、文字符号

1.5.5　热继电器

热继电器是一种利用电流的热效应原理工作的保护电器，在电路中主要用作电动机的长期过载保护、断相保护。但由于热继电器的发热元件有热惯性，在电路中不能用于瞬时过载保护和短路保护。

热继电器种类很多，但使用得最多、最普遍的是基于双金属片的热继电器，结构上有两相、三相和三相带断相保护装置的热继电器三种类型。

图 1-28 是热继电器的结构示意图，它主要由热元件、双金属片、触点和导板等部分组成。

图 1-28　热继电器的结构示意图

1—热元件　2—双金属片

3—导板　4—常闭触点

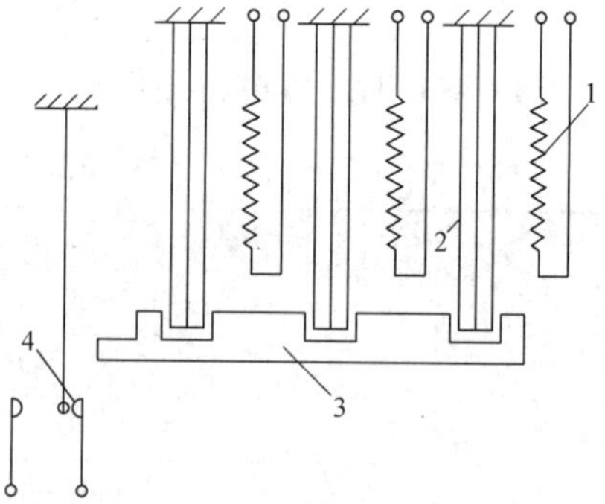

热继电器的常闭触点串联在被保护电动机或用电设备的控制电路中，热元件由电阻值不大的电阻丝绕成，串联在电动机的主电路中。双金属片是热继电器的感测元件，由两种具有不同线膨胀系数的金属碾压而成，膨胀系数较大的称为主动层，膨胀系数较小的称为被动层。

在图 1-28 中，热元件串联在电动机定子绕组电路中，流过热元件的电流是电动机的定子绕组电流，当电动机在额定负载下正常运行时，热元件产生的热量虽然能使双金属片产生形变，但还不能使继电器动作。当电动机过载时，流过热元件的电流增大，热元件产生的热量增加，使双金属片产生的弯曲位移增大，双金属片推动导板使继电器的常闭触点（串联在接触器线圈回路的热继电器常闭触点）断开，切断电动机的控制电路，以保护电动机。

常用的热继电器有 JR20、JRS1、T 和 3UP 等系列。JR20 系列热继电器的型号含义为

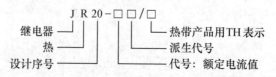

部分 JR20 系列热继电器的技术数据见表 1-17。

表 1-17 部分 JR20 系列热继电器的技术数据

型号	热元件号	整定电流范围/A	型号	热元件号	整定电流范围/A
JR20-10	1R	0.1~0.15	JR20-16	1S	3.6~5.4
	2R	0.15~0.23		2S	5.4~8
	3R	0.23~0.35		3S	8~12
	4R	0.35~0.53		4S	10~14
	5R	0.53~0.8		5S	12~16
	6R	0.8~1.2		6S	14~18
	7R	1.2~1.8	JR20-25	1T	7.8~11.6
	8R	1.8~2.6		2T	11.6~17
	9R	2.6~3.8		3T	17~25
	10R	3.2~4.8		4T	21~29
	11R	4~5~6	JR20-63	1U	16~20~24
	12R	5~6~7		2U	24~30~36
	13R	6~7.2~8.4		3U	32~40~47
	14R	7.2~8.6~10		4U	40~47~55
	15R	8.8~10~11.6		5U	47~55~62
				6U	55~63~71

热继电器的图形、文字符号如图 1-29 所示。

1.5.6 速度继电器

速度继电器是用来反映转速与转向变化的继电器，它根据电磁感应原理制成。速度继电器通常与接触器配合使用，实现对笼型异步电动机的反接制动，故又称为反接制动继电器。

速度继电器主要由转子、定子和触点三部分组成，转子由永久磁铁制成，定子的结构与笼型异步电动机的转子相似，是一个笼型空心圆环，由硅钢片叠成，并装有笼型绕组，其结构原理图如图 1-30 所示。

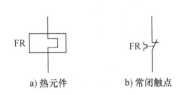

图 1-29 热继电器的图形、文字符号
a) 热元件 b) 常闭触点

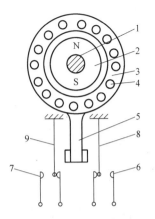

图 1-30 速度继电器的结构原理图
1—转轴 2—转子 3—定子 4—绕组
5—摆锤（定子柄） 6、7—静触点 8、9—簧片

速度继电器的轴与电动机的轴相连,永久磁铁的转子固定在轴上。当电动机转动时,速度继电器的转子随之转动,定子内的笼型绕组切割磁场,产生感应电动势,从而产生电流。与笼型电动机的工作原理一样,此电流和旋转的永久磁铁的磁场作用产生转矩,定子因而转动,和定子固定在一起的支架上的顶块拨动触点,使其断开或闭合。根据电动机的转向,定子可左转,也可右转,两边各有一个常开触点和一个常闭触点。当电动机转速下降到接近零时(约100r/min),转矩减小,定子柄在动触点弹簧力的作用下,恢复原位,触点也恢复原位。

常用的速度继电器有 JY1 和 JFZ0 两种类型。速度继电器的动作速度一般为120r/min,复位速度不大于100r/min,额定工作速度有300~1000r/min 和 1000~3000r/min 两种。

JY1 系列速度继电器的技术参数见表1-18。

表1-18 JY1系列速度继电器的技术参数

型号	触点额定电压/V	触点额定电流/A	触点数量		额定工作速度/(r/min)	允许操作频率/(次/h)
			正转时动作	反转时动作		
JY1	380	2	1动合(常开) 1动断(常闭)	1动合(常开) 1动断(常闭)	100~3600	<30

速度继电器的图形、文字符号如图1-31所示。

1.5.7 压力继电器

压力继电器是将压力信号转换为电信号的控制元件,它通过检测气压或液压的变化发出信号,控制其他电器的起动和停止,从而提供保护。压力继电器广泛应用于各种气压或液压控制系统中。

压力继电器有柱塞式、膜片式、弹簧管式和波纹管式四种结构形式。图1-32是压力继电器的结构示意图,它主要由微动开关、给定装置、压力传送装置及继电器外壳等部分组成。其中,给定装置包括调压螺母、调压弹簧等。压力传送装置包括入油口管道接头、橡皮膜和滑杆等。

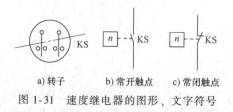

图1-31 速度继电器的图形、文字符号
a) 转子 b) 常开触点 c) 常闭触点

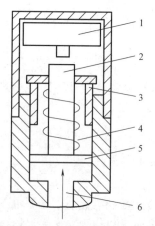

图1-32 压力继电器的结构示意图
1—微动开关 2—滑杆 3—调压螺母
4—调压弹簧 5—橡皮膜 6—入油口

当压力继电器使用于机床润滑油泵的控制时,其工作过程如下:润滑油经管道接头入油口进入油管,将压力传送给橡皮膜,当管路压力超过整定值时,通过橡皮膜顶起滑杆,推动微动开关动作,使触头动作,发出控制信号;当油管内的压力低于整定值时,滑杆会脱离微动开关,微动开关的触头复位。

压力继电器整定可以通过旋转弹簧上面的调节螺母,来调节弹簧的松紧程度,以改变控制压力的大小。

常用的压力继电器有YJ、YT-126和TE52等系列。

压力继电器的图形、文字符号如图1-33所示。

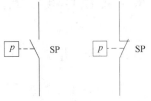

图1-33 压力继电器的图形、文字符号

1.5.8 液位继电器

液位继电器又称液位开关,是根据液位高低使触点动作的继电器。液位继电器广泛应用于水泵、水塔控制以及锅炉等工业设备中,例如某些锅炉或水柜须根据液位的高低变化来控制水泵电动机的起动和停止,这一控制要求通常由液位继电器来完成。

液位继电器的种类很多,根据工作原理的不同,有浮球液位继电器、光电液位继电器、激光液位继电器和音叉液位继电器等。按照检测元件与液位是否接触分为接触式和非接触式两种。

图1-34是JYF-02型液位继电器的结构示意图。它由浮筒及相连的磁钢、与动触头相连的磁钢以及两个静触头组成。浮筒置于液体内,当液体的水位上升时,浮筒受浮力上浮而绕固定支点A上浮,带动磁钢条向下。当内磁钢S极低于外磁钢S极时,由于液体壁内外两根磁钢同性排斥,壁外的磁钢受排斥力迅速上翘,带动触点迅速动作,使控制水泵电动机的接触器线圈断电,电动机停止工作。反之,当液体的水位下降,内磁钢S极高于外磁钢S极时,外磁钢受排斥力迅速下翘,带动触点动作,接通控制水泵电动机的接触器线圈,电动机工作,向锅炉或水柜供水,液面上升。液面高低的控制由液位继电器安装的位置决定。

常用的液位继电器有JYB-714、JYB-3、C61F-GP和HHY等系列。

液位继电器的图形、文字符号如图1-35所示。

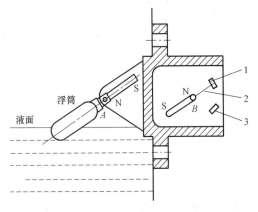

图1-34 压力继电器的结构示意图
1—静触头 2—动触头 3—静触头

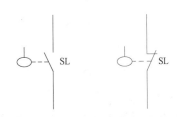

图1-35 液位继电器的图形、文字符号

1.6 无触点低压电器

1.6.1 接近开关

接近开关是一种无触点的行程开关,即以不直接接触方式进行控制的位置开关。当某种物体与之接近到一定距离时就发出动作信号,而无需机械接触。接近开关不仅避免了机械式行程开关触点容易磨损、触点分合时因颤动而产生电弧等缺点,而且接近开关的应用已远远超出一般行程控制和限位保护的范畴。接近开关广泛应用于高频计数、测速、液面控制、检测零件尺寸和加工程序的自动衔接等。接近开关具有工作稳定可靠、寿命长、重复定位精度高、无噪声、动作灵敏、体积小、耐振、操作频率高以及能适应恶劣的工作环境等特点。

接近开关根据其传感机构工作原理分为以下几种类型:用于检测各种金属的高频振荡型接近开关;用于检测各种导电或不导电的液体及固体的电容型接近开关;用于检测导磁和非导磁金属的电磁感应型接近开关;用于检测磁场及磁性金属的永久磁铁型及磁敏元件型接近开关;用于检测不透光物质的光敏型接近开关;用于检测不透过超声波物质的超声波型接近开关。其中高频振荡型接近开关最常用,它占全部接近开关产量的 80% 以上。

高频振荡型接近开关的电路由振荡电路、晶体管放大电路和输出电路三部分组成。其基本工作原理是:当有金属物体进入高频振荡器的线圈磁场时,由于该物体内部产生涡流损耗,使振荡电路电阻增大,能量损耗增加,从而使振荡减弱直至终止。因此,在振荡电路后面接上放大电路与输出电路,就能检测出金属物体存在与否,并能给出相应的控制信号去控制继电器,以达到控制的目的。

图 1-36 所示是 LXJ0 型晶体管无触点接近开关的实际电路。第一级是一个电容三点式振荡电路,由晶体管 V_1、振荡线圈 L 及电容 C_1 和 C_2 组成。一般情况下,晶体管 V_1 处于振荡状态,晶体管 V_2 导通,使集电极电位降低,V_3 基极电流减小,其集电极电位上升,通过电阻 R_2 对 V_2 起正反馈,加速了 V_2 的导通和 V_3 的截止,继电器 KA 的线圈无电流通过,因此开关不动作。

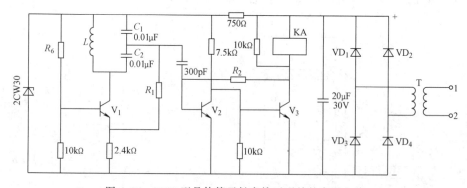

图 1-36 LXJ0 型晶体管无触点接近开关的实际电路

当金属物体靠近线圈时,由于在金属体内产生涡流损耗,使振荡电路等效电阻增加,能量损耗增加,以致振荡减弱直到终止,这时 V_2 的基极无交流信号,V_2 在 R_2 的作用下加速截止,V_3 迅速导通,继电器 KA 线圈有电流通过,继电器 KA 动作,其常闭触点断开,常开触点闭合。

接近开关的主要技术参数有工作电压、输出电流、动作距离、重复精度和工作响应频率等。

接近开关的主要系列产品有 LJ2、LF6、LXJ0、LXJ18 和 3SG 等。

使用接近开关时应注意，所加的电源电压不应超过其额定工作电压，负载电压与接近开关的输出电压相符，负载电流不能超过其输出能力。在用作计数和测速时，其计数频率应小于接近开关的工作响应频率，否则会出现计数误差。另外，应选配合适的有触点继电器作为输出器，再者温度对接近开关定位精度的影响也不能忽视。

1.6.2 固态继电器

固态继电器（SSR）是采用固体半导体器件组装而成的高性能新型继电器，是一种新颖的无触点开关。由于固态继电器的接通和断开没有机械接触部件，因而具有开关速度快、工作频率高、质量轻、使用寿命长、噪声低、防爆耐振、动作可靠和抗干扰，以及能承受的浪涌电流大、对电源电压的适应范围广和耐压水平高等一系列优点。目前，固态继电器不仅在许多自动化装置中代替了常规电磁式继电器，而且广泛应用于数字程序控制装置、微电动机控制、调温装置、数据处理系统及计算机 I/O 接口电路中，尤其适用于动作频繁、防爆耐潮和耐腐蚀等特殊场合。

固态继电器是一个四端器件，其中两个为输入端，两个为输出端，中间采用隔离器件，以实现输入与输出之间的电隔离。

固态继电器通常有以下几种分类方法：

按负载电源类型分类，可分为直流型固态继电器（DC-SSR）和交流型固态继电器（AC-SSR）。直流型固态继电器以功率晶体管作为开关器件，交流型固态继电器以晶闸管作为开关器件。

按输入与输出之间的隔离形式分类，固态继电器可分为光耦合隔离型和磁耦合隔离型。

按控制触发信号分类，固态继电器可分为过零型和非过零型，有源触发型和无源触发型。

其中以交流型固态继电器使用最为广泛。

固态继电器的图形、文字符号如图 1-37 所示。

固态继电器是一种具有开关功能的器件，它的基本使用框图如图 1-38 所示。

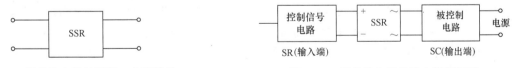

图 1-37　固态继电器的图形、文字符号　　　　图 1-38　固态继电器的基本使用框图

图 1-39 所示为有电压过零触发的交流型固态继电器的工作原理图。当无信号输入时，光电耦合器中的光电晶体管是截止的，电阻 R_2 为晶体管 V_1 提供基极注入电流，使 V_1 管饱和导通，它旁路了经由电阻 R_4 流入晶闸管 V_2 的触发电流，所以 V_2 截止，这时晶体管 V_1 经桥式整流电路而引入的电流很小，不足以使双向晶闸管 V_3 导通。

当有信号输入时，光电耦合器中的光电晶体管导通，当交流负载电源电压接近零时，电

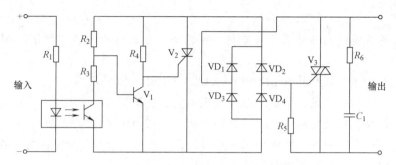

图 1-39 交流型固态继电器工作原理图

压值较低，经过 $VD_1 \sim VD_4$ 整流，R_2 和 R_3 分压点上的电压不足以使晶体管 V_1 导通。而整流电压却经过 R_4 为晶闸管 V_2 提供了触发电流，故 V_2 导通。这种状态相当于短路，电流很大，只要达到双向晶闸管 V_3 的导通值，V_3 便导通。V_3 一旦导通，不管输入信号是否存在，只有当电流过零时才能恢复关断。

输出端的电阻 R_6 和电容 C_1 组成浪涌抑制器。

常用的固态继电器有 DJ 系列，该系列固态继电器是利用脉冲控制技术研制的新型固态继电器，采用无源触发方式，其主要技术指标见表 1-19。

表 1-19 DJ 系列固态继电器的主要技术指标

额定电压	~220V,50×(1±10%)Hz	环境温度	-10~40℃
额定电流	1A,3A,5A,10A	开启时间	≤1ms
输出高电压	≥95%电源电压	关闭时间	≤10ms
输出低电压	≤5%电源电压	绝缘电阻	≥100MΩ(输入与输出之间)
门限值 R_{IR}	0.5~10kΩ	击穿电压	≥2500V(交流)

固态继电器在使用时应注意以下几点：

1）固态继电器的选择应根据负载类型（电阻性、电感性）来确定。对于交流型固态继电器，若使用于要防止射频干扰产生的场合，一般应选择过零型固态继电器为宜。因非过零型固态继电器的价格略低一些，故对不必考虑射频干扰影响的场合，可选用非过零型固态继电器产品。

2）交流型固态继电器输出端要采用 RC 浪涌吸收回路。通常在使用前应弄清所选固态继电器内是否有 RC 回路，如果没有，可按表 1-20 中的数值选取。为减少引线电感，RC 回路在安装连接时，距固态继电器输出端越近越好。一般来讲，加有 RC 回路的固态继电器用于纯电阻性或轻电感性负载（如中间继电器、小型接触器和小型电磁阀）时可正常工作。但在重电感性负载场合应用时，应增加压敏电阻。压敏电阻的标称工作电压值可按固态继电器工作电压有效值的 1.7~1.9 倍来选取，安装时亦应尽量缩短引线长度。

表 1-20 固态继电器应配接的 RC 数值

固态继电器额定工作电流/A		5	10	20	50
电阻 R	阻值/Ω	110	100	80	40
	功率/W	按 $P_R = U^2 C \times 10^{-4}$ 计算 其中，U 为标称工作电压(V)；C 为串联电容值(μF)；P_R 为功率(W)			

（续）

固态继电器额定工作电流/A		5	10	20	50
电容 C	容量/μF	0.047	0.1	0.15	0.2
	耐压/V	\multicolumn{4}{c}{$(1.1\sim1.5)U$（U 为标称工作电压）}			

3）固态继电器的电流容量随工作环境温度的升高而下降，所以使用时应注意减少固态继电器本身的发热和加强散热措施（如采用散热器）。若必须在较高温度下使用，则应按生产厂家提供的使用特性减小负载电流并加强散热措施。

4）使用过程中与固态继电器输出端串联工作的负载绝不允许短路。

5）对于过电流保护措施，应采用专门保护半导体器件的熔断器，或者采用动作时间不大于 10ms 的熔断器。

习　题

1. 什么是低压电器？低压电器在电路中有何作用？常用的低压电器有哪些？
2. 什么是主令电器？它有什么作用？它包括哪些主要器件？
3. 简述低压断路器的工作原理。低压断路器在电路中起什么作用？
4. 熔断器的额定电流和熔体的额定电流有何关系？对不同性质的负载，如何选择熔断器的熔体电流？
5. 交流、直流接触器是以什么来定义的？交流接触器主要由哪几部分组成？简单说明交流接触器的工作原理。
6. 两个参数相同的交流接触器，线圈能否串联使用？为什么？
7. 额定电压为 220V 的交流线圈，若误接到交流 380V 或交流 110V 的电路上，分别会引起什么后果？为什么？
8. 中间继电器与接触器有什么区别？
9. 电流和电压继电器在电路中各起什么作用？它们有何区别？能否用过电流继电器来作电动机的过载保护？为什么？
10. 空气阻尼式时间继电器是利用什么原理来达到延时的目的？
11. 热继电器与熔断器的保护功能有何不同？
12. 速度继电器是怎样实现动作的？
13. 简述接近开关的工作原理。接近开关与普通行程开关相比有哪些优越性？
14. 固态继电器适用于什么场合？使用时有哪些注意事项？
15. 某机床主轴电动机的型号为 Y132S-4，额定功率为 5.5kW，电压为 380V，电流为 11.6A，△联结，起动电流倍数 $k_I=6.0$。若用组合开关作电源开关，用按钮、接触器控制电动机的运行，并需要有短路、过载保护，试选择所用的组合开关、按钮、接触器、熔断器及热继电器的型号和规格。

第2章　继电-接触器控制系统的基本控制电路

继电-接触器电气控制技术是实现对电力拖动系统的起动、调速和制动等运行性能进行控制的控制技术，它是通过按钮、接触器和继电器等有触点的低压控制电器按一定的要求组成的控制电路来实现的。随着我国经济的发展，对电力拖动系统的控制要求不断提高，在现代电气控制系统中出现了许多新的电气元器件和控制装置，使电气控制系统发生了很大的变化。但是，由继电器、接触器等组成的电气控制电路具有电路简单、容易掌握、维修方便、价格低廉及运行可靠等优点。因此，目前在各种生产机械的电气控制领域中，它的应用仍然十分广泛。

2.1　电气控制电路的基本原则

2.1.1　电气控制电路中的电气图形和文字符号

电气控制电路是由许多低压控制电器按照一定的要求连接而成的控制电路。在绘制时，各电气元器件的图形和文字符号必须符合国家标准的规定。近几十年以来，我国先后引进了许多国外的先进控制设备。为了便于掌握引进的先进技术和设备，满足国际交流和国际市场的需要，国家标准制定部门参照国际电工委员会（IEC）颁布的有关文件，制定了我国电气设备的国家标准，采用了新的电气图形和文字符号。常用电气图形和文字符号见附录A。

2.1.2　电气控制电路的表示方法

电气控制电路的表示方法有三种：电气原理图、电器元件布置图和电气安装接线图。

1. 电气原理图

电气原理图是电气控制电路中最重要的一种表示方法，它根据电路的工作原理绘出，具有结构简单、层次分明等优点，表示了电路中各个电器元件之间的关系。

电气原理图一般分为主电路、控制电路和辅助电路三部分。

主电路是电气设备的驱动电路；控制电路主要由接触器和继电器线圈、按钮等组成的电路；辅助电路是指信号、保护和测量等电路。

图 2-1 所示为三相异步电动机单向全压起动控制的电气原理图。

其中，主电路是

　　　　三相电源—QS—FU_1—KM（主触点）—FR（热元件）—M（电动机）

控制电路是

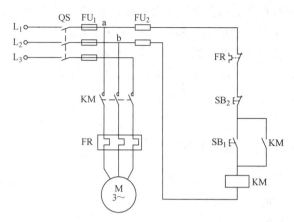

图 2-1 三相异步电动机单向全压起动控制的电气原理图

a—FU$_2$—FR(常闭触点)—SB$_2$ $\genfrac{}{}{0pt}{}{\text{SB}_1}{\text{KM(常开辅助触点)}}$ —KM(线圈)—FU$_2$—b

绘制电气原理图时，应遵循以下原则：

1) 图中所有电器元件的图形符号和文字符号必须符合相关国家标准的规定。

2) 所有电器的触点均按在起始情况下的位置，即在没有通电或没有发生机械动作时的位置画出。例如，对接触器来说，是在动铁心未被吸合、触点未动作时的位置；对按钮来说，是未对按钮进行操作时的位置。

3) 主电路画在原理图的左边，控制电路画在原理图的右边。电路或元器件均应按功能布置，尽可能按动作先后顺序从左到右、从上到下排列。有直接电联系的交叉点用黑圆点标出，没有直接电联系的交叉点不加黑圆点。

2. 电器元件布置图

电器元件布置图用来表明电气原理图中所有电器元件的实际位置，为电气控制设备的安装、维修提供必要的技术资料。一般将电器元件布置图与安装接线图组合在一起，既起到电气安装接线图的作用，又能清晰地表示出电器元件的具体位置和布置情况。

3. 电气安装接线图

电气安装接线图是按电气设备和电器元件在电气装置中的实际位置和实际接线来绘制的，主要用于电气设备和电器元件的安装配线和电气故障检修等。

绘制电气安装接线图时，应遵循以下原则：

1) 同一电器的各部件要画在一起，其布置要尽可能符合它的实际情况，且要用统一规定的图形和文字符号表示。

2) 在控制柜内外的电器元件之间的连接需通过接线端子板进行，各电器元件的文字符号、数字符号，以及端子板的编号应与原理图中的标号一致。

3) 走向相同的相邻导线可以绘成一股线。

2.2 直流电动机的基本控制电路

电动机基本控制电路是指对电动机实现起动、调速和制动等控制功能的电路。电动机按其供电电源的性质可分为直流电动机和交流电动机。交流电动机按运行速度与电源频率的关系又可分为异步电动机（也称感应电动机）和同步电动机。目前，虽然在生产上主要用的是交流电动机，特别是三相异步电动机，但是直流电动机具有起动转矩大、调速范围广、调速精度高和能够实现平滑的无级调速等一系列优点，所以在龙门刨床、高精度车床和轧钢机等调速性能要求较高的生产机械上，仍采用直流电动机来驱动。因此，本节首先介绍直流电动机的基本控制电路。

2.2.1 直流电动机的起动控制电路

图 2-2 是他励直流电动机电枢回路串电阻起动控制电路。图中，R_1、R_2 为二级起动电阻；KT_1 和 KT_2 为断电延时时间继电器；KM_2 和 KM_3 为短接起动电阻 R_1、R_2 的接触器。图 2-3 是对应图 2-2 起动控制电路的起动过程的机械特性。

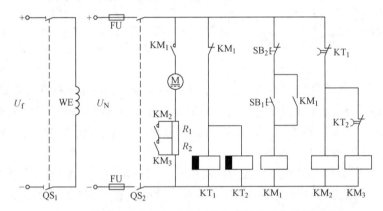

图 2-2 他励直流电动机电枢回路串电阻起动的控制电路

起动控制过程如下：首先合上励磁电源开关 QS_1，励磁绕组 WE 得电励磁，保证满励磁起动。接着接通电枢回路电源开关 QS_2，时间继电器 KT_1、KT_2 的线圈得电，KT_1、KT_2 的延时闭合的动断触点（常闭触点）瞬时断开，接触器 KM_2 和 KM_3 的线圈处于失电状态。此时，KM_2、KM_3 的常开触点断开，起动电阻 R_1、R_2 全部串入电枢回路。按下起动按钮 SB_1，KM_1 线圈得电，自锁触点闭合自锁；KM_1 主触点闭合，电动机串联电阻 R_1、R_2 起动，起动电流为 $I_{s1}=U_N/(R_a+R_1+R_2)$，对应的起动转矩为 T_{s1}，即图 2-3 中的 Q 点，因 $T_{s1}>T_L$，故电动机开始起动，工作点

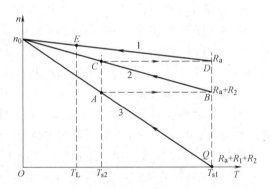

图 2-3 他励直流电动机电枢回路串电阻起动过程的机械特性

由 Q 点沿曲线 3 上升，随着转速的上升，起动转矩逐渐减小；同时 KM_1 常闭触点断开，时间继电器 KT_1、KT_2 的线圈断电。经 KT_1 整定时间，KT_1 延时闭合触点闭合，接触器 KM_2 线圈得电，KM_2 常开触点闭合并短接电阻 R_1，起动电阻减小，起动电流随之增大，起动转矩也随之增大，工作点从 A 点过渡到 B 点，并沿曲线 2 上升，电动机串联电阻 R_2 继续起动。

经 KT_2 整定时间，KT_2 延时闭合触点闭合，KM_3 线圈得电，KM_3 常开触点闭合并短接电阻 R_2，工作点由 C 点过渡到 D 点，并沿着曲线 1 继续上升至 E 点，电动机起动结束，进入正常运行状态。

2.2.2 直流电动机的调速控制电路

他励直流电动机电枢回路串电阻调速控制电路如图 2-4 所示，图中，R_1、R_2 为二级起动、调速电阻；KT_1、KT_2 为断电延时时间继电器；KOC 为过电流继电器，对直流电动机起短路和过载保护作用；KUC 为欠电流继电器，对电动机起失磁和弱磁保护作用；二极管 VD 和电阻 R 串联，并联在励磁绕组两端，起过电压保护作用。图 2-5 是他励直流电动机电枢回路串电阻调速过程的机械特性。

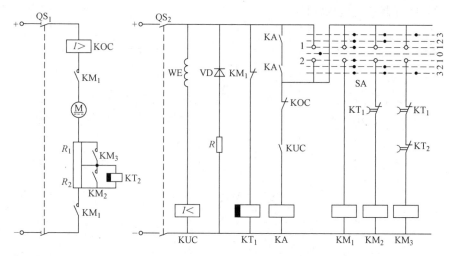

图 2-4 他励直流电动机电枢回路串电阻调速控制电路

调速控制过程如下：把主令开关 SA 置于 "0" 位，为电动机起动作准备。首先合上控制回路开关 QS_2，保证电动机满励磁起动。接着接通电枢回路电源开关 QS_1，并把主令开关 SA 由 "0" 位转换到 "1" 位，此时，电阻 R_1、R_2 全部接入电枢回路，保证电动机在小起动电流、大起动转矩下起动，随着电动机的起动，当转速上升到图 2-5 中的 A 点时，电动机的电磁转矩等于负载转矩，电动机处于低速 n_1 下稳定运行。经 KT_1 整定时间，KT_1 延时闭合触点闭合，为电动机的调速作准备。若将 SA 转换到 "2" 位，此时

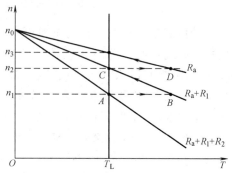

图 2-5 他励直流电动机电枢回路串电阻调速过程的机械特性

KM_2 线圈得电，其常开触点闭合，电阻 R_2 被短接，KT_2 线圈失电。在电枢回路切除调速电阻 R_2 的瞬间，因转速和电动势不能突变，工作点将由 A 点过渡到 B 点。此时 $T_B>T_L$，工作点由 B 点沿 R_a+R_1 对应的机械特性上移，转速也随着上升，直到 C 点，电动机的电磁转矩等于负载转矩，电动机处于中速 n_2 下稳定运行。经 KT_2 整定时间，KT_2 延时闭合触点闭合，

为电动机转速继续上升作准备。若将 SA 转换到 "3" 位，KM_3 线圈得电，其常开触点闭合，电阻 R_1 被短接，工作点将由 C 点过渡到 D 点，再沿电动机的自然机械特性上移，最后在高速 n_3 下稳定运行。

该控制电路可以在主令开关 SA 的任一档位实现对直流电动机三种速度的调控。

2.2.3 直流电动机的制动控制电路

1. 能耗制动控制电路

图 2-6 是并励直流电动机能耗制动控制电路。图中，R_1、R_2 为二级起动电阻；KT_1、KT_2 为断电延时时间继电器；KUC 为欠电流继电器；KUV 为欠电压继电器；二极管 VD 和电阻 R 串联，并联在励磁绕组两端，起过电压保护作用；电阻 R_B 为制动电阻。图 2-7 为并励直流电动机能耗制动的机械特性。

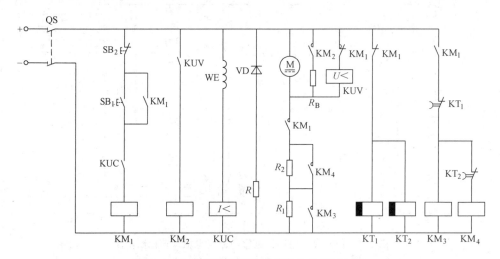

图 2-6 并励直流电动机能耗制动的控制电路

制动控制过程如下：合上电源开关 QS，直流电动机励磁绕组经欠电流继电器 KUC 构成闭合电路，欠电流继电器 KUC 得电，其串联在接触器 KM_1 线圈回路的常开触点闭合；同时，断电延时时间继电器 KT_1、KT_2 线圈得电，它们的延时闭合常闭触点断开，断开接触器 KM_3、KM_4 线圈电源的通路，并联在 R_1、R_2 旁边的 KM_3、KM_4 常开触点断开，保证电动机起动时，起动电阻 R_1、R_2 全部串入。按下起动按钮 SB_1，接触器 KM_1 通电闭合，直流电动机串电阻 R_1、R_2 起动运行。经时间继电器 KT_1 整定时间，接触器 KM_3 线圈得电，并联在 R_1 上的 KM_3 常开触点闭合，短接起动电阻 R_1，电动机串电阻 R_2 继续起动运行；再经时间继电器 KT_2 整定时间，接触器 KM_4 线圈得电，并联在 R_2 上的 KM_4 常开触点闭合，起动电阻 R_2 被短接，直流电动机将进入正常运行状态，即运行于机械特性上的 A 点。

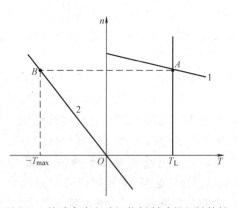

图 2-7 并励直流电动机能耗制动的机械特性

当按下直流电动机停止（制动）按钮 SB_2 时，接触器 KM_1 线圈失电，同时，直流电动机电枢绕组失电，欠电压继电器 KUV 线圈与电动机电枢绕组并联。由于转子惯性的作用，电动机的运行点由 A 点过渡到 B 点，电动机继续切割励磁磁通，在电枢绕组内产生感应电动势，KUV 线圈得电，继而接触器 KM_2 线圈得电，KM_2 常开触点闭合，电阻 R_B 被接入电枢回路中，电动机开始能耗制动，速度迅速下降。随着转速的减小，直流电动机电枢电压也逐渐降低，使欠电压继电器 KUV 失电释放，接触器 KM_2 断电，工作点由 B 点过渡到 O 点，电动机能耗制动结束。

2. 反接制动控制电路

并励直流电动机反接制动控制电路如图 2-8 所示。图中，R_1、R_2 为二级起动电阻；R_B 为制动电阻；VD 和 R 串联，为励磁绕组构成放电回路；KUV 是欠电压继电器；KUC 是欠电流继电器。图 2-9 为并励直流电动机电枢反接制动过程的机械特性。

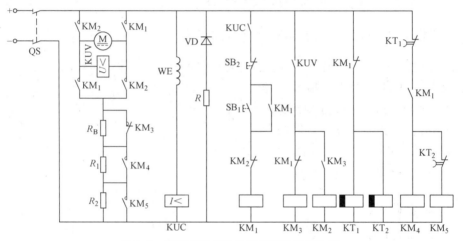

图 2-8 并励直流电动机反接制动控制电路

制动控制过程如下：合上电源开关 QS，直流电动机励磁绕组经欠电流继电器 KUC 构成闭合电路，KUC 常开触点闭合，为起动作准备；同时，断电延时时间继电器 KT_1、KT_2 线圈得电，它们的延时闭合常闭触点瞬时分断，接触器 KM_4、KM_5 线圈处于失电状态，保证电动机串入电阻 R_1、R_2 下起动。按下起动按钮 SB_1，接触器 KM_1 得电，KM_1 常开触点闭合，电动机串入电阻 R_1、R_2 起动；同时，KM_1 常闭触点断开，KT_1、KT_2 线圈失电，经 KT_1 整定时间，接触器 KM_4 线圈得电，KM_4 常开触点闭合，R_1 被切除；再经 KT_2 整定时间，接触器 KM_5 线圈得电，KM_5 常开触点闭合，R_2 被切除，直流电动机进入正常运行状态，即运行于机械特性上的 A 点。随着电动机的起动，转速逐渐升高，电枢中的反电动势也增加，当反电动势增加到一定数值时，欠电压继电器 KUV 得电动作，其常开触点闭合，为反

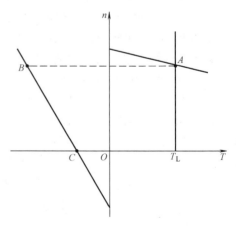

图 2-9 并励直流电动机电枢反接制动过程机械特性

接制动作准备。

当按下停止按钮 SB_2 时，接触器 KM_1 线圈失电，其常闭触点复位，此时，由于转子惯性的作用，电动机的运行点由 A 点过渡到 B 点，反电动势仍较高，欠电压继电器 KUV 仍保持吸合，使 KM_3 和 KM_2 线圈得电，R_1、R_2 和 R_B 串入电动机的电枢回路进行反接制动。待电动机转速接近零时，KUV 断电释放，接触器 KM_3、KM_2 也断电释放，电动机工作点由 B 点过渡到 C 点，反接制动结束。

2.3 三相异步电动机的基本控制电路

在交流电力拖动系统中，原动机有异步电动机和同步电动机，异步电动机由于具有结构简单、价格便宜、运行可靠及维修方便等优点，因此在交流电力拖动系统中得到了广泛的应用。这里主要介绍三相异步电动机的基本控制电路。

2.3.1 三相异步电动机单向连续运行控制电路

三相异步电动机单向连续运行控制电路如图 2-10 所示。图中，由电源开关 QS、熔断器 FU_1、接触器 KM 的主触点、热继电器 FR 的热元件和电动机 M 构成主电路；由起动按钮 SB_1、停止按钮 SB_2、接触器 KM 的线圈及其辅助常开触点、热继电器 FR 的常闭触点和熔断器 FU_2 构成控制电路。

电路工作原理：

起动时，合上电源开关 QS，按下起动按钮 SB_1，接触器 KM 线圈得电，其在主电路中的常开触点闭合，电动机在全电压下直接起动。同时与 SB_1 并联的接触器辅助常开触点也闭合，实现自锁。

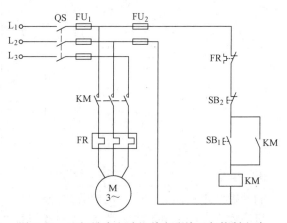

图 2-10 三相异步电动机单向连续运行控制电路

停车时，按下停止按钮 SB_2，接触器 KM 线圈失电，其在主电路中的常开主触点断开复位，三相电源被切除，电动机停转。同时，接触器在控制电路中的辅助触点也复位，断开自锁。松开 SB_2 后，SB_2 复位，但与起动按钮 SB_1 并联的常开触点 KM 已经断开，这时，接触器线圈不能再依靠它来构成通电电路，只有再次按下起动按钮 SB_1，电动机才能重新起动运行。

在电路中，熔断器 FU_1、FU_2 起短路保护作用，但不能起过载保护作用；热继电器 FR 对电动机起过载保护作用；接触器的电磁机构用来实现对电动机的零电压（失电压）与欠电压保护作用。

2.3.2 三相异步电动机正反转控制电路

图 2-11 是三相异步电动机正反转控制电路。它依据电动机的工作原理，通过对调电动机的三相电源线中的任意两根相线，即改变电动机电源的相序，来实现电动机的正反转运

行。图中,KM_1 为正转接触器;KM_2 为反转接触器;SB_1 为正转起动复合按钮;SB_2 为反转起动复合按钮;SB_3 为停止按钮。当接触器 KM_1 的三对常开主触点接通时,三相电源按 L_1、L_2、L_3 相序接入电动机,电动机正转。当接触器 KM_2 的三对常开主触点接通时,三相电源按 L_3、L_2、L_1 相序接入电源,电动机反转。

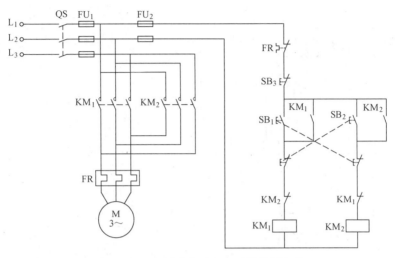

图 2-11 三相异步电动机正反转控制电路

电路工作原理:

合上电源开关 QS,按下起动按钮 SB_1,接触器 KM_1 线圈得电,并通过辅助常开触点自锁,KM_1 在主电路中的三对常开主触点闭合,电源按正转相序接通,电动机正转。与此同时,与 KM_2 线圈串联的 KM_1 辅助常闭触点断开,实现电气互锁,保证 KM_1 线圈通电时,KM_2 线圈不能得电。若需要电动机由正转变为反转,则按下按钮 SB_2,KM_1 线圈失电,KM_1 常开主触点断开,辅助常闭触点闭合,KM_2 线圈得电,并通过其辅助常开触点自锁,KM_2 在主电路中的主触点闭合,电动机反转。同时,与 KM_1 线圈串联的 KM_2 辅助常闭触点断开,保证 KM_2 线圈通电时,KM_1 线圈不能得电。

图 2-11 所示的控制电路中除采用了接触器的电气互锁外,还采用了复合按钮的机械互锁。这样,一方面,可以保证其中一个接触器线圈通电吸合时,另一个接触器线圈不会得电吸合,避免发生主触点熔焊时引起的短路故障;另一方面,要改变电动机的运转方向时,可以直接通过正反转复合按钮进行切换,避免了先通过按下停止按钮,使互锁触点复位,才能反向起动带来的麻烦。

2.3.3 三相笼型异步电动机起动控制电路

三相笼型异步电动机在全电压下起动时,起动电流很大,可达其额定电流的 4~7 倍,过大的起动电流一方面会使电网电压显著降低,影响邻近设备的正常运行;另一方面,会在供电电路和电动机内部产生过多的损耗而引起发热。因此,电动机容量在 10kW 以上时,通常采用减压起动。常见的减压起动方式有定子绕组串电阻(或电抗)减压起动、Y-△减压起动、自耦变压器减压起动。

1. 定子绕组串电阻（或电抗）减压起动控制电路

三相异步电动机定子绕组串电阻减压起动控制电路如图 2-12 所示。图中，KM_1 为串电阻减压起动接触器；KM_2 为短接电阻全压运行接触器；KT 为时间继电器；R 为减压起动电阻。

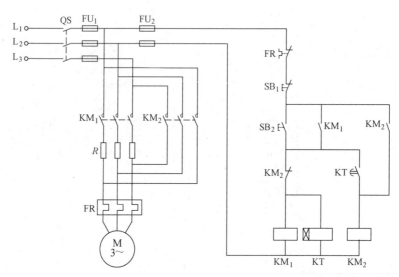

图 2-12 三相异步电动机定子绕组串电阻减压起动控制电路

电路工作原理：

合上电源开关 QS，按下起动按钮 SB_2，接触器 KM_1 线圈得电并自锁，其主触点闭合，电动机定子串电阻减压起动，同时时间继电器 KT 线圈得电。经过时间继电器整定的延时时间后，其通电延时的常开触点闭合，接触器 KM_2 线圈得电，KM_2 常开触点闭合，常闭触点断开，KM_1 线圈失电，起动电阻 R 被短接，电动机进入全电压（额定电压）正常运行。

定子绕组串电阻减压起动具有设备简单、动作可靠等优点。但因电阻消耗功率，功率损耗大，因此，这种起动方式一般是在中小容量电动机且非频繁起动的场合采用。对大容量电动机的起动常采用电抗取代电阻。

2. Ｙ-△减压起动控制电路

对于正常运行时定子三相绕组引出 6 个出线端并连接成三角形的笼型异步电动机，可采用Ｙ-△减压起动方法来达到减小起动电流的目的。

三相异步电动机Ｙ-△减压起动控制电路如图 2-13 所示。图中，KM_1 为电源接触器；KM_2 为△联结接触器；KM_3 为Ｙ联结接触器；KT 为起动时间控制时间继电器。

电路工作原理：

合上电源开关 QS，按下起动按钮 SB_2，接触器 KM_1、KM_3 线圈得电，时间继电器 KT 线圈得电，电动机三相绕组通过 KM_3 主触点闭合连接成Ｙ起动。经时间继电器整定的延时时间后，KT 常闭触点断开，KM_3 线圈失电，KM_2 线圈得电，电动机三相绕组由Ｙ联结变为△联结，进入全电压运行。

采用Ｙ-△减压起动时，起动电流降为直接起动时的 1/3，同时起动转矩也降为直接起动时的 1/3，所以，这种减压起动方式只适用于轻载或空载起动的场合。

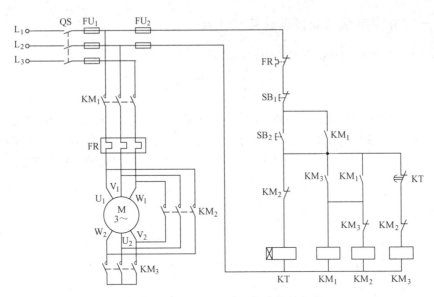

图 2-13 电动机Y-△减压起动控制电路

3. 自耦变压器减压起动控制电路

图 2-14 为自耦变压器减压起动控制电路。图中，KM_1 为减压起动接触器；KM_2 为正常运行接触器；KA 为中间继电器；KT 为起动时间控制时间继电器。

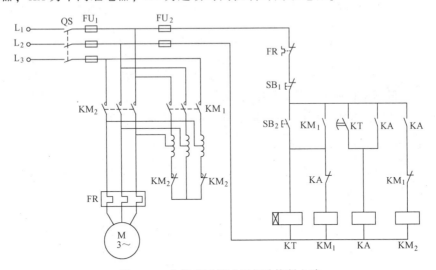

图 2-14 自耦变压器减压起动控制电路

电路工作原理：

合上电源开关 QS，按下起动按钮 SB_2，接触器 KM_1 线圈和时间继电器 KT 线圈同时得电，电动机串自耦变压器减压起动，时间继电器开始计时。经时间继电器整定的延时时间后，KT 的通电延时常开触点闭合，中间继电器 KA 线圈得电并自锁，KM_1 线圈失电，电动机起动完成。同时 KM_2 线圈得电，其主触点闭合，电动机进入全压正常运行。

电动机采用自耦变压器减压起动时，起动转矩可以通过改变自耦变压器抽头的连接位置得到改变。自耦变压器结构较复杂，价格较贵，主要用于起动容量较大的电动机。

2.3.4 三相异步电动机变极调速控制电路

由电动机理论可知,异步电动机的转速公式为

$$n = (1-s)n_1 = \frac{60f_1}{p}(1-s)$$

可见,改变电动机定子的磁极对数 p 即可改变电动机的转速 n。而磁极对数的改变是通过改变定子绕组的接线来实现的。图 2-15 是双速电动机定子绕组变极接法接线图。图中每相绕组分成两半,即每相由两个半相绕组组成。图 2-15a 为低速△联结,图 2-15b 为高速丫丫联结。

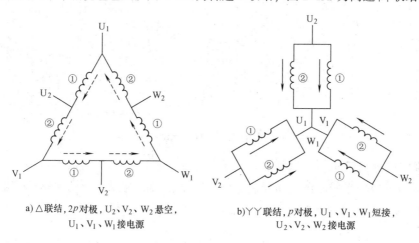

a) △联结,$2p$ 对极,U_2、V_2、W_2 悬空,U_1、V_1、W_1 接电源

b) 丫丫联结,p 对极,U_1、V_1、W_1 短接,U_2、V_2、W_2 接电源

图 2-15 双速电动机定子绕组变极接法接线图

图 2-16 为三相异步电动机变极调速控制电路。图中,SB_1 为双速电动机的停止按钮;SB_2 为双速电动机的低速起动按钮;SB_3 为双速电动机的低速起动高速运行按钮;KM_1 为低速运行接触器;KM_2、KM_3 为高速运行接触器;KA 为中间继电器。

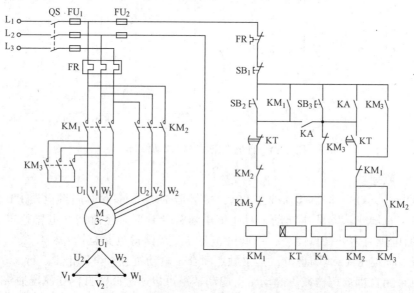

图 2-16 三相异步电动机变极调速控制电路

电路工作原理：

合上电源开关 QS，按下电动机低速起动按钮 SB_2，接触器 KM_1 线圈得电并自锁，KM_1 辅助常闭触点断开，互锁接触器 KM_2、KM_3 线圈电路；同时 KM_1 主触点闭合，使电动机定子绕组接成三角形，电动机以四极低速起动并运行。

当电动机需要高速运行时，则先按下电动机的低速起动高速运行按钮 SB_3，时间继电器 KT 线圈、中间继电器 KA 线圈首先得电，继而接触器 KM_1 线圈得电并自锁，KM_1 主触点闭合，电动机低速起动。经时间继电器延时一定时间后，KT 常闭触点断开，常开触点闭合，KM_1 线圈失电，KM_2、KM_3 线圈相继得电，KM_1 主触点断开，KM_2、KM_3 主触点闭合，电动机定子绕组接成YY，并以两极高速运行。

2.3.5 三相异步电动机的制动控制电路

三相异步电动机在切除电源后，由于惯性，转子将不会立即停转，为了满足某些生产机械的工艺要求，提高劳动生产率，在实际生产中，通常会采取一定的制动措施，强迫电动机迅速停止运行。三相异步电动机的制动方法一般有机械制动和电气制动。机械制动主要有电磁抱闸制动和电磁离合器制动；电气制动主要有反接制动和能耗制动。这里主要分析电气制动。

1. 反接制动控制电路

图 2-17 为三相异步电动机单向运行反接制动控制电路。图中，KM_1 为单向运行接触器；KM_2 为反接制动接触器；KS 为速度继电器，它与电动机同轴相连；R 为反接制动电阻，串入 R 的目的是限制反接制动电流，以减小冲击电流。

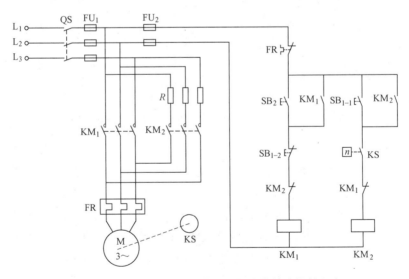

图 2-17 三相异步电动机单向运行反接制动控制电路

电路工作原理：

合上电源开关 QS，按下起动按钮 SB_2，接触器 KM_1 线圈通电并自锁，其主触点闭合，电动机接入电源起动运行；同时，KM_1 辅助常闭触点断开，切断 KM_2 线圈回路。当电动机转速上升到 120r/min 时，速度继电器的常开触点闭合，为电动机的反接制动停止做好准备。

当电动机需要制动停车时，按下停止按钮 SB_1，其常开触点闭合，常闭触点断开，接触器 KM_1 线圈断电，KM_1 常开主触点复位，断开电动机电源。同时 KM_2 线圈得电并自锁，KM_2 主触点闭合，电动机通过制动电阻 R 接入反相序电源，电动机转轴上受到一制动性质的电磁转矩，进入反接制动状态，转速迅速下降。当电动机转速下降到接近 100r/min 时，速度继电器的常开触点复位，KM_2 线圈断电，其常开触点复位，切断电动机电源而迅速停车，制动结束。

2. 能耗制动控制电路

三相异步电动机的能耗制动，是在切断电动机三相交流电源的同时，立即在定子两相绕组中通入直流电流，使转子受到一个与其转动方向相反的制动转矩，从而使电动机迅速停转。这时转子的动能变成电能损耗在转子回路中。图 2-18 为三相异步电动机单向运行能耗制动控制电路，图中，KM_1 为正常运行接触器；KM_2 为能耗制动接触器；KT 为时间继电器；T 为整流变压器；VC 为桥式全波整流电路。

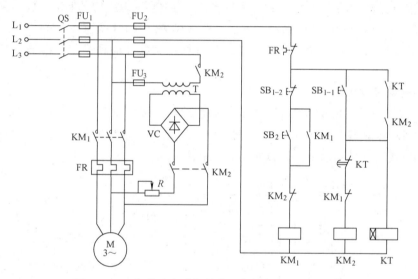

图 2-18 三相异步电动机单向运行能耗制动控制电路

电路工作原理：

合上电源开关 QS，按下起动按钮 SB_2，接触器 KM_1 线圈得电并自锁，其主触点闭合，电动机起动并进入正常运行状态。

在电动机正常运行过程中，若按下停止按钮 SB_1，接触器 KM_1 线圈失电，其主触点复位，切断电动机三相交流电源；同时接触器 KM_2 线圈和时间继电器 KT 线圈得电并自锁，KM_2 主触点闭合，经桥式整流后的直流电流通入电动机任意两相定子绕组中，电动机进入能耗制动状态，转子转速迅速下降，当其转速接近零时，时间继电器 KT 延时断开的常闭触点断开，接触器 KM_2 和时间继电器 KT 的线圈断电，能耗制动过程结束。

习 题

1. 电气原理图由哪几部分组成？绘制电气原理图时应遵循哪些原则？
2. 直流电动机的调速方法有哪几种？简述直流电动机电枢回路串电阻调速控制的原理。

3. 并励直流电动机的制动方式有哪几种？各有什么特点？
4. 什么是互锁控制？在电动机的正反转控制电路中，为什么必须要有互锁控制？
5. 三相笼型异步电动机主要有哪几种减压起动方式？各有什么特点？定子绕组为Y联结的三相笼型异步电动机能否用Y-△起动方法？为什么？
6. 画出三相异步电动机变极调速的控制电路图，并分析其工作原理。
7. 三相异步电动机的电气制动方法有哪几种？简要说明其制动原理。
8. M_1、M_2、M_3 均为三相笼型异步电动机，试设计一个控制电路，要求如下：第一台电动机 M_1 起动运行 10s 以后，第二台电动机 M_2 自起动；M_2 运行 10s 以后，M_1 停止运行，同时第三台电动机 M_3 自起动；M_3 运行 10s 以后，三台电动机全部停止。

实训 1　三相异步电动机的起保停控制

1. 实训目的

1) 熟悉交流接触器、热继电器和按钮等常用低压电器的基本结构、工作原理、型号规格、使用方法、图形/文字符号及其在电路中所起的作用等。

2) 熟练掌握用万用表检测电器元件好坏的方法。

3) 能识读电气控制电路图，并能分析其工作原理。

4) 掌握电气线路安装、调试、分析与排除故障等基本技能。

2. 实训设备器材

小容量三相异步电动机、三相刀开关、交流接触器、按钮、熔断器、热继电器、常用电工工具（包括万用表、试电笔、钢丝钳、剥线钳、斜口钳、尖嘴钳、十字螺钉旋具、一字螺钉旋具及电工刀等）和若干导线。

3. 实训内容

(1) 实训电路

三相异步电动机起保停控制电路如图 2-19 所示。

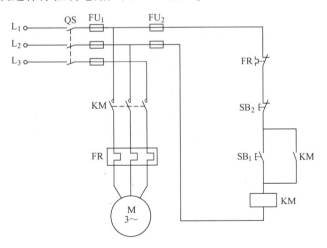

图 2-19　三相异步电动机起保停控制电路

(2) 电路工作原理

起动时，合上电源开关 QS，按下起动按钮 SB_1，接触器 KM 线圈得电，其在主电路中的常开触点闭合，电动机在全电压下直接起动。同时与 SB_1 并联的接触器辅助常开触点也闭合，实现自锁。

停车时，按下停止按钮 SB_2，接触器 KM 线圈失电，其在主电路中的常开主触点断开复位，三相电源被切除，电动机停转。同时，接触器在控制电路中的辅助触点也复位，断开自锁。松开 SB_2 后，SB_2 复位，与起动按钮 SB_1 并联的常开触点 KM 已经断开，这时，接触器线圈不能再依靠它来构成通电电路，只有再次按下起动按钮 SB_1，电动机才能重新起动运行。

在电路中，熔断器 FU_1、FU_2 起短路保护作用，但不能起过载保护作用；热继电器 FR 对电动机起过载保护作用；接触器的电磁机构用来实现对电动机的零电压（失电压）与欠电压保护作用。

4. 实训步骤

（1）画电气原理图

实训开始前，应先画好电气原理图，分析其动作原理，写出控制过程。

（2）安装接线

首先，熟悉各电器设备，检查各电器元件是否完好无损，并了解其使用方法。然后，按电气原理图正确连接线路。安装接线的基本原则是：先主后控，先串后并；从上到下，从左到右；上进下出，左进右出。即接线时先接主电路，再接控制电路；先接串联电路，后接并联电路；按照由上到下，从左到右的顺序一一连接；为避免造成元器件被短接或接错，对于各电器元件的进出线，按照上面为进线，下面为出线，左边为进线，右边为出线的原则接线。

另外，布线工艺的要求是：横线要水平，竖线要垂直，转弯应是直角，不能有斜线，避免交叉，尽量用最少的导线。在同一方向有多条导线时，应集中并拢。

（3）电路检查，通电试验

电路安装接好后，先自己检查，确认无误后，请指导老师检查，然后通电试验。

（4）操作运行

按照前面写好的控制过程，进行操作，并观察电动机的运行情况。

（5）分析并排除故障

试验中如果出现不正常现象，应立即断开电源，分析并排除故障。如果运行正常，可请指导老师设置故障，由同学分析并排除故障后，再进行试验。

5. 实训思考

1）若实训中发现，一接通电源，未按起动按钮电动机即起动运转，是何原因？

2）若 KM 自锁触点不接，会出现什么现象？

3）画出实训中发生故障时的电路，并分析出现故障的原因。

实训2　三相异步电动机的Y-△减压起动控制

1. 实训目的

1）了解时间继电器的基本结构、工作原理和使用方法。

2）了解异步电动机的减压起动方法，掌握Y-△减压起动的工作原理及其接线。

3) 能够识读较复杂的控制电路。
4) 熟悉较复杂电路的故障分析及排除方法。

2. 实训设备器材

小容量三相异步电动机、三相刀开关、交流接触器、时间继电器、控制按钮、熔断器、热继电器、常用电工工具（包括万用表、试电笔、钢丝钳、剥线钳、斜口钳、尖嘴钳、十字螺钉旋具、一字螺钉旋具及电工刀等）和若干导线。

3. 实训内容

（1）实训电路

三相异步电动机Y-△减压起动的控制电路如图2-20所示。

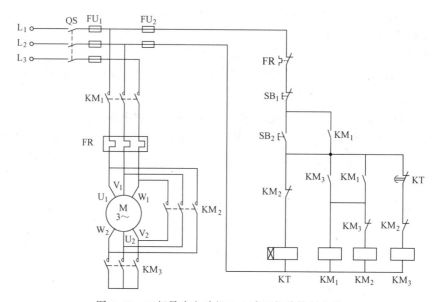

图2-20 三相异步电动机Y-△减压起动控制电路

（2）电路工作原理

合上电源开关QS，按下起动按钮SB_2，接触器KM_1、KM_3线圈得电，时间继电器KT线圈得电，电动机三相绕组通过KM_3主触点闭合连接成Y起动。经时间继电器整定的延时时间后，KT常闭触点断开，KM_3线圈失电，KM_2线圈得电，电动机三相绕组由Y联结变为△联结，进入全电压运行。

采用Y-△减压起动时，起动电流降为直接起动时的1/3，同时起动转矩也降为直接起动时的1/3，所以，这种减压起动方式只适用于轻载或空载起动的场合。

4. 实训步骤

（1）画电气原理图

实训开始前，应先画好电气原理图，分析工作原理。

（2）元件选择和检查

根据工作原理图选择所需电器元件，并检查各电器元件的质量情况，了解它们的使用方法。注意异步电动机三相绕组正常运行时应为△联结。

（3）安装接线

按电气原理图正确连接电路，先接主电路，然后接控制电路。

（4）电路检查，通电试验

先自己检查接线是否正确，尤其注意延时通断的触点是否正确，Y-△延时转换时间的长短是否合适，确认无误后，请指导老师检查，然后通电试验。

（5）操作运行

按下起动按钮，观察电动机的起动情况。调节时间继电器的延时时间，观察时间继电器动作时间对异步电动机起动过程的影响。

（6）分析并排除故障

实验中如果出现不正常现象，应立即断开电源，分析并排除故障。如果运行正常，可请指导老师设置故障，由同学分析并排除故障后，再通电试验。

5. 实训思考

1）Y-△减压起动方法适合于什么样的电动机？

2）Y-△起动时的起动电流是直接起动时的多少倍？起动转矩为直接起动时的多少倍？Y-△减压起动适合什么场合下的起动？

3）设计用断电延时时间继电器控制的Y-△减压起动控制电路。

4）电源断相时，为什么Y起动时电动机不转，到了△联结时，电动机却能够转动？

第3章　PLC应用基础

　　PLC是20世纪70年代以来，在继电-接触器控制和计算机控制基础上发展起来的一种新型的具有极高可靠性的通用自动控制装置。它以微处理器为核心，将继电-接触器控制技术、自动化技术、计算机技术和通信技术融为一体，具有控制能力强、可靠性高、配置灵活、程序设计简单、使用方便、易于扩展、体积小、重量轻及功耗低等一系列优点，已广泛应用于自动化控制的各个领域，是当今及今后工业控制的主要手段和重要的自动化控制设备。PLC种类繁多，不同厂家的产品各有其特点，但也有一定的共性。本章内容是介绍PLC的应用基础。

3.1　PLC概述

3.1.1　PLC的产生与定义

　　在PLC出现之前，工业控制领域中占主导地位的是继电-接触器控制。但大型的控制系统存在体积大、可靠性低、查找和排除故障困难等缺点，特别是其接线复杂、不易更改，对生产工艺变化的适应性差。20世纪60年代初，国外曾试图用小型计算机代替较复杂的继电-接触器控制系统，但由于价格高、编程难度大等原因，未能得到广泛应用。1968年，美国通用汽车公司为适应汽车型号的不断变化，提出把计算机功能完善、灵活、通用性等优点和继电-接触器控制系统的简单易懂、操作方便、价格便宜等优点结合起来，制成一种通用的控制装置，并把计算机编程方法和程序输入方式加以简化，用面向控制过程、面向用户的"自然语言"编程，使不熟悉计算机的人也能方便地使用。1969年，美国数字设备公司（DEC）积极响应，首先研制出了世界上第一台可编程序控制器PDP-14，并在通用汽车公司的汽车生产线上试用，获得成功。从此，这项技术得到了迅速发展，并推动了欧洲各国、日本以及我国对可编程序控制器的研制和发展。1971年，日本从美国引进这项技术，很快就研制出了日本第一台可编程序控制器DSC-8。1973年，欧洲国家也相继研制出了自己的可编程序控制器。我国从1974年开始研制，1977年开始应用于工业。

　　1985年1月，国际电工委员会（IEC）对可编程序控制器作了如下定义："可编程序控制器是一种可进行数字运算操作的电子系统，专为在工业环境下应用而设计。它采用可编程序的存储器，用来在其内部存储执行逻辑运算、顺序控制、定时、计数和算术运算等操作的指令，并通过数字、模拟的输入和输出，控制各种类型的机械或生产过程。可编程序控制器及其有关设备，都应按易于与工业控制系统组成一个整体，易于扩充功能的原则设计"。

可见，可编程序控制器是一种有别于普通微机的专用计算机，它能直接在工业环境中应用，不需要专门的空调和恒温环境，它专为工业环境控制而设计制造，具有丰富的输入、输出接口和较强的输出驱动能力。

早期的可编程序控制器主要由分立元件和小规模集成电路组成，仅有逻辑控制、定时、计数等功能，只用来取代传统的继电-接触器控制，因此，人们把它称为可编程序逻辑控制器（Programmable Logic Controller），简称 PLC。随着微电子技术和计算机技术的发展，20世纪 70 年代中期微处理器技术开始应用到 PLC 中，使 PLC 不仅具有逻辑控制功能，还增加了算术运算、数据传送与处理等功能。因此，美国电气制造协会（National Electrical Manufactures，NEMA）于 1980 年将它正式命名为可编程序控制器（Programmable Controller），简称 PC。PC 一词曾经在工业界使用多年，但近 20 年来 PC 又成为个人计算机（Personal Computer）的简称，为了加以区别，现在仍然用 PLC 来表示可编程序控制器。

3.1.2 PLC 的特点和应用

PLC 自 1969 年问世以来，发展极为迅速，目前在工业自动化控制的各个领域得到了广泛的应用。它集中了计算机的功能完善、灵活性、通用性强和传统继电-接触器控制的简单易懂、操作方便等优点。PLC 与计算机控制和继电-接触器控制相比，它具有以下特点：

1. 可靠性高，抗干扰能力强

可靠性高、抗干扰能力强是 PLC 最突出的特点之一。传统的继电-接触器控制系统使用了大量的中间继电器、时间继电器，触点多，故障率高，而 PLC 采用了微电子技术，大量的开关动作由无触点的半导体电路来完成；另外，在硬件和软件的设计制造过程中采用了一系列的隔离和抗干扰措施，使得 PLC 在工业现场环境中能可靠地工作，平均无故障工作时间达几十万小时。例如，日本三菱公司的 FX 系列 PLC 的平均无故障运行时间可达 30 万小时，这一数值远远超过了传统继电-接触器控制和现代计算机控制系统。

2. 编程简单，使用方便

PLC 的编程语言通常有梯形图、指令表和顺序功能图等。但是，目前大多数 PLC 采用的是梯形图语言编程，它是一种面向控制过程、面向问题的自然编程语言。梯形图语言既继承了传统继电-接触器控制电路的清晰直观感，又考虑到大多数电气技术人员的读图习惯和应用微机的水平，使用者不需要具备计算机的专门知识，因此很容易让一般电气技术人员理解和掌握。这是 PLC 的最大特点之一，也是得到普及和推广的重要原因之一。

3. 功能完善，适应面广

现代 PLC 不仅具有逻辑运算、顺序控制、定时、计数和比较等功能，而且还具有 A/D、D/A 转换、算术运算、数据传送和处理，以及通信联网、PID 闭环控制、中断控制、自诊断和报警等功能。因此，它既可以对开关量进行控制，也可以对模拟量进行控制；既可以单机控制，也可以群体控制；既可以现场控制，也可以远程控制。

4. 模块化结构，系统设计、安装、调试和维修方便

目前 PLC 已实现了产品系列化、标准化和通用化，设计时只需要根据控制系统的需要，选用相应的模块进行组件设计。同时，PLC 用软件功能取代了继电-接触器控制系统中大量的中间继电器、时间继电器等器件，用软件编程代替了硬件接线，大大减少了控制柜的安装接线工作量。PLC 的用户程序可以在实验室模拟调试，调试好再到现场联机统调，大大缩

短了调试周期。PLC有完善的自诊断功能，对于内部工作状态、I/O状态等均有显示，技术人员可方便地查明故障原因，及时处理。

5. 体积小、重量轻、功耗低

PLC采用了半导体集成电路，其体积小、重量轻、结构紧凑、功耗低，是实现机电一体化的理想控制设备。

由于上述特点，目前在国内外，PLC作为通用自动控制设备，已广泛应用于机械制造、冶金、石油、化工、交通、电力、建材、纺织、印刷、环保以及食品等几乎所有的工业行业。随着PLC性价比的不断提高，其应用领域不断扩大。从应用类型看，PLC的应用大致可归纳为以下几个方面：

1）开关逻辑控制。逻辑控制是PLC最基本的应用，可以取代传统的继电-接触器控制，用于机床电气、自动生产线、高炉上下料和电梯升降等。PLC既可用于单机控制，也可用于多机群控制。

2）数字控制。PLC能和机械加工中的数字控制（NC）及计算机数字控制（CNC）组成一体来实现数字控制。随着PLC技术的迅速发展，计算机数字控制（CNC）系统将变成以PLC为主体的控制系统。

3）闭环过程控制。闭环过程控制是指对温度、压力、速度和流量等连续变化的模拟量的闭环控制。由于PLC具有D/A、A/D转换和PID运算等功能，因此可以对模拟量进行PID闭环控制。PID闭环控制功能可以用PID指令或专用的PID模块来实现。目前，这一功能已广泛应用于锅炉、反应堆、水处理、酿酒以及闭环位置控制和速度控制等方面。

4）运动控制。PLC可使用专用的运动控制模块，实现对步进电动机或伺服电动机的单轴、多轴位置控制，完成直线运动或圆周运动控制，这一功能广泛应用于各种机床、装配机械、机器人和电梯等的控制。

5）通信联网。高性能的PLC一般都有通信的功能，它既可以实现远程I/O控制，又能实现PLC与PLC、PLC与计算机和其他智能控制设备之间的通信，实现信息的交换，并可构成"集中管理，分散控制"的分布式控制系统，满足工厂自动化（FA）系统发展的要求。

3.1.3 PLC的分类和发展趋势

1. PLC的分类

PLC的品种繁多，规格和性能也各不相同，因此PLC的分类方法很多，通常根据PLC的结构形式、I/O点数进行分类。

1）按结构形式，PLC可分为整体式和模块式两种。

整体式PLC是将中央处理器、存储器、I/O单元、电源和通信口等组装在一个金属或塑料外壳之中构成的。这种结构的PLC具有结构简单、体积小、重量轻、成本低和易于装入工业设备内部等优点，但使用不够灵活、维护较麻烦，适用于单机控制，小型PLC通常采用这种结构。

模块式PLC是将中央处理器、存储器、I/O单元、电源和通信口等分别做成独立的模块，使用时将选用的模块插入带有总线的底板上构成的，这种结构配置灵活，I/O点数可自由选择，装配和维修都很方便，也便于功能扩展，但插件多，成本高，大中型PLC通常采用这种结构。

2）按 I/O 点数，PLC 可分为小型、中型和大型三种。

小型 PLC 的 I/O 点数一般在 256 点以下。其中，I/O 点数小于 64 点的为超小型或微型 PLC。小型 PLC 具有逻辑运算、定时、计数、移位、自诊断和监控等基本功能，常用于单机控制或小规模控制系统中。

中型 PLC 的 I/O 点数一般在 256~2048 点之间，它除具有小型 PLC 的功能外，还具有较强的模拟量输入/输出、数字计算、PID 控制、查表和通信联网等功能，适用于较复杂的控制系统。

大型 PLC 的 I/O 点数一般在 2048 点以上，其中 I/O 点数超过 8192 点的为超大型 PLC。大型 PLC 具有逻辑运算、数字运算、模拟调节、联网通信、监视、记录、打印、中断控制、智能控制及远程控制等功能，可用于大规模过程控制或构成分布式网络控制系统，实现工厂自动化。

2. PLC 的发展趋势

随着 PLC 应用领域的不断扩大，今后，PLC 的发展趋势大致包括以下几个方面：

（1）大容量、高速化和高性能

为了提高 PLC 的处理能力，PLC 正向大容量、高速化和高性能方向发展，趋向于计算能力更强、时钟频率更高的 CPU 芯片。目前，有的 PLC 扫描速度达 $0.09\mu s$/步，用户程序存储器容量高达几百兆字节。

（2）小型化、专用化和低成本

小型 PLC 由整体结构向小型模块化结构发展，使用配置更加灵活，适应单机控制和机电一体化。为满足一些特殊的要求，有的超小型机上配备有一些特殊单元，如高速计数、定位、定时和 PID 等单元。随着微电子技术的发展，PLC 价格不断下降，使其真正成为现代电气控制系统中不可替代的控制设备。

（3）大力开发智能模块，加强联网通信能力

智能模块是以微处理器和存储器为基础的功能部件，与 PLC 的 CPU 并行工作，完成专一功能，占用主 CPU 的时间很少，有利于提高 PLC 的扫描速度。为了满足各种控制系统的要求，PLC 制造厂商开发了许多智能化的模块，如高速计数模块、温度控制模块、位置控制模块、专用数控 CPU 和模糊逻辑控制模块等。

加强 PLC 之间的联网通信能力是 PLC 发展的方向。PLC 与 PLC 之间、PLC 与计算机之间的联网通信已得到了广泛应用。PLC 与计算机的联网通信能进一步提高整个工厂的自动化控制水平。

（4）加强外部故障检测与处理能力

PLC 控制系统故障分为内部故障和外部故障两种类型。内部故障是指 CPU、I/O 接口等导致的故障，约占 20%，这类故障通常可以通过 PLC 本身的软件和硬件来进行检测和处理。外部故障是指输入输出设备、接线等导致的故障，占 80% 左右。对于外部故障，PLC 不能通过自诊断检查出来，所以 PLC 生产厂家都致力于研制、开发用于检测外部故障的专用智能模块，来进一步提高系统的可靠性。

（5）编程语言多样化、标准化及高级化

PLC 在基本控制方面，编程语言已标准化，均采用梯形图语言编程。目前，为适应各

种控制的要求，在原有梯形图语言的基础上增加了很多其他编程语言，如面向顺序控制的步进编程语言、面向过程控制的流程图语言，以及与计算机兼容的高级语言（BASIC、C 语言等）等。多种编程语言的并存、互补与发展是 PLC 技术进步的一种趋势。

从 PLC 的发展趋势看，PLC 控制技术将成为今后工业自动化的主要手段。在未来的工业生产中，PLC 技术、机器人（Rob）技术、计算机辅助设计/计算机辅助制造（CAD/CAM）技术和数控（NC）技术将成为实现工业生产自动化的四大支柱技术。

3.2　PLC 的基本结构与工作原理

3.2.1　PLC 的基本结构

通过第 2 章的学习可以知道，一个继电—接触器控制系统通常由输入设备、继电-接触器控制电路和输出设备三部分组成，如图 3-1 所示。其中，输入设备主要指按钮、限位开关等；控制电路是指根据系统控制要求设计的，由继电器、触点和连接导线组成的控制电路；输出设备主要指接触器、电磁阀和指示灯等。在控制系统中，输入对输出的控制是通过中间环节的继电-接触器控制电路来实现的。控制电路是由许多继电器和触点按照硬接线的方式连接起来的，所以控制要求的变更必须通过改变接线方式来实现。

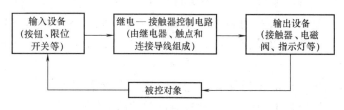

图 3-1　继电—接触器控制系统

PLC 控制系统是在继电—接触器控制系统和计算机控制系统基础上发展起来的。如图 3-2 所示，它也是由输入设备、控制部分（PLC）和输出设备三部分组成。PLC 控制系统除控制部分用 PLC 代替继电—接触控制电路外，其他两部分与继电—接触器控制系统基本相同。PLC 控制系统通过 PLC 内的软接线（用户程序）来实现输入对输出的控制。PLC 的基本结构框图如图 3-3 所示。

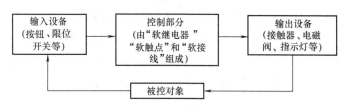

图 3-2　PLC 控制系统

1. 微处理器（CPU）

微处理器是具有运算和控制功能的大规模集成电路，与通用计算机一样，微处理器是 PLC 的核心，是运算和控制的中心，并对全机进行控制。根据系统程序赋予的功能，完成以下几方面的任务：

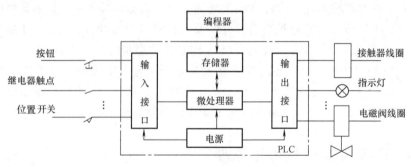

图 3-3　PLC 的基本结构框图

1）接收并存储由编程器、上位机或其他外围输入设备键入的用户程序和数据。

2）用扫描的方式接收现场输入设备的状态和数据等信息，并存入输入映像寄存器或数据寄存器中。

3）诊断电源、PLC 内部电路工作状态和用户编程过程中的语法错误。

4）从存储器中逐条读取用户程序，经过命令解释后，完成用户程序规定的逻辑运算和算术运算等功能。

5）根据数据处理的结果，更新有关标志位的状态和输出状态寄存器的内容，再通过输出单元实现输出、制表打印或数据通信等功能。

PLC 中常用的微处理器类型有通用微处理器（如 Intel 8086、Intel 80286 等）、单片机（Intel 8039、Intel 8031 等）以及位片式微处理器（如 AMD 2901、AMD 2903 等）。

2. 存储器

存储器是具有记忆功能的半导体集成电路，用来存储数据或程序。PLC 的存储器主要有两种：一种是随机存储器 RAM，另一种是只读存储器 ROM。

随机存储器是可读/写操作的存储器，读出时，RAM 中的内容不会被破坏；写入时，新写入的信息会替代原来的内容。RAM 一般存储用户程序、逻辑变量和其他一些信息。

只读存储器包括掩模只读 ROM、可由用户用编程器一次性写入不能再改写的 PROM、可由用户写入并用紫外线照射擦除的 EPROM 和由用户写入并电可擦除的 EEPROM（或写成 E^2PROM）。

系统程序关系到 PLC 的性能，使用时要求用户不能随意访问和修改，因此，PLC 生产厂家把系统程序直接固化在只读存储器 ROM、PROM 或 EPROM 中。

EEPROM 与 RAM 和 EPROM 一样，使用编程器很容易对其所存储的内容进行修改。但对 EEPROM 某存储单元写入时，必须先擦除该存储单元的内容后才能写入，读/写过程为 10～15ms。同时，执行读/写操作的次数也有限，一般在 1 万次左右。

3. 输入接口

输入接口是 PLC 与工业生产现场之间的连接部件，PLC 通过输入接口可以检测被控对象的各种数据信息，并以这些数据信息作为 PLC 对被控对象进行控制的依据。输入接口电路按使用的电源不同，分为直流输入电路、交流输入电路和交直流输入电路三种。

直流输入电路如图 3-4 所示，直流电源由 PLC 内部提供。由于各输入端口的输入电路相同，图中只画出了一个输入端口的输入电路，COM 为公共端子。

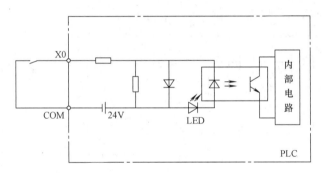

图 3-4　直流输入电路

交流输入电路如图 3-5 所示，交流电源由 PLC 外部提供。

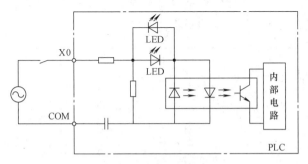

图 3-5　交流输入电路

为了提高 PLC 的抗干扰能力，通常 PLC 的外部输入信号与其内部电路之间经过了光耦合器隔离。

4. 输出接口

输出接口是将 PLC 内部的低电平信号转换成工业生产现场执行机构（如接触器、电磁阀等）所需的各种信号。按输出开关器件的种类，输出接口电路分为继电器输出、晶体管输出和双向晶闸管输出三种。

图 3-6 是继电器输出接口电路，微处理器输出时接通或断开继电器的线圈，使继电器触点闭合或断开，再去控制外部的现场执行元件。图中继电器 KA 既是输出开关器件，也是隔离器件，它可带直流负载，也可带交流负载，电源由用户自己提供。

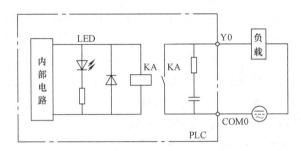

图 3-6　继电器输出接口电路

图 3-7 是晶体管输出接口电路，通过光耦合使开关晶体管截止或饱和导通以控制外部电路。在图中，晶体管 V 为输出开关器件，光电耦合器为隔离器件。晶体管输出电路只能带

直流负载，直流电源由用户提供。

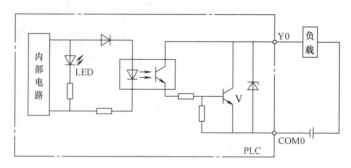

图 3-7　晶体管输出接口电路

图 3-8 是晶闸管输出接口电路，图中双向晶闸管为输出开关器件，并作为隔离器件。该电路只能带交流负载，交流电源由用户提供。

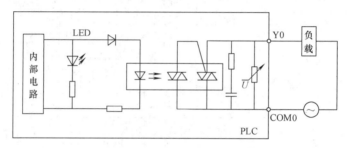

图 3-8　晶闸管输出接口电路

5. 电源

PLC 一般使用 220V 单相交流电源，也有使用 24V 直流电源的。PLC 电源是将供电电源转换成直流电源的装置，它向各模块提供 DC 5V、DC ±12V 和 DC 24V 等电源。与普通电源相比，PLC 的电源有很好的稳压措施，因此对外部供电电源的稳定性要求不高，一般允许电源电压在其额定值的 −15%～10% 范围内波动。另外，有些 PLC 还向外提供 DC 24V 稳压电源，用于向外部传感器供电。

6. 编程器

编程器是 PLC 的重要外围设备。它的作用是编制、编辑、调试和输入用户程序，也可在线监控 PLC 的内部状态和参数，与 PLC 进行人机对话。编程器一般分为专用编程器和个人计算机（内装编程软件）两类。专用编程器又有简易编程器和智能编程器两种。

简易编程器与主机共用一个微处理器（CPU），只能联机编程，不能直接输入和编辑梯形图程序，一般用助记符或功能指令代号编程。简易编程器体积小，价格便宜。

智能编程器又称为图形编程器，它既可联机编程，又可脱机编程，并可以直接输入和编辑梯形图程序，同时还可以与打印机、绘图仪等设备连接，但操作较复杂，价格也较高。

个人计算机编程器是把 PLC 编程软件安装在个人计算机上的编程装置。用户可以直接在计算机上以联机或脱机方式编程，可以运用梯形图编程，也可以用助记符指令编程。

由于专用编程器只能对相应 PLC 生产厂家的产品编程，使用范围有限，价格也较高，因此，现在的趋势是使用个人计算机为基础的编程装置。

3.2.2 PLC 的工作原理

1. PLC 的等效电路

从 PLC 的基本结构部分可知,PLC 控制系统与继电-接触器控制系统在结构上基本相同,所不同的是 PLC 控制系统中的控制环节由 PLC 采用软接线(用户程序)来实现,而继电-接触器控制系统中则由继电器触点采用硬接线来实现。因此,可以把 PLC 理解为是许许多多、各种各样的"软继电器"和"软导线"的集合,而软接线(用户程序)就是用"软继电器"和"软导线"按一定功能要求组成的等效电路。

图 3-9 是三相异步电动机实现单向连续运行的继电-接触器控制系统。图 3-10 是与图 3-9 对应的用 PLC 控制的等效电路,它由输入部分、内部控制电路、输出部分组成。输入部分就是采集输入信号,输出部分就是系统的执行部件,这两部分与继电-接触器控制系统相同,内部控制电路是由编程实现的逻辑电路,用软件编程代替继电-接触器控制电路的功能。

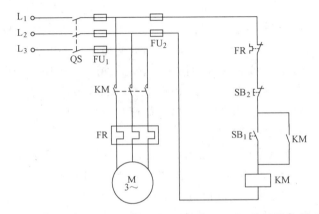

图 3-9 三相异步电动机实现单向连续运行的继电-接触器控制系统

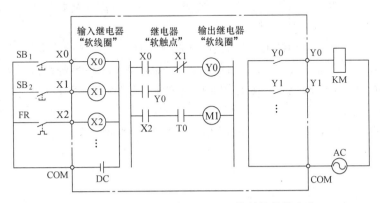

图 3-10 与图 3-9 对应的用 PLC 控制的等效电路

(1)输入部分

输入部分包括外部输入电路、输入接线端子(COM 是输入公共端)和输入继电器"软线圈"。输入部分的作用是收集被控设备的信息或操作指令。每个输入设备(如 SB_1)控制相对应的一个输入继电器"软线圈"(如 X0)。每个输入继电器"软线圈"可以提供无限多对常开、常闭触点,供 PLC 内部控制电路编程使用。

（2）内部控制电路

内部控制电路就是用程序实现的内部软接线（用户程序）。它的作用是对从输入部分得到的信息进行运算、处理，并判断哪些功能应输出。内部控制电路通常采用梯形图来编写。

（3）输出部分

输出部分包括与内部电路隔离的输出继电器的外部常开触点、输出接线端子（COM 是输出公共端）和外部输出电路，它的作用是驱动外部负载。

PLC 内部控制电路中的每个输出继电器"软线圈"也可以提供无限多对常开、常闭触点供编程使用，同时还为输出部分提供一对（仅一对）常开触点与输出接线端子相连。

注意，当控制系统较复杂时，PLC 内部控制电路中还将用到 PLC 内部的其他继电器"软线圈"或"软触点"，如辅助继电器、定时器和计数器等，以满足控制要求。

2. PLC 的工作方式及工作过程

（1）PLC 循环扫描的工作方式

PLC 是一种特殊的工业控制计算机，由于它具有比计算机更强的与工业过程相连的接口，以及更适应于控制要求的编程语言，所以 PLC 不仅其外形不像计算机，而且工作原理与计算机也有一定的差别。微型计算机一般采用等待命令的工作方式，如键盘扫描方式或 I/O 扫描方式，当有按键按下或有 I/O 动作时，就输入相应子程序去处理；也有的是去轮询某一变量，并据此决定下一步的操作。但 PLC 要查看的输入信号太多，采用等待查询的方式已不能满足实时控制要求，因此 PLC 采用了循环扫描的工作方式，在每个循环周期中采样所有的输入信号，并执行一系列操作。

当 PLC 运行时，是通过执行反映控制要求的用户程序来完成控制任务的，需要执行的操作很多，而 CPU 不可能同时去执行多个操作，只能以分时操作（串行工作）方式来处理各项任务，一次执行一个操作，按顺序逐个执行，PLC 这种串行工作方式称为扫描工作方式。PLC 用扫描工作方式执行用户程序时，CPU 从第一条指令开始，按顺序逐条地执行，直到用户程序结束，然后返回第一条指令开始新一轮扫描，周而复始地重复运行，这种扫描方式称为 PLC 循环扫描的工作方式。

PLC 的扫描工作方式与传统的继电-接触器控制系统也有明显的不同。继电-接触器控制装置采用硬逻辑的并行工作方式，在运行过程中，如果某个继电器的线圈得电，那么该继电器的所有常开触点和常闭触点无论处在控制电路的哪个位置上，都会立即同时动作，即常开触点闭合，常闭触点断开；而 PLC 采用循环扫描的串行工作方式，在工作过程中，如果某一个软继电器的线圈通电，该继电器的所有常开和常闭触点则不会立即动作，必须当 CPU 扫描到该触点时才会动作。

（2）PLC 的工作过程

PLC 的工作过程就是 PLC 的扫描工作过程，PLC 的循环扫描工作方式是在系统软件的控制下，顺序扫描各输入点的状态，按用户程序进行运算处理，然后顺序向输出点发出相应的控制信号。其整个工作过程可分为自诊断、与外设通信、输入采样、用户程序执行和输出刷新五个阶段。PLC 上电后有两种基本的工作状态，即运行（RUN）状态和停止（STOP）状态（也称为编程 PROG 状态）。PLC 在运行状态时，每个扫描周期都执行上述五个过程；在停止状态时，只进行内部处理和通信操作服务等内容。PLC 的工作过程如图 3-11 所示。

PLC 对用户程序的循环扫描过程一般分为三个阶段进行，即输入采样阶段、用户程序

第3章 PLC应用基础

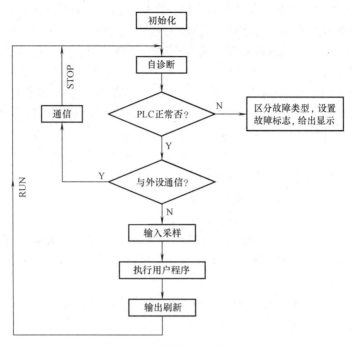

图 3-11　PLC 的工作过程

执行阶段和输出刷新阶段,如图 3-12 所示。

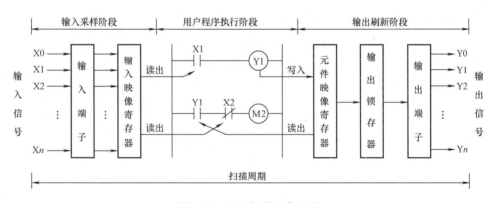

图 3-12　PLC 扫描工作过程

1)输入采样阶段。在输入采样阶段,PLC 以扫描方式按顺序将所有输入端的输入信号进行采样,并将其状态存入输入映像寄存器,此时输入映像寄存器被刷新。接着进入用户程序执行阶段,在程序执行阶段或其他阶段,输入映像寄存器与外界隔离,即使输入状态发生变化,输入映像寄存器的内容也不会改变。输入映像寄存器内容的变化只能在下一个扫描周期的输入采样阶段才被重新读入的输入信号刷新。

2)用户程序执行阶段。在程序执行阶段,PLC 对用户程序按顺序进行扫描。若程序是用梯形图表示的,则总是按先上后下、先左后右的顺序进行扫描。当指令中涉及输入、输出状态时,PLC 将分别从输入映像寄存器和元件映像寄存器中读出,然后进行逻辑运算,运算结果再存入元件映像寄存器中。在程序执行过程中,元件映像寄存器的内容可以被后面将要执行到的程序所应用,它所寄存的内容会随程序执行的进程而变化。

3)输出刷新阶段。在用户程序执行完毕后,进入输出刷新阶段,此时元件映像寄存器中所有输出继电器的状态(接通/断开)转存到输出锁存器中,然后传送到各相应的输出端子,再驱动外部负载。

PLC重复地执行上述三个阶段,每重复一次的时间就是一个工作周期,称为扫描周期。PLC在一个扫描周期中,输入采样和输出刷新的时间一般为4ms左右,而程序执行时间由用户程序长短确定。PLC的一个扫描周期一般为40~100ms。

PLC在一个扫描周期内,对输入信号的采样只在输入采样阶段进行。当PLC进入用户程序执行阶段后,输入端将被封锁,直到下一个扫描周期的输入采样阶段才对输入状态进行重新采样,即在一个扫描周期内,集中一段时间对输入信号进行采样,这种方式称为集中采样。

在一个扫描周期内,PLC只在输出刷新阶段才将输出状态从元件映像寄存器中输出,对输出端子进行刷新。在其他阶段,输出状态一直保存在元件映像寄存器中,这种方式称为集中输出。

PLC采用集中采样、集中输出的工作方式,提高了系统的抗干扰能力,增强了系统的可靠性。

习 题

1. PLC有哪些主要特点?
2. PLC是怎样分类的?
3. PLC可以应用在哪些领域?
4. PLC由哪几部分组成?各组成部分的主要作用是什么?
5. PLC的输出方式有哪几种?各适用于什么类型的负载?
6. PLC的工作原理是什么?说明其工作过程。

第4章 三菱FX$_{2N}$系列PLC

目前，PLC的生产厂家和产品种类繁多，不同厂家、不同型号的PLC的梯形图和指令表的表示不同，但差别不大。本章以日本三菱公司生产的现在较为常用的FX$_{2N}$系列为例，介绍其编程元件、指令系统及应用。

4.1 FX$_{2N}$系列PLC的技术参数

FX$_{2N}$系列PLC是日本三菱公司于20世纪90年代在FX系列PLC的基础上推出的新型产品，它是FX系列中功能最强、运行速度最快的小型PLC，在通信能力等方面都有较大的提高。

4.1.1 FX$_{2N}$系列PLC的型号

FX$_{2N}$系列PLC型号的含义为

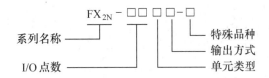

1) I/O点数。FX$_{2N}$系列PLC的最大I/O点数为256点。
2) 单元类型。M为基本单元，E为输入、输出混合扩展单元与扩展模块，EX为输入专用扩展模块，EY为输出专用扩展模块。
3) 输出方式。R为继电器输出（有触点，交、直流负载两用），S为双向晶闸管输出（无触点，交流负载用），T为晶体管输出（无触点，直流负载用）。
4) 特殊品种如电源输入/输出等。无标记为DC输入，AC电源；D为DC输入，DC电源；A1为AC电源，AC输入（AC 100~120V）或AC输出模块。例如，FX$_{2N}$-64MT-D表示FX$_{2N}$系列、64个I/O点的基本单元、晶体管输出型、使用24V直流电源。

4.1.2 FX$_{2N}$系列PLC的基本组成

FX$_{2N}$系列PLC采用一体化箱体结构，由基本单元、扩展单元、扩展模块及特殊功能单元几部分构成。其中基本单元包括CPU、存储器、I/O接口和电源等，它们都装在一个模块内，是一个完整的控制装置，是PLC的主要部分，每个PLC控制系统中必须具有一个基本单元。FX_{2N}系列 PLC 基本单元的输入点数和输出点数相等。

扩展单元、扩展模块和特殊功能单元是为了增加 I/O 点数和扩展应用功能而配置的。扩展单元和扩展模块是用于增加 I/O 点数或改变 I/O 点数比例的装置，它们内部都没有 CPU，必须与基本单元一起使用。扩展单元内部设有电源，而扩展模块内部没有电源，它的电源由基本单元或扩展单元提供。特殊功能模块是一些具有专门用途的装置，如进行模拟量控制的 A/D、D/A 转换模块，位置扩展模块，高速计数模块，通信模块和过程控制模块等。

FX_{2N} 系列 PLC 的基本指令执行时间为 $0.08\mu s$/每条指令，每个基本单元最多可以连接 1 个特殊功能扩展板、8 个特殊单元和模块。内置的用户存储器容量为 8KB，可以扩展到 16KB，可扩展的最大 I/O 点数各为 184 点，合计 I/O 点数应在 256 点以内。

FX_{2N} 系列 PLC 的基本单元、扩展单元、扩展模块及特殊功能模块的型号规格见表 4-1～表 4-4。

表 4-1　FX_{2N} 系列 PLC 基本单元的型号规格

型号			输入点数	输出点数	扩展模块可用点数
继电器输出	晶闸管输出	晶体管输出			
FX_{2N}-16MR-001	FX_{2N}-16MS-001	FX_{2N}-16MT-001	8	8	24～32
FX_{2N}-32MR-001	FX_{2N}-32MS-001	FX_{2N}-32MT-001	16	16	
FX_{2N}-48MR-001	FX_{2N}-48MS-001	FX_{2N}-48MT-001	24	24	48～64
FX_{2N}-64MR-001	FX_{2N}-64MS-001	FX_{2N}-64MT-001	32	32	
FX_{2N}-80MR-001	FX_{2N}-80MS-001	FX_{2N}-80MT-001	40	40	
FX_{2N}-128MR-001	—	FX_{2N}-128MT-001	64	64	

表 4-2　FX_{2N} 系列 PLC 扩散单元的型号规格

型号			输入点数	输出点数	扩展模块可用点数
继电器输出	晶闸管输出	晶体管输出			
FX_{2N}-32ER-001	FX_{2N}-32ES-001	FX_{2N}-32ET-001	16	16	24～32
FX_{2N}-48ER-001	—	FX_{2N}-48ET-001	24	24	48～64

表 4-3　FX_{2N} 系列 PLC 扩展模块的型号规格

型号				输入点数	输出点数
输入	继电器输出	晶闸管输出	晶体管输出		
FX_{2N}-16EX	—	—	—	16	—
FX_{2N}-16EX-C	—	—	—	16	—
FX_{2N}-16EXL-C	—	—	—	16	—
—	FX_{2N}-16EYR	FX_{2N}-16EYS	FX_{2N}-16EYT		16
			FX_{2N}-16EYT-C		16

表 4-4　FX_{2N} 系列 PLC 特殊功能模块的型号规格

分类	型号	名称	占用点数	耗电量/mA
模拟量控制模块	FX_{2N}-4AD	4CH A/D 转换模块	8	30
	FX_{2N}-4DA	4CH D/A 转换模块	8	

（续）

分类	型号	名称	占用点数	耗电量/mA
模拟量控制模块	FX_{2N}-4AD-PT	4CH温度传感器输入模块(PT-100)	8	30
	FX_{2N}-4AD-TC	4CH温度传感器输入模块(热电偶)	8	
计数器	FX_{2N}-1HC	50kHz 2相高速计数器	8	90
定位高速	FX_{2N}-1PG	100kpps脉冲输出模块	8	55
计算机通信模块	FX_{2N}-232IF	RS232C通信接口	8	40
特殊功能扩展板	FX_{2N}-8AV-BD	8点模拟电位器	—	20
	FX_{2N}-232-BD	RS232通信板	—	20
	FX_{2N}-422-BD	RS422通信板	—	60
	FX_{2N}-485-BD	RS485通信板	—	60
	FX_{2N}-CNV-BD	FX_{ON}转换器连接用板	—	—

4.1.3 FX_{2N}系列PLC输入和输出技术指标

FX_{2N}系列PLC的输入和输出技术指标见表4-5和表4-6。

表4-5 FX_{2N}系列PLC的输入技术指标

输入电压	输入电流/mA		输入ON电流/mA		输入OFF电流/mA		输入阻抗/kΩ		输入隔离	输入响应时间
	X000~X007	X010以内	X000~X007	X010以内	X000~X007	X010以内	X000~X007	X010以内		
DC 24V	7	5	4.5	3.5	≤1.5	≤1.5	3.5	4.3	光绝缘	0~6ms 可变

表4-6 FX_{2N}系列PLC的输出技术指标

项目		继电器输出	晶闸管输出	晶体管输出
外部电源		AC 250V，DC 30V以下	AC 85~240V	DC 5~30V
最大负载	电阻性负载	2A/1点；8A/4点共享；8A/8点共享	0.3A/1点；0.8A/4点	0.5A/1点；0.8A/4点
	电感性负载	80V·A	15V·A/AC 100V 30V·A/AC 200V	12W/DC 24V
	灯负载	100W	30W	1.5W/DC 24V
开路漏电流		—	1mA/AC 100V 2mA/AC 200V	0.1mA以下/DC 30V
响应时间	OFF到ON	约10ms	1ms以下	0.2ms以下
	ON到OFF	约10ms	最大10ms	0.2ms以下
电路隔离		机械隔离	光电晶闸管隔离	光电耦合器隔离
动作显示		继电器通电时LED灯亮	光电晶闸管驱动时LED灯亮	光电耦合器驱动时LED灯亮

4.2 FX_{2N}系列PLC的编程元件

前面已经介绍过，PLC是以程序的形式工作的，用户程序可以看成是许多各种"软继电器及其触点"按一定要求组合起来的集合体,这些软继电器通常称为 PLC 的编程元件。不同厂家、不同系列的 PLC,其编程元件的功能和编号也不相同,因此,在编写用户程序时,必须熟悉每条指令所涉及的编程元件的功能和编号。本节以 FX_{2N} 系列 PLC 为例进行介绍。

4.2.1 输入继电器(X)

输入继电器是 PLC 接收外部输入设备开关信号的接口,用 X 表示。FX_{2N} 系列 PLC 的输入继电器以八进制进行编号,其编号范围是 X0~X267(184 点)。输入继电器的等效电路如图 4-1 所示。当按下起动按钮 SB_1 时,X0 输入端子外接的输入电路接通,输入继电器 X0 线圈接通,梯形图中 X0 的常开触点闭合。

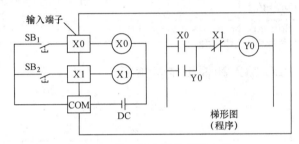

图 4-1 输入继电器的等效电路

输入继电器只能由外部输入信号驱动,不能用程序驱动,因此程序中只触点,没有线圈。

4.2.2 输出继电器(Y)

输出继电器是 PLC 向外部负载传送信号的接口,用 Y 表示。FX_{2N} 系列 PLC 的输出继电器也以八进制进行编号,其编号范围是 Y0~Y267(184 点)。输出继电器的线圈由 PLC 内部程序驱动,其线圈状态传送给输出部分,再由输出部分对应的硬触点来驱动外部负载。输出继电器的等效电路如图 4-2 所示。

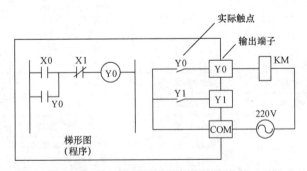

图 4-2 输出继电器的等效电路

每个输出继电器除有供编程用的常开、常闭触点外,还有一个实际的常开触点供输出回路用。当程序中 X0 的常开触点闭合时,输出继电器 Y0 的线圈得电,程序中 Y0 常开触点闭合自锁,同时输出部分中的 Y0 实际常开触点也闭合,使外部负载 KM 线圈与电源构成通路。

在程序中，输入、输出继电器的常开、常闭触点都可以无限次使用。

4.2.3 辅助继电器（M）

辅助继电器是与 PLC 外部没有任何连接关系的编程元件，用 M 表示。辅助继电器不能接收外部的输入信号，也不能直接驱动外部的负载，与继电-接触器控制系统中的中间继电器相似。FX_{2N} 系列 PLC 中，除了输入继电器和输出继电器的元件号采用八进制外，其他编程元件的元件号均采用十进制。

辅助继电器有通用辅助继电器、断电保持辅助继电器和特殊辅助继电器三种。

1. 通用辅助继电器

FX_{2N} 系列中，通用辅助继电器共有 500 点，编号范围为 M0~M499。若 PLC 运行时电源突然断电，通用辅助继电器将全部变为 OFF。当电源再次接通时，除了因外部输入信号而变为 ON 的以外，其余的仍保持 OFF 状态。通用辅助继电器没有断电保持功能，但通过程序设定可以将 M0~M499 变为断电保持辅助继电器。辅助继电器的等效电路如图 4-3 所示。

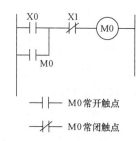

图 4-3 辅助继电器的等效电路

2. 断电保持辅助继电器

FX_{2N} 系列中，断电保持辅助继电器共有 2572 点，编号范围为 M500~M3071。它们具有断电保持功能，即能记忆电源中断瞬时的状态，当系统重新上电后，可再现其状态。另外，编号为 M500~M1023 的断电保持辅助继电器还可以通过程序设定为通用辅助继电器。

3. 特殊辅助继电器

FX_{2N} 系列中，特殊辅助继电器共有 256 点，编号范围为 M8000~M8255，可分为触点利用型和线圈驱动型两种。

1）触点利用型特殊辅助继电器的线圈由 PLC 的系统程序来驱动。在用户程序中可直接使用其触点，不能出现它们的线圈。

M8000：运行监视特殊辅助继电器。当 PLC 执行用户程序时，M8000 为 ON；停止执行时，M8000 为 OFF。

M8002：初始化脉冲特殊辅助继电器。M8002 仅在 M8000 由 OFF 变为 ON 状态时的一个扫描周期内为 ON。通常用 M8002 的常开触点来使有断电保持功能的元件初始化复位清零，或给某些元件置初始值。

M8011、M8012、M8013 和 M8014 分别是产生 10ms、100ms、1s 和 1min 时钟脉冲的特殊辅助继电器。

M8000、M8002 和 M8012 的波形图如图 4-4 所示。

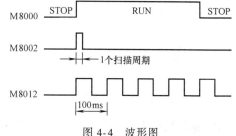

图 4-4 波形图

M8005：锂电池电压降低特殊辅助继电器。当电池电压下降至规定值时，M8005 变为 ON，可以用它的触点驱动输出继电器和外部指示灯，提醒工作人员更换锂电池。

2）线圈驱动型特殊辅助继电器的线圈由用户程序来驱动，驱动后 PLC 执行特定的操作，用户并不使用它们的触点。

M8030：其线圈"通电"后，"电池电压降低"发光二极管熄灭。

M8033：其线圈"通电"时，PLC 由 RUN 进入 STOP 状态后，映像寄存器与数据寄存器中的内容保持不变。

M8034：其线圈"通电"时，PLC 的输出全部被禁止。但是程序仍然正常执行。

M8039：其线圈"通电"时，PLC 按 D8039 中指定的扫描时间工作。

4.2.4 定时器（T）

定时器是时间元件，相当于继电-接触器控制系统中的通电延时型时间继电器，用 T 表示。它由设定值寄存器、当前值寄存器和存储输出触点的映像寄存器组成。这三个存储单元使用同一个元件号。在其当前值寄存器的值等于设定值寄存器的值时，定时器触点动作。设定值可用常数 K 或数据寄存器 D 的内容来设置。

FX_{2N} 系列 PLC 中，定时器分为通用定时器和积算定时器。

1. 通用定时器

通用定时器没有断电保持功能，当输入电路断开或停电时，定时器复位。按时钟脉冲周期长度分为 100ms 和 10ms 两种定时器。

100ms 通用定时器共 200 点，编号范围为 T0~T199，其中 T192~T199 为子程序和中断服务程序专用定时器。这类定时器的设定值 K 范围为 1~32767，定时范围为 0.1~3276.7s。

10ms 通用定时器共 46 点，编号范围为 T200~T245，其设定值 K 范围为 1~32767，定时范围为 0.01~327.67s。

如图 4-5 所示，当 X000 接通时，定时器启动，计时从 000.0s 开始，当累计时间达到设定值 K 时，定时器常开触点接通，驱动输出继电器 Y000。同时定时器常闭触点断开，输出继电器 Y001 失电。当 X000 断开或停电时定时器复位。

定时器可以提供无限对常开、常闭延时触点。如果需要在定时器的线圈通电时就动作的瞬时触点，可以在定时器线圈两端并联一个辅助继电器的线圈，并使用它的触点，如图 4-6 所示。

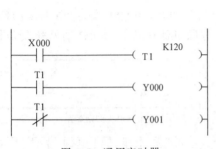

图 4-5 通用定时器

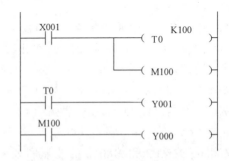

图 4-6 定时器通电瞬时触点

2. 积算定时器

积算定时器具有计时累加的功能。它有 1ms 积算定时器和 100ms 积算定时器两种。

1ms 积算定时器共 4 点，编号范围为 T246~T249，设定值 K 范围为 1~32767，定时范围为 0.001~32.767s。

100ms 积算定时器共 6 点,编号范围为 T250~T255,设定值 K 范围为 1~32767,定时范围为 0.1~3276.7s。

积算定时器与通用定时器不同的是,在计时过程中,若停电或定时器线圈断开,定时器停止工作,并保持当前值,当恢复送电或定时器线圈接通时,积算定时器会继续累加时间。只有将积算定时器复位,当前值才变为零。

如图 4-7 所示,当 X000 接通时,定时器启动,计时从 000.0s 开始,当累计时间达到设定值 K 时,定时器常开触点闭合,驱动输出继电器 Y000。在计数过程中,若 X000 断开或停电,T250 会停止工作,当前值保持不变。当 X000 再次接通或恢复供电时,T250 继续工作,当累计时间达到设定值时,定时器常开触点闭合,驱动输出继电器 Y000。X001 常开触点接通时,定时器复位。

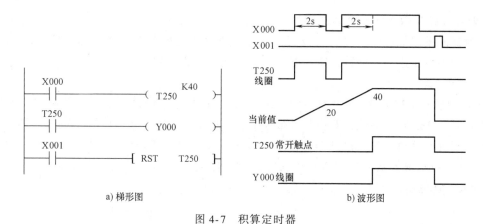

图 4-7 积算定时器

4.2.5 计数器(C)

计数器是 PLC 在执行扫描操作时,对内部信号 X、Y、M、S 等进行计数的元件,用 C 表示。FX$_{2N}$ 系列 PLC 计数器可分为内部计数器和和高速计数器。当计数器的输入信号的变化周期大于 PLC 的扫描周期时,可使用内部计数器;当内部输入信号周期小于 PLC 的扫描周期时,应采用高速计数器。

1. 内部计数器

16 位加计数器:16 位加计数器有 200 点,地址编号为 C0~C199。其中 C0~C99 为通用型,C100~C199 为断电保持型。16 位加计数器的设定值为 1~32767。图 4-8 所示为 16 位加计数器的工作过程。当图中 X001 的常开触点接通后,C0 被复位。X000 每次接通时,计数器当前值加 1,当计数达到计数器的设定值 5 时,计数器 C0 的常开触点闭合,驱动输出继电器 Y000。此时,即使 X000 再接通,计数器的当前值也保持不变。只有当复位输入 X001 接通时,计数器才复位,当前值变为 0,C0 触点断开。

计数器的设定值用常数 K 或数据寄存器 D 来设定。

32 位加/减计数器:32 位加/减计数器有 35 点,地址编号为 C200~C234。其中 C200~C219 为通用型,C220~C234 为断电保持型。设定值为 -2147483648~2147483647。32 位加/减计数器的加/减计数方式由特殊辅助继电器 M8200~M8234 设定,对应的特殊辅助继电器

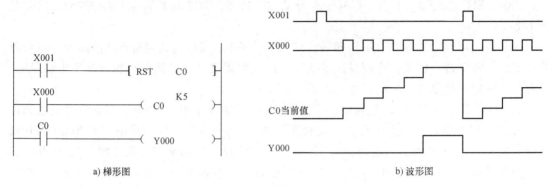

图 4-8 16 位加计数器的工作过程

为 ON 时，为减计数，OFF 时为加计数。

计数器的设定值可以由常数 K 设定，也可以通过指定数据寄存器 D 来设定。32 位设定值存放在元件号相连的两个数据寄存器中，如果指定的寄存器为 D0，则设定值存放在 D1 和 D0 中。

图 4-9 所示为 32 位加/减计数器的工作过程。图中计数器 C230 的设定值为 5，当 X000 输入断开时，M8230 为 OFF，对应的计数器 C230 进行加计数。当前值大于或等于 5 时，计数器的常开触点接通，驱动输出继电器 Y000。当 X000 输入接通时，M8230 为 ON，对应的计数器 C230 进行减计数。当前值小于 5 时，计数器的常开触点复位（断开），输出继电器 Y000 失电。复位输入 X001 的常开触点接通时，C230 复位。

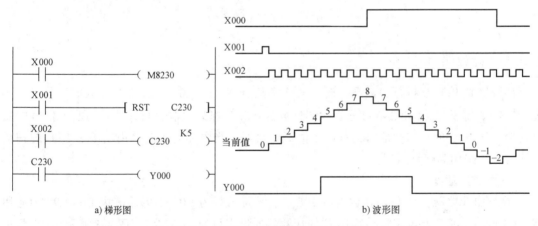

图 4-9 32 位加/减计数器的工作过程

2. 高速计数器

FX$_{2N}$ 系列 PLC 中高速计数器共有 21 点，地址编号为 C235~C255。但适用于高速计数器输入的 PLC 输入端只有 8 点（X000~X007）。X000~X007 不能重复使用，如果这 8 个输入端中某一个已被某个高速计数器占用，则它就不能再用于其他高速计数器或其他用途。也就是说，由于只有 8 个高速计数输入端，因此最多只能用 8 个高速计数器同时工作。

高速计数器的选择并不是任意的，它取决于所需计数器的类型及高速输入端子。高速计数器的输入端见表 4-7。

表 4-7 高速计数器的输入端

计数器输入	1相1计数输入											1相2计数输入					2相2计数输入				
	无启动/复位						带启动/复位														
	C235	C236	C237	C238	C239	C240	C241	C242	C243	C244	C245	C246	C247	C248	C249	C250	C251	C252	C253	C254	C255
X000	U/D						U/D		U/D			U	U		U		A	A		A	
X001		U/D					R		R			D	D		D		B	B		B	
X002			U/D					U/D		U/D		R	R		R		R	R		R	
X003				U/D				R		R				U	U				A		A
X004					U/D				U/D					D	D				B		B
X005						U/D				R				R	R				R		R
X006									S					S					S		
X007											S					S					S

注:U 表示加计数输入,D 表示减计数输入,A 表示 A 相输入,B 表示 B 相输入,R 表示复位输入,S 表示启动输入。

高速计数器一般可分为四种类型。

1) 1相无启动/复位端子高速计数器:这种类型的高速计数器共有 6 点,地址编号为 C235~C240。

2) 1相带启动/复位端子高速计数器:此类型的高速计数器共有 5 点,地址编号为 C241~C245。

1相无启动/复位端子高速计数器和 1 相带启动/复位端子高速计数器既能实现加计数,也能实现减计数,其加/减计数方式由特殊辅助继电器 M8235~M8245 设定,对应的特殊辅助继电器为 ON 时,为减计数,OFF 时为加计数。

图 4-10 中的 C245 是 1 相带启动/复位端子高速计数器。由表 4-7 可知,X003 和 X007 分别为复位输入端和启动输入端。利用 X010 通过特殊辅助继电器 M8235 设定其加/减计数方式。高速计数器是按中断原则运行的,当 X012 为 ON 时,表示选中了 C245,由表 4-7 中可查出,C245 对应的计数器输入端是 X002。这时若 X007 也为 ON,则计数器开始计数(计数的输入脉冲信号来自于 X002,而不是 X012),C245 的设定值由 D0 和 D1 指定。计数器的复位 X003 或用梯形图中的 X011。注意,在图 4-10a 中,不要用计数输入端接点 X002 作为计数器线圈的驱动接点。

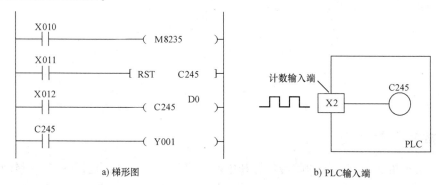

a) 梯形图   b) PLC输入端

图 4-10 1 相高速计数器

3）1相2计数输入高速计数器：这种类型的高速计数器共有5点，地址编号为C246~C250。两个计数输入端中，一个为加计数输入端，一个为减计数输入端。

4）2相（A-B相）2计数输入高速计数器：此类型高速计数器共有5点，地址编号为C251~C255。A相和B相信号决定计数器是加计数还是减计数。当A相输入为ON时，B相输入由OFF变为ON，则为加计数；A相输入为ON时，B相输入由ON变为OFF，则为减计数。

4.2.6 状态继电器（S）

状态继电器是用于编制顺序控制程序的一种重要编程元件，用S表示。状态继电器一般与步进顺序控制指令STL配合使用，共有1000点，编号范围为S0~S999。FX_{2N}系列PLC内部的状态继电器一览表见表4-8。

表4-8 FX_{2N}系列PLC内部的状态继电器一览表

类 别	编号范围	点 数	功能说明
初始化状态继电器	S0~S9	10	初始化
返回状态继电器	S10~S19	10	供返回原点用
通用状态继电器	S20~S499	480	普通状态
断电保持状态继电器	S500~S899	400	具有断电记忆功能，断电后再启动，可继续执行
诊断报警用状态继电器	S900~S999	100	用于故障诊断或报警

状态继电器不与STL指令配合使用时，可以作为辅助继电器使用。状态继电器也能提供无限对常开和常闭触点。编号S0~S499的状态继电器没有断电保持功能，但可以通过程序将它们设置为有断电保持功能的状态继电器。

4.2.7 数据寄存器

数据寄存器是存储数据的元件，每个数据寄存器都是16位，可以将两个数据寄存器合并起来存放32位数据，最高位为符号位，该位为0时数据为正，为1时数据为负。FX_{2N}系列PLC内部的数据寄存器一览表见表4-9。

表4-9 FX_{2N}系列PLC内部的数据寄存器一览表

类 别	编号范围	点 数	说 明
通用数据寄存器	D0~D199	200	可设为电池保持
断电保持数据寄存器	D200~D511	312	可设为不保持
文件寄存器	D512~D7999	7488	有电池保持功能，但不能用软件改变
特殊数据寄存器	D8000~D8255	256	用来监控PLC的运行状态
变址寄存器	V0~V7,Z0~Z7	16	用来改变编程元件的元件号

4.2.8 指针（P/I）

指针是用来指示分支指令的跳转目标和中断程序的入口标号，包括分支用指针和中断用指针。

1. 分支用指针

分支用指针用来指示跳转指令（CJ）的跳转目标或子程序调用指令（CALL）调用子程序的入口地址。FX$_{2N}$系列PLC共有128点，标号范围为P0~P127。

如图4-11所示，当X010常开触点接通时，执行条件跳转指令CJ P0，PLC跳转到指定的标号位置P0，执行标号P0后的程序。

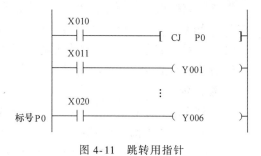

图4-11 跳转用指针

2. 中断用指针

中断用指针用来指示某一中断程序的入口标号，执行到中断返回指令（IRET）时返回主程序。

中断用指针分为输入中断用指针、定时器中断用指针、计数器中断用指针三种类型。

输入中断用指针用来指示由特定输入端的输入信号而产生中断的中断服务程序的入口位置。输入中断用指针共有6点。这类中断不受PLC扫描周期的影响，PLC能迅速响应特定的外部输入信号。输入中断用指针的编号格式为

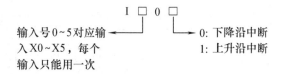

例如，输入中断用指针编号为I201，表示输入X2从OFF→ON时，执行以I201为标号后面的中断程序，并根据IRET指令返回。

定时器中断用指针用来指示周期定时中断的中断服务程序的入口位置。定时器中断用指针共有3点。这类中断使PLC以指定的周期定时执行中断子程序，定时循环处理某些任务，处理的时间不受PLC扫描周期的限制。定时器中断用指针的编号格式为

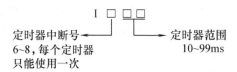

计数器中断用指针共6点，编号格式为I0□0，□为1~6。计数器中断用指针用于PLC内置的高速计数器，根据高速计数器的计数当前值与计数设定值的关系来确定是否执行相应的中断服务程序。

4.3 FX$_{2N}$系列PLC的基本指令

4.3.1 PLC的常用编程语言

PLC是按照程序进行工作的，PLC所使用的各种程序集合称为PLC的软件系统。PLC软件系统由系统程序（或称系统软件）和应用程序（或称用户软件）组成。系统程序由

PLC 生产厂家提供，并固化在 PLC 的存储器中，不需要用户干预。应用程序是用户根据现场控制的需要，用编程语言编制的程序，用来实现各种控制要求。

PLC 常用的编程语言可分为梯形图、逻辑功能图、语句表、顺序功能图和高级语言等，目前使用较多的是梯形图和语句表。

1. 梯形图

梯形图（Ladder Diagram）是在继电-接触器控制系统电气原理图基础上开发出来的一种图形编程语言，其中的编程元件沿用了"继电器"名称。它具有简单、直观、易懂等优点。梯形图与继电-接触器控制系统的控制电路图有许多相同或相似的地方。图 4-12 是两台异步电动机顺序起动的继电-接触器控制电路和梯形图。梯形图中最左边的竖线称为左母线，最右边的竖线称为右母线，从左到右构成的行称为逻辑行或梯级，通常一个梯形图中有若干逻辑行（梯级），形似梯子，因此称为梯形图。梯形图在 PLC 中应用得非常普遍，通常各厂家、各类型 PLC 都把它作为第一用户语言。

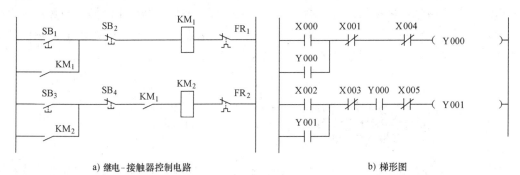

a）继电-接触器控制电路　　　　b）梯形图

图 4-12　两台异步电动机顺序起动的继电-接触器控制电路和梯形图

2. 逻辑功能图

逻辑功能图（Logic Function Chart）也是一种图形编程语言，它是在数字逻辑电路设计基础上开发出来的。逻辑功能图基本上沿用了数字电路中的逻辑框图来表达，一般用一个运算框图来表示一种功能，框图内的符号表达了该框内的运算功能。控制逻辑常用"与（AND）""或（OR）""非（NOT）"等逻辑功能来表达。图 4-13 所示为 PLC 的逻辑功能图。

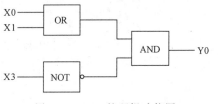

图 4-13　PLC 的逻辑功能图

3. 语句表

语句表（Statement List, STL）类似于微机中的汇编语言，用指令的助记符来表示，又称为助记符语言。语句表通过编程器按顺序逐条写入 PLC，并可直接执行。指令助记符直观易懂，编程简单，各种 PLC 几乎都有这种编程语言。

4. 顺序功能图

顺序功能图（Sequential Function Chart, SFC）是近年来发展起来的一种位于其他编程语言之上的图形语言，它是用功能图来描述程序的一种程序设计语言。

顺序功能图又称为功能表图或状态转移图，它由步、有向连线、转换、转换条件和动作组成。各步有不同的动作，当步之间的转换条件满足时就实现步的自动转移，上一步结束，下一步动作开始,直至完成整个过程的控制要求。顺序功能图特别适用于复杂的顺序控制过程。

顺序功能图与梯形图和语句表之间有一一对应关系,能够相互转换。

5. 高级语言

为了增加 PLC 的运算功能和处理能力,完成比较复杂的控制,很多大、中型 PLC 已采用 BASIC、FORTRAN 和 C 等高级语言。

4.3.2 基本指令

FX_{2N} 系列 PLC 有 27 条基本指令,分为用于触点的逻辑运算指令、用于线圈的指令和独立指令。这些指令可以利用编程器上与它的助记符相对应的键输入,按用途分类说明如下。

1. 触点取用与线圈输出指令

触点取用与线圈输出指令见表 4-10。

表 4-10 触点取用与线圈输出指令

指令名称	助记符	指令功能	操作元件	程序步
取指令	LD	从左母线开始,取用常开触点	X、Y、M、S、T、C	1
取反指令	LDI	从左母线开始,取用常闭触点	X、Y、M、S、T、C	1
输出指令	OUT	继电器线圈、定时器、计数器的输出	Y、M、S、T、C	Y、M:1 S、特 M:2 T:3 C:3~5

指令使用说明:

1) LD、LDI 指令也可以与 ANB、ORB(后面有详细介绍)指令配合使用,用于分支回路的开头。

2) OUT 指令不能用于输入继电器,可并联输出,不能串联输出。

3) 在定时器、计数器的输出指令之后,必须设常数 K。

触点取用与线圈输出指令的用法如图 4-14 所示。

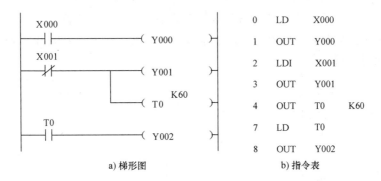

a) 梯形图　　　　　　　　b) 指令表

图 4-14 触点取用与线圈输出指令的用法

2. 触点串联指令

触点串联指令见表 4-11。

表 4-11 触点串联指令

指令名称	助记符	指令功能	操作元件	程序步
与指令	AND	常开触点的串联	X、Y、M、S、T、C	1
与反指令	ANI	常闭触点的串联	X、Y、M、S、T、C	1

指令使用说明：

1）AND、ANI 是单个触点串联连接指令，串联次数没有限制，可以连续使用。

2）在 OUT 指令之后通过触点去驱动其他线圈，称为连续输出。

触点串联指令的用法如图 4-15 所示。

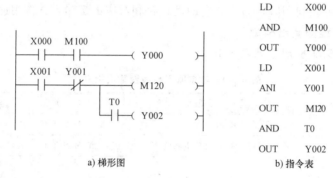

a) 梯形图　　　　　　　　　　b) 指令表

图 4-15 触点串联指令的用法

3. 触点并联指令

触点并联指令见表 4-12。

表 4-12 触点并联指令

指令名称	助记符	指令功能	操作元件	程序步
或指令	OR	常开触点的并联	X、Y、M、S、T、C	1
或非指令	ORI	常闭触点的并联	X、Y、M、S、T、C	1

指令使用说明：

1）OR、ORI 是单个触点并联连接指令，并联的触点个数没有限制。

2）若要把含有两个以上的触点串联电路与其他电路并联，则要用 ORB 指令。

触点并联指令的用法如图 4-16 所示。

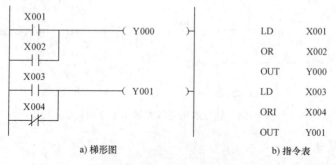

a) 梯形图　　　　　　　　　　b) 指令表

图 4-16 触点并联指令的用法

4. 块或指令

两个或两个以上触点相串联的电路称为串联电路块。

块或指令（或称电路块并联连接指令）见表 4-13。

表 4-13 块或指令

指令名称	助记符	指令功能	操作元件	程序步
块或指令	ORB	串联电路块的并联连接	无	1

指令使用说明：

1) 串联电路块与前面的电路并联连接时，分支的开始用 LD、LDI 指令，分支结束用 ORB 指令，且其后面不带操作元件。

2) 多条串联电路块并联时，每并联一个电路块用一个 ORB 指令，并联的电路块数没有限制。

3) ORB 指令也可以连续使用，但使用次数不得超过 7 次，因为 PLC 内部堆栈层次为 8 层。

块或指令的用法如图 4-17 所示。

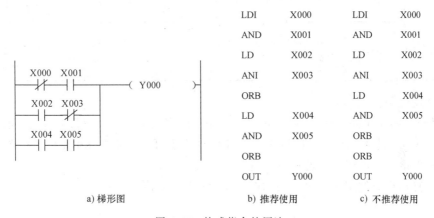

图 4-17 块或指令的用法

5. 块与指令

两个或两个以上触点相并联连接的电路称为并联电路块。

块与指令（或称电路块串联连接指令）见表 4-14。

表 4-14 块与指令

指令名称	助记符	指令功能	操作元件	程序步
块与指令	ANB	并联电路块的串联连接	无	1

指令使用说明：

1) 并联电路块与前面的电路串联连接时，分支的开始用 LD、LDI 指令，分支结束用 ANB 指令，且其后面不带操作元件。

2) 多个并联电路块连续按顺序和前面的电路串联时，ANB 的使用次数不受限制。

3) ANB 指令也可以连续使用，但与 ORB 一样，使用次数不得超过 7 次。

块与指令的用法如图 4-18 所示。

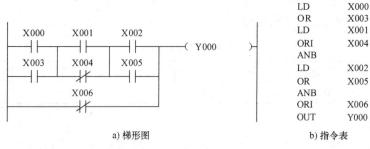

图 4-18 块与指令的用法

6. 置位与复位指令

置位与复位指令见表 4-15。

表 4-15 置位与复位指令

指令名称	助记符	指令功能	操作元件	程序步
置位指令	SET	使操作目标元件置位并保持	Y、M、S	Y、M：1 S、特 M：2
复位指令	RST	使操作目标元件复位并保持清零状态	Y、M、S、T、C、D、V、Z	Y、M：1 S、C、T、特 M：2 D、V、Z、特 D：3

指令使用说明：

1) 对同一操作元件，SET、RST 可多次使用，顺序也可随意，但最后执行者有效。

2) D、V、Z 的内容清零，既可以用 RST 指令，也可以用常数 K0 经传送指令清零，效果相同。RST 指令还可用来复位积算定时器和计数器。

置位、复位指令的用法和时序图如图 4-19 和图 4-20 所示。

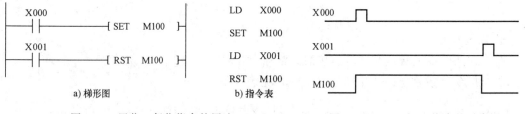

图 4-19 置位、复位指令的用法 图 4-20 SET、RST 指令的时序图

7. 主控指令

主控指令见表 4-16。

表 4-16 主控指令

指令名称	助记符	指令功能	操作元件	程序步
主控指令	MC	主控电路块开始	Y、M	3
主控复位指令	MCR	主控电路块复位	无	2

指令使用说明：

1）MC指令用于公共串联触点的连接，执行MC后，左母线移到主控触点（可同时控制许多电路的触点）的后面。MCR指令是MC指令的复位指令，它使母线回到原来的位置。

2）MC和MCR是一对指令，必须成对使用。在MC主控触点后面的电路均由LD或LDI开始。

3）在MC指令区使用MC指令称为嵌套。在没有嵌套结构时，通常用N0编程，N0的使用次数没有限制。有嵌套结构时，嵌套级N的编号依顺序增大（N0～N7）。返回时用MCR指令，从大的嵌套级开始解除（N7～N0）。嵌套级数最多为8级。

4）特殊用途辅助继电器不能用作MC指令的操作元件。

主控指令的用法如图4-21所示。

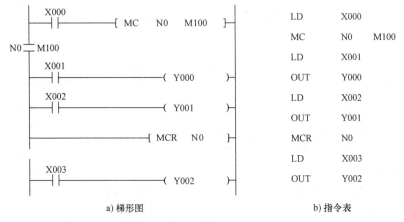

a) 梯形图

LD	X000	
MC	N0	M100
LD	X001	
OUT	Y000	
LD	X002	
OUT	Y001	
MCR	N0	
LD	X003	
OUT	Y002	

b) 指令表

图4-21　主控指令的用法

a) 梯形图1　　b) 梯形图2

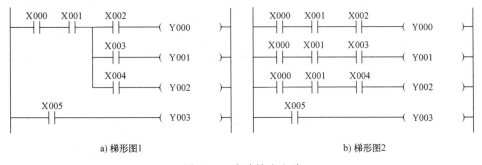

图4-22　多路输出电路

图4-22a中有多个输出继电器（Y000、Y001、Y002）同时受一个触点或一组触点（X000、X001）控制，这种控制称为主控。编程时可以把多个继电器分别编在独立的逻辑行中，而每个输出继电器都由相同的条件控制，如图4-22b所示。但这种编程程序较长，占用了较多的存储单元，不理想。若使用主控指令，则简洁明了，如图4-23所示。

8. 堆栈指令

堆栈指令又称为多重输出指令。堆栈指令见表4-17。

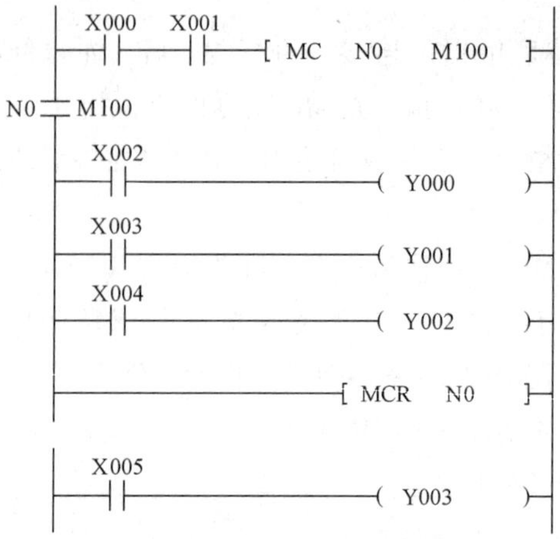

X000
X001
MC N0 M100
N0
M100
X002
Y000
X003
Y001
X004
Y002
MCR N0
X005
Y003

图 4-23　使用主控指令的多路输出电路

表 4-17　堆栈指令

指令名称	助记符	指令功能	操作元件	程序步
进栈指令	MPS	将连接点数据压入堆栈	无	1
读栈指令	MRD	将连接点数据从堆栈读出	无	1
出栈指令	MPP	将连接点数据从堆栈弹出	无	1

指令使用说明：

1）需要多重输出时，应用这组指令，编程时，先将连接点数据存储起来，便于连接后面电路时读出或取出该数据。

2）FX_{2N} 系列 PLC 只提供 11 个存储单元的栈存储器，所以栈的层次最多有 11 层，如图 4-24 所示。堆栈采用先进后出的数据存取方式。

1
1
MRD
2
0
MPS
⋮
11
1
MPP

图 4-24　栈存储器

3）MPS 与 MPP 必须成对使用。

一层、二层堆栈指令的用法如图 4-25、图 4-26 所示。

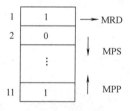

X000
X001
M100
Y000
MPS
X002
Y001
MRD
X003
M101
Y002
MPP

a) 梯形图

LD	X000	AND	X002
MPS		OUT	Y001
AND	X001	MPP	
AND	M100	ANI	X003
OUT	Y000	AND	M101
MRD		OUT	Y002

b) 指令表

图 4-25　一层堆栈指令的用法

9. 边沿检测指令

边沿检测指令见表 4-18。

指令使用说明：

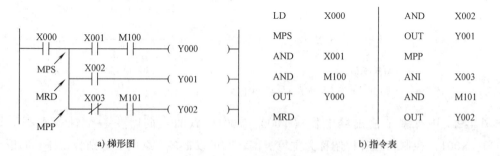

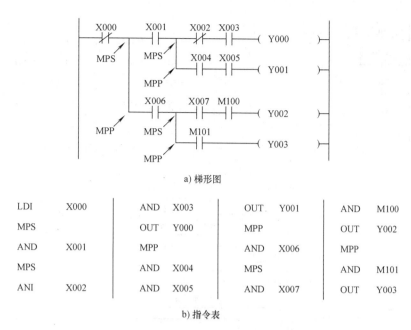

图 4-26 二层堆栈指令的用法

1) LDP、ANDP 和 ORP 指令是用来进行上升沿检测的触点指令,只在指定位元件的上升沿(由 OFF→ON 变化)时,使驱动线圈接通一个扫描周期。它们又称为上升沿微分指令。

2) LDF、ANDF 和 ORF 指令是用来进行下降沿检测的触点指令,仅在指定位元件的下降沿(由 ON→OFF 变化)时,使驱动线圈接通一个扫描周期。它们又称为下降沿微分指令。

表 4-18 边沿检测指令

指令名称	助记符	指令功能	操作元件	程序步
取上升沿指令	LDP	与左母线连接的触点的上升沿检测	X、Y、M、S、T、C	2
取下降沿指令	LDF	与左母线连接的触点的下降沿检测	X、Y、M、S、T、C	2
与上升沿指令	ANDP	串联连接上升沿检测	X、Y、M、S、T、C	2
与下降沿指令	ANDF	串联连接下降沿检测	X、Y、M、S、T、C	2
或上升沿指令	ORP	并联连接上升沿检测	X、Y、M、S、T、C	2
或下降沿指令	ORF	并联连接下降沿检测	X、Y、M、S、T、C	2

边沿检测指令的用法如图 4-27 所示。

10. 脉冲输出指令

脉冲输出指令又称为微分输出指令。脉冲输出指令见表 4-19。

指令使用说明:

1) PLS 指令使操作元件在输入信号上升沿产生一个扫描周期的脉冲输出;PLF 指令使操作元件在输入信号下降沿产生一个扫描周期的脉冲输出。

2) PLS、PLF 指令不能应用于输入继电器 X、状态继电器 S 和特殊型辅助继电器 M。

a) 梯形图

LDP	X000	OUT	Y001
ORF	X001	LD	M10
OUT	Y000	ANDP	T0
LDF	X002	OUT	Y002
AND	M10		

b) 指令表

c) 时序图

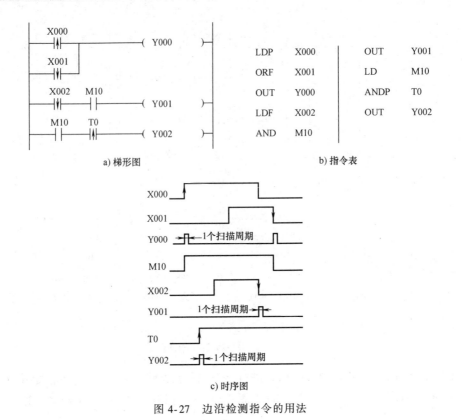

图 4-27　边沿检测指令的用法

3）脉冲输出指令和边沿检测指令的功能相同，但使用时，后者较前者简单方便。脉冲输出指令的用法如图 4-28 所示。

表 4-19　脉冲输出指令

指令名称	助记符	指令功能	操作元件	程序步
上升沿脉冲指令	PLS	在输入信号上升沿产生脉冲输出	Y、M	2
下降沿脉冲指令	PLF	在输入信号下降沿产生脉冲输出	Y、M	2

a) 梯形图

LD	X001
PLS	M10
LD	M10
SET	Y001
LD	X002
PLF	M11
LD	M11
RST	Y001

b) 指令表

c) 时序图

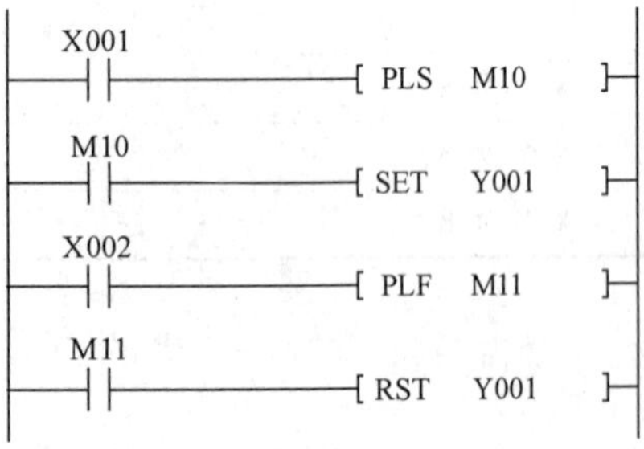

图 4-28　脉冲输出指令的用法

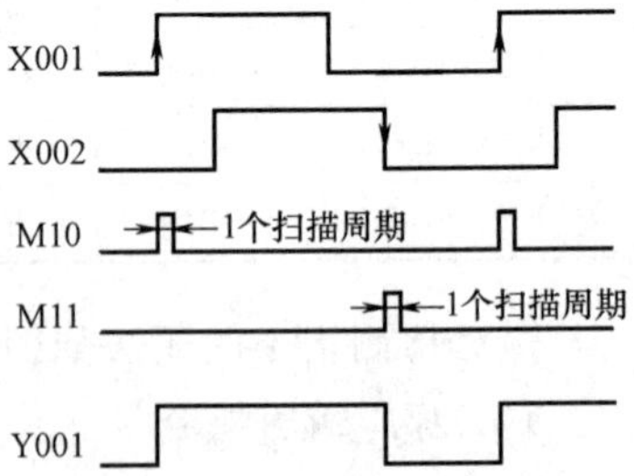

11. 取反指令

取反指令见表 4-20。

表 4-20 取反指令

指令名称	助记符	指令功能	操作元件	程序步
取反指令	INV	将该指令前的运算结果取反	无	1

指令使用说明：

INV 指令不能像 LD、LDI、LDP 和 LDF 那样与母线单独连接，即前面必须有输入量，也不能像 OR、ORI、ORP 和 ORF 那样单独使用。

取反指令的用法如图 4-29 所示。

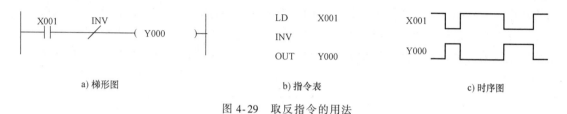

a) 梯形图　　　　　　　b) 指令表　　　　　　　c) 时序图

图 4-29 取反指令的用法

12. 空操作指令

空操作指令见表 4-21。

表 4-21 空操作指令

指令名称	助记符	指令功能	操作元件	程序步
空操作指令	NOP	无动作	无	1

指令使用说明：

空操作指令使该步无操作。PLC 中当程序全部清除时，全部指令均为空操作。

13. 结束指令

结束指令见表 4-22。

表 4-22 结束指令

指令名称	助记符	指令功能	操作元件	程序步
结束指令	END	程序结束	无	1

指令使用说明：

1) 若在程序中不写 END 指令，则 PLC 将从用户程序的第一步执行到程序存储器的最后一步。若在程序中写入 END 指令，则 PLC 执行完第一步到 END 这一步之间的程序后，就进行输出处理，END 指令以后的程序步不再扫描执行。

2) 较长的程序进行调试时，可在程序中插入 END 指令，将程序划分为若干段，以便对各程序段进行检查，确认程序段无误后，再删除 END 指令。

4.4　FX$_{2N}$ 系列 PLC 的步进指令

工业控制领域的许多控制过程都需要顺序控制，若用基本指令来实现顺序控制，则其梯形图比较复杂，不直观。而采用步进指令编写顺序控制程序，则控制程序简单且容易修改，使顺序控制的实现更加方便。

4.4.1 顺序功能图

顺序功能图（SFC）又称为状态转移图。使用步进指令时，应先设计顺序功能图，再由顺序功能图转换成梯形图。

所谓顺序控制，就是按照生产工艺预先规定的顺序，在各个输入信号的作用下，根据内部状态和时间的顺序，在生产过程中各个执行机构自动有序地进行操作。一个顺序控制过程通常可分为若干个阶段，这些阶段称为步或状态，并用状态元件 S 来表示，每个状态都有不同的动作。如果把代表各步的方框按它们的先后顺序排列起来，步与步之间用"有向连线"连接，并在有向连线上用一条或多条小短线表示一个或多个转换条件，这样就形成了顺序功能图。液压动力滑台系统的顺序功能图如图 4-30a 所示，其对应的梯形图如图 4-30b 所示。

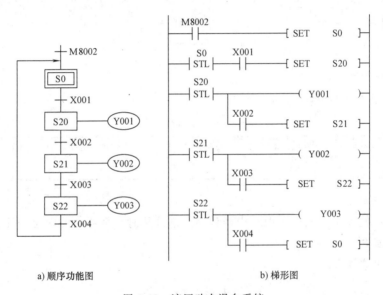

a) 顺序功能图　　　　b) 梯形图

图 4-30　液压动力滑台系统

顺序功能图中的每一步都具有三个功能，即驱动本步负载、指定转移条件、指定转换目标。如图 4-30 中的 S20 步，驱动的负载为 Y001，指定的转移条件为 X002，指定的转换目标为 S21。

每个顺序功能图通常至少有一个初始步，初始步用双线框表示，如图 4-30a 中的 S0 步。当系统正处于某一步时，把该步称为"活动步"。

4.4.2 步进指令

FX_{2N} 系列 PLC 中有 2 条步进指令，见表 4-23。

表 4-23　步进指令

指令名称	助记符	指令功能	操作元件	程序步
步进开始指令 （步进触点指令、步进阶梯指令）	STL	步进梯形开始	S	1

指令名称	助记符	指令功能	操作元件	程序步
步进结束指令 （步进返回指令）	RET	步进梯形结束	无	1

STL 和 RET 指令只有与状态继电器 S 配合才具有步进功能，使用 STL 指令的状态继电器的常开触点称为步进触点（STL 触点）。步进触点只有常开触点，没有常闭触点，其符号为 ┤STL├，也可用空心粗线表示为 ┤├。

4.4.3 指令使用说明

1）步进触点与左母线相连，类似主控触点，STL 触点右侧的触点以 LD 或 LDI 开始。RET 指令可以在一系列的 STL 指令最后安排返回，也可以在一些系列的 STL 指令中需要中断返回主程序逻辑时使用。步进指令的用法如图 4-31 所示。

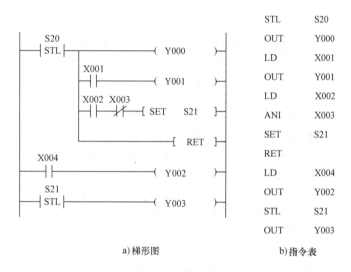

图 4-31 步进指令的用法

2）使用 STL 指令后的状态继电器，才具有步进控制功能。置位后的状态继电器除了提供步进常开触点外，还可提供普通的常开触点和常闭触点，不过普通触点不能使用 STL 指令，如图 4-32 所示。

3）STL 触点可直接驱动 M、Y、T、C、S 等线圈，这些线圈也可以通过别的触点驱动。

4）步进指令后面可以使用 CJP/EJP 指令，但不能使用 MC/MCR 指令。因为 MC/MCR 也有使 LD、LDI 指令点右移或返回的作用。

5）在同一程序段中，同一状态的 STL 触点只能使用一次，但同一元件的线圈可以被不同的 STL 触点驱动，即使用 STL 指令时，允许双线圈输出。

6）在中断程序和子程序内，不能使用 STL 指令。

7）STL 触点驱动的电路块可以使用标准梯形图的绝大多数指令（包括应用指令）和结构。

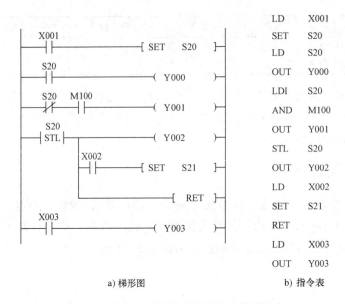

a) 梯形图　　　　　　　　　　b) 指令表

图 4-32　状态继电器的步进触点和普通触点

习　题

1. 简述 FX_{2N} 系列 PLC 的基本单元、扩展单元和扩展模块的用途。
2. FX_{2N}-64MR 是基本单元还是扩展单元？有多少个 I/O 点？输出形式是什么？
3. FX_{2N} 系列 PLC 有哪些编程软元件？并简述输入继电器和输出继电器的用途。
4. PLC 中各元件的触点为什么可以无限次使用？
5. FX_{2N} 系列 PLC 中特殊辅助继电器有几种类型？常用的特殊辅助继电器有哪些？
6. FX_{2N} 系列 PLC 中定时器有几种类型？各自有什么特点？
7. FX_{2N} 系列 PLC 中高速计数器有几种类型？哪些输入端可作为其计数输入？
8. PLC 的编程语言主要有哪些？
9. 写出如图 4-33 所示梯形图的指令表程序。

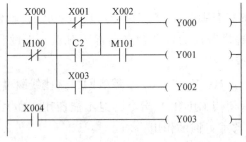

图 4-33　题 9 图

10. 写出如图 4-34 所示梯形图的指令表程序。
11. 画出下列指令表程序对应的梯形图。

```
0  LD   X000         6  ORB
1  OR   X001         7  OR    X006
```

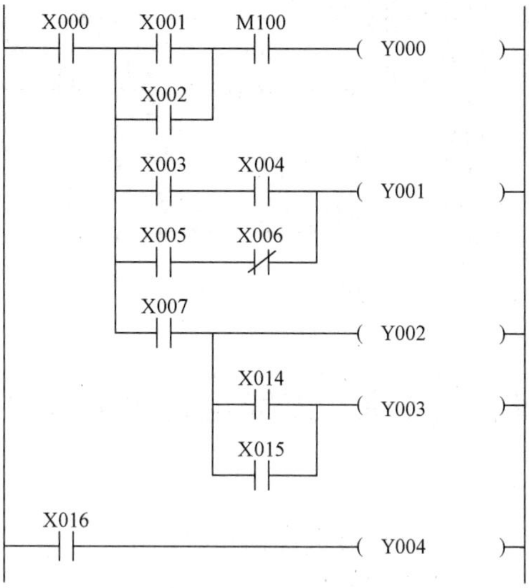

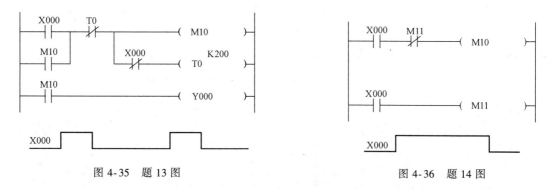

图 4-34 题 10 图

2	LD	X002		8	ANB	
3	AND	X003		9	OR	X007
4	LDI	X004		10	OUT	Y007
5	AND	X005				

12. 画出下列指令表程序对应的梯形图。

0	LD X000	7	LD X003
1	ANI M5	8	OUT Y001
2	MC N0 M100	9	MCR N0
5	LD X001	11	LD X012
6	OUT Y000	12	OUT M8200
14	LD X013	17	LD X014
15	RST C200	18	OUT C200 K5

13. 画出图 4-35 中 T0 和 Y000 的波形图。

14. 画出图 4-36 中 M10 的波形图，交换上下两逻辑行的位置，M10 的波形是否有变化？为什么？

图 4-35 题 13 图

图 4-36 题 14 图

15. 指出图 4-37 所示梯形图有什么语法错误，并加以改正。

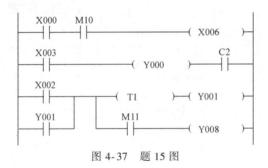

图 4-37 题 15 图

实训 3　点动、连续运行的 PLC 控制

1. 实训目的
1) 熟悉和掌握 GX-Developer 编程软件的使用。
2) 学习并掌握基本逻辑指令的应用。
3) 熟悉 FX_{2N} 系列 PLC 的结构及 PLC 的 I/O 接线方法。

2. 实训设备器材
可编程序控制器、计算机、三相电动机、三相刀开关、交流接触器、按钮、熔断器、热继电器、指示灯、常用电工工具（包括万用表、试电笔、钢丝钳、剥线钳、斜口钳、尖嘴钳、十字螺钉旋具、一字螺钉旋具及电工刀等）和若干导线等。

3. 实训内容
1) 异步电动机的点动控制。要求：按下按钮，电动机得电起动；松开按钮，电动机失电停止。

2) 电动机连续运行控制，即电动机的起保停控制。要求：按下起动按钮，电动机得电起动并保持运行；按下停止按钮，电动机失电停止运行。

为了解电动机的运行状况，分别用绿色指示灯 HL_1 和红色指示灯 HL_2 表示电动机的起动和停止状态。

4. 实训步骤
（1）I/O 元件地址分配

根据控制要求，在电动机点动、连续运行控制中，有 4 个输入控制元件，即起动按钮 SB_1、停止按钮 SB_2、点动按钮 SB_3 和热继电器 FR；有 3 个输出元件，即接触器线圈 KM、绿色指示灯 HL_1 和红色指示灯 HL_2。点动、连续运行控制 I/O 元件的地址分配见表 4-24。

表 4-24　点动、连续运行控制 I/O 元件的地址分配

输入信号			输出信号		
名　称	代　号	输入点编号	名　称	代　号	输出点编号
起动按钮	SB_1	X000	电动机接触器	KM	Y000
停止按钮	SB_2	X001	起动（绿色）指示灯	HL_1	Y001
点动按钮	SB_3	X002	停止（红色）指示灯	HL_2	Y002
过载保护	FR	X003			

（2）I/O 接线

电动机点动、连续运行 PLC 控制的系统接线如图 4-38 所示。

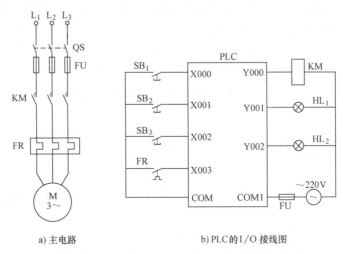

a) 主电路　　　　　　　　　　b) PLC 的 I/O 接线图

图 4-38　点动、连续运行 PLC 控制的系统接线

（3）程序设计

根据系统控制要求，设计出电动机点动、连续运行 PLC 控制梯形图如图 4-39 所示。

点动、连续运行 PLC 控制指令表程序见表 4-25。

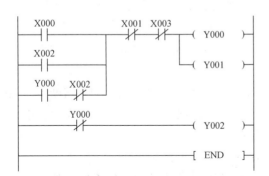

图 4-39　点动、连续运行 PLC 控制梯形图

表 4-25　点动、连续运行 PLC 控制指令表程序

LD X000	ORB	OUT Y001
OR X002	ANI X001	LDI Y000
LD Y000	ANI X003	OUT Y002
ANI X003	OUT Y000	END

（4）程序输入

在断电状态下，将计算机与 PLC 连接好。打开 PLC 的前盖，将运行模式选择开关拨到停止（STOP）位置，此时用菜单命令"在线"→"PLC 写入"，即可把在计算机上编制好的梯形图程序下载到 PLC 中。

（5）系统调试

在指导老师的监护下进行通电调试，验证系统功能是否符合控制要求。

1）将 PLC 运行模式的选择开关拨到 RUN 位置，使 PLC 进入运行方式。

2）观察 PLC 中 Y002 的 LED 灯是否亮。此时 LED 灯应处于点亮状态，表明电动机处于停止状态。

3）按下点动按钮 SB_3，观察电动机是否起动运行。如果能起动，说明点动起动程序正确。松开点动按钮 SB_3，观察电动机是否能够停车。如果能停车，说明点动停止程序正确。

4）按下起动按钮 SB_1，如果系统能够起动，起动后并保持运行，且能在按下停止按钮 SB_2 后停车，则说明连续运行控制程序正确。至此系统调试结束。

5）如果调试中系统功能不符合控制要求，学生应独立检查、修改。检查并修改完毕后再重新调试，直至系统功能符合控制要求。

5. 实训报告

（1）实训总结

1）画出电动机点动、连续运行控制的梯形图，转换成指令表程序，并加适当的设备注释。画出系统控制的 I/O 接线图。

2）画出电动机点动、连续运行的继电-接触器控制电路，并说明设计继电-接触器控制电路与 PLC 控制电路的异同。

（2）实训思考

在画 I/O 接线图时，常闭触点输入信号（如停止信号）有几种处理方法？不同的处理方法，所画出的梯形图有何不同？

实训 4　三相异步电动机 Y-△ 减压起动的 PLC 控制

1. 实训目的

1）熟悉 PLC 中的定时器编程元件。

2）掌握 PLC 编程的基本方法和技巧。

3）掌握应用 PLC 技术对三相异步电动机进行 Y-△ 起动控制的方法。

2. 实训设备器材

可编程序控制器、计算机、三相电动机、三相刀开关、交流接触器、按钮、熔断器、热继电器、常用电工工具（包括万用表、试电笔、钢丝钳、剥线钳、斜口钳、尖嘴钳、十字螺钉旋具、一字螺钉旋具及电工刀等）和若干导线等。

3. 实训内容

设计一个用 PLC 基本逻辑指令来实现三相异步电动机 Y-△ 起动的控制系统，其控制要求如下：

1）按下起动按钮，电动机为 Y 联结减压起动，经过一定的延时时间（如 6s）后，自动转换为 △ 联结全压运行。

2）具有热保护和停止功能。

4. 实训步骤

（1）I/O 元件地址分配

根据控制要求，在电动机的 Y-△ 减压起动控制中，有 3 个输入控制元件，即起动按钮 SB_1、停止按钮 SB_2 和热继电器 FR；有 3 个输出元件，即电源接触器线圈 KM_1、Y 联结起动接触器线圈 KM_3 和 △ 联结运行接触器线圈 KM_2。电动机的 Y-△ 起动控制 I/O 元件的地址分配见表 4-26。

（2）I/O 接线

三相电动机 Y-△ 起动 PLC 控制的系统接线如图 4-40 所示。

表 4-26　电动机的 Y-△ 起动控制 I/O 元件的地址分配

输入信号			输出信号		
名　称	代　号	输入点编号	名　称	代　号	输出点编号
起动按钮	SB_1	X000	电源接触器	KM_1	Y000
停止按钮	SB_2	X001	Y联结接触器	KM_3	Y001
过载保护	FR	X002	△联结接触器	KM_2	Y002

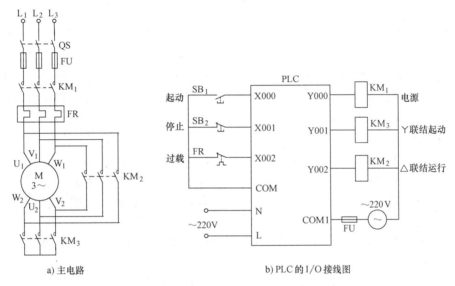

a) 主电路　　　　　　　　　b) PLC 的 I/O 接线图

图 4-40　三相电动机 Y-△ 起动 PLC 控制的系统接线

(3) 程序设计

根据系统控制要求，设计出三相电动机 Y-△ 起动 PLC 控制梯形图如图 4-41 所示。

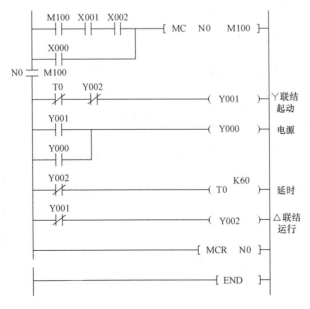

图 4-41　三相电动机 Y-△ 起动 PLC 控制梯形图

三相电动机丫-△起动 PLC 控制指令表程序见表 4-27。

表 4-27 三相电动机丫-△起动 PLC 控制指令表程序

LD M100	ANI Y002	OUT T0 K60
AND X001	OUT Y001	LDI Y001
AND X002	LD Y001	OUT Y002
OR X000	OR Y000	MCR N0
MC N0 M100	OUT Y000	END
LDI T0	LDI Y002	

(4) 程序输入

在断电状态下，将计算机与 PLC 连接好。打开 PLC 的前盖，将运行模式选择开关拨到停止（STOP）位置，此时用菜单命令"在线"→"PLC 写入"，即可把在计算机上编制好的梯形图程序下载到 PLC 中。

(5) 系统调试

在指导老师的监护下进行通电调试，验证系统功能是否符合控制要求。

1) 将 PLC 运行模式的选择开关拨到 RUN 位置，使 PLC 进入运行方式。

2) 按下起动按钮 SB_1，观察电动机是否能够低速起动运行，如果能起动运行，则说明电动机丫联结起动程序正确。

3) 低速起动运行 6s 后，观察电动机能否转为高速运行。如果能，则说明电动机的丫-△起动程序正确。

4) 按下停止按钮 SB_2，观察电动机是否能够停车，如果能够停车，说明停止程序正确。

5) 按下热继电器 FR，观察电动机是否能够停车，如果能够停车，说明过载保护程序正确。

6) 如果调试中系统功能不符合控制要求，学生应独立检查、修改。检查并修改完毕后再重新调试，直至系统功能符合控制要求。

5. 实训报告

(1) 实训总结

1) 画出电动机丫-△起动控制的梯形图，转换成指令表程序，并加适当的设备注释。画出系统控制的 I/O 接线图。

2) 画出电动机的丫-△起动继电-接触器控制电路，并说明设计继电-接触器控制电路与 PLC 控制电路的异同。

3) 谈谈应用 PLC 技术实现对三相异步电动机控制的心得体会。

(2) 实训思考

试用其他编程方法（如步进指令编程方式）实现电动机丫-△起动的控制。

第5章　FX$_{2N}$系列PLC的功能指令

FX$_{2N}$系列PLC除了主要用于逻辑处理的基本指令和主要用于顺序逻辑控制系统的步进指令外，还有许多用于数据运算和特殊处理的功能指令。利用这些指令可开发出一系列能完成不同功能的子程序，大大拓宽了PLC的应用范围。

5.1　功能指令的分类

FX系列PLC的功能指令有程序流程控制功能指令、传送与比较指令、四则运算与逻辑运算指令、循环移位指令、数据处理指令、高速处理指令、方便指令、外部I/O指令、浮点运算指令、时钟运算指令和比较指令等14类。不同型号FX系列PLC的功能指令条数不同，FX$_{2N}$系列PLC的功能指令有128条，具体见附录B。

5.2　功能指令的基本格式

5.2.1　功能指令的表示方法

功能指令的表示方法与基本指令不同，它按功能号FNC00~FNC246编排，在梯形图中使用功能框表示，每条功能指令都有一个指令助记符，且采用计算机通用的助记符形式。有的功能指令没有操作数，只需指定功能号即可，但更多的功能指令在指定功能号的同时还需指定操作元件。操作元件由1~4个操作数组成，如图5-1所示。

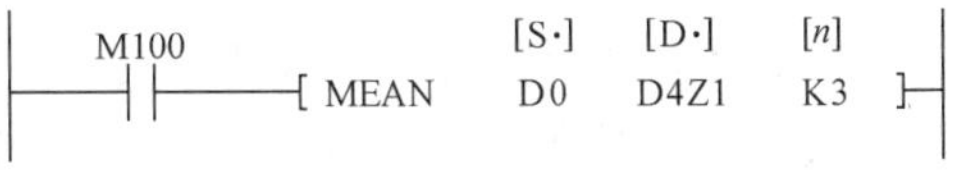

图5-1　功能指令的梯形图形式

图中的各操作数说明如下：

[S]表示源操作数。当使用变址功能时，表示为[S·]。当源操作数不止一个时，可用[S1·]、[S2·]表示。

[D]表示目标操作数。当使用变址功能时，表示为[D·]。当目标操作数不止一个时，可用[D1·]、[D2·]表示。

源操作数[S·]和目标操作数[D·]中的"·"表示可以加入变址寄存器。

n（或m）表示其他操作数，常用来表示常数，或作为源操作数和目标操作数的补充说明。常数一般用十进制K或十六进制H表示。当需要注释的项目较多时，可用n_1、n_2或m_1、m_2等来表示。

图 5-1 所示梯形图表示的是功能指令 FNC45 求平均值的一个具体例子。D0 是源操作数的首元件，n 指定取值个数为 3，即 D0、D1 和 D2。D4Z1 是计算结果存放的目标寄存器，Z1 是变址寄存器。当 M100 的常开触点接通时，执行的操作是 [(D0)+(D1)+(D2)]/3→(D4Z1)，如果 Z1 的内容为 20，则运算结果送到 D24。

5.2.2 数据长度

功能指令分 16 位指令和 32 位指令，16 位指令可处理 16 位数据，32 位指令可处理 32 位数据。处理 32 位数据的指令要在助记符前加"(D)"符号，没有"(D)"时即为处理 16 位数据的指令。如图 5-2 所示，当 X000 的常开触点接通时，将 D10 中的数据送到 D20 中，处理的是 16 位数据。当 X001 接通时，将 D12 中的数据送到 D14 中，处理的是 32 位数据，即将 D13、D12 中的数据送到 D15、D14 中。

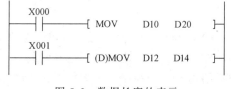

图 5-2 数据长度的表示

处理 32 位数据时，为避免出现错误，建议使用首地址为偶数的操作数。

5.2.3 指令类型

功能指令有连续执行和脉冲执行两种类型。若指令助记符的后面加有"(P)"标志，则表示脉冲执行方式；如果没有"(P)"标志，则表示连续执行方式。如图 5-3 所示，第一行中当 X000 为 ON 时的每一个扫描周期指令都要被重复执行；第二行中仅在 X001 由 OFF→ON 时，指令才被执行一次。

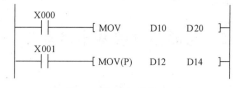

图 5-3 指令的执行方式

5.2.4 数据格式

1. 位元件和字元件

用来表示开关量状态的元件，称为位元件，即只有 ON/OFF 状态的元件，例如 X、Y、M 和 S。用来处理数据的元件称为字元件，例如定时器和计数器的设定值寄存器、当前值寄存器和数据寄存器都是字元件。位元件也可构成字元件进行数据处理。

2. 位元件的组合

位元件组合就是由 4 个位元件作为一个基本单元进行组合，用 Kn 加首元件号来表示，如 KnM0、KnS20 等，其中的 n 表示组数，16 位数操作时为 K1~K4，32 位数操作时为 K1~K8。例如 K2S0 表示由 S7~S0 组成的 2 个位元件组，8 位数据，S0 是最低位；K4M10 表示由 M25~M10 组成的 16 位数据，M10 是最低位。

5.2.5 数据传送

一个字由 16 位二进制数组成，而由位元件组成的字元件的位数有长的，也有短的，如 K1M0 为 4 位，K2M0 为 8 位，K4M0 为 16 位。因此，在字元件和由位元件组成的字元件之间进行数据传送时，应特别注意，通常按如下原则进行处理：

1）长数据向短数据元件传送时，只传送相应的低位数据，较高位的数据不传送。

2）短数据向长数据传送时，高位不足部分补 0。若源数据是负数，则数据传送后负数将变为正数。

图 5-4 表示了字元件和由位元件组成的字元件之间的长度不同的数据之间的传送。

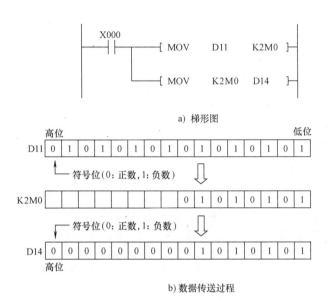

图 5-4　长度不同的数据之间的传送

5.2.6　变址寄存器 V 和 Z

FX$_{2N}$ 系列 PLC 有 16 个变址寄存器 V0～V7 和 Z0～Z7，它们是 16 位数据寄存器。变址寄存器在传送、比较指令中用来修改操作对象的元件号，其操作方式与普通寄存器一样。

对于 32 位指令，V、Z 自动组对使用，V 为高 16 位，Z 为低 16 位。32 位指令中用到变址寄存器

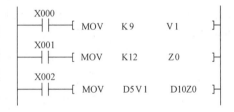

图 5-5　变址寄存器的用法

时只需指定 Z，这时 Z 就代表了 V 和 Z。变址寄存器的用法如图 5-5 所示。图中 X000、X001 触点接通时，常数 9 送到 V1，常数 12 送到 Z0，同时 D5V1 = D14，D10Z0 = D22。当 X002 由 OFF 变为 ON 时，则将 D14 中的数据传送到 D22 中。

5.3　常用功能指令

5.3.1　程序流控制指令

1. 条件跳转指令

条件跳转指令见表 5-1。

表 5-1 条件跳转指令

指令助记符	功能编号	指令功能	操作元件	程序步
CJ	FNC00	使程序转移到指针所标位置	P0~P127	指令:3步 标号:1步

指令使用说明：

1）该指令主要用于跳过顺序程序中某一部分的场合，以减少扫描时间。

2）每个标号只能出现一次，否则将出错。但两条或多条跳转指令可以使用同一标号。

条件跳转指令的用法如图 5-6 所示。

2. 子程序调用和返回指令

子程序调用和返回指令见表 5-2。

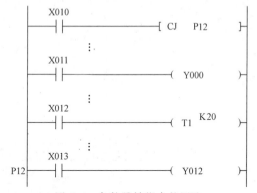

图 5-6 条件跳转指令的用法

表 5-2 子程序调用和返回指令

指令助记符	功能编号	指令功能	操作元件	程序步
CALL	FNC01	调用执行子程序	P0~P127	指令:3步 标号:1步
SRET	FNC02	从子程序返回执行	无	1步

指令使用说明：

1）每个标号只能使用一次，否则出错，在同一程序中，条件跳转指令使用过的标号，子程序调用指令不能再使用。

2）两条或两条以上的子程序调用指令可以调用相同标号的子程序。

3）子程序可以嵌套调用，但最多不能超过 5 级嵌套。

子程序调用和返回指令的用法如图 5-7 所示。当 X001 接通后，则执行调用指令，程序转到 P12 处，执行到 SRET 指令后返回到调用指令的下一条指令继续执行。

3. 主程序结束指令

主程序结束指令见表 5-3。

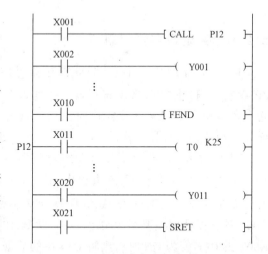

图 5-7 子程序调用和返回指令的用法

表 5-3 主程序结束指令

指令助记符	功能编号	指令功能	操作元件	程序步
FEND	FNC06	主程序结束	无	1步

指令使用说明：

1）FEND 表示主程序结束。执行到 FEND 指令时，PLC 进行输入、输出处理，监视定时器刷新、完成后返回初始步。

2) FEND 仅是主程序结束，而 END 是整个用户程序结束，在 END 指令之后不能再使用 FEND 指令。

3) 子程序和中断服务程序必须写在 FEND 和 END 之间，否则出错。

主程序结束指令的用法如图 5-8 所示。

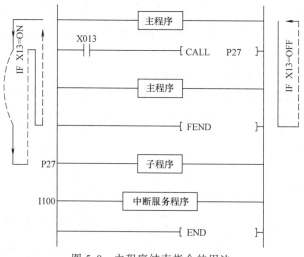

图 5-8　主程序结束指令的用法

4. 循环指令

循环指令见表 5-4。

表 5-4　循环指令

指令助记符	功能编号	指令功能	操作元件	程序步
FOR	FNC08	将 FOR 与 NEXT 之间的程序重复执行 n 次	K、H、T、C、D、V、Z、KnX、KnY、KnM、KnS	3 步
NEXT	FNC09		无	1 步

指令使用说明：

1) FOR 指令与 NEXT 指令必须成对使用，FOR 应在 NEXT 之前。

2) 循环次数 n 的范围为 1~32767。

3) 循环指令可以嵌套，但最多只能嵌套 5 级。

循环指令的用法如图 5-9 所示。图中外循环嵌套有内循环，外循环执行 3 次，每执行一次外循环，就要执行 2 次内循环，因此内循环一共执行 6 次。

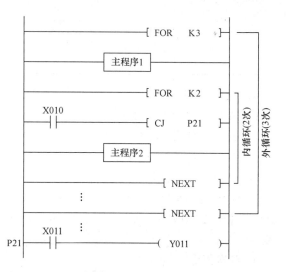

图 5-9　循环指令的用法

5.3.2　数据传送和比较指令

1. 比较指令

比较指令见表 5-5。

表5-5 比较指令

指令助记符	功能编号	指令功能	操作元件		程序步
			[S1·][S2·]	[D·]	
CMP	FNC10	将两个源操作数进行比较，结果送到目标元件中	K、H、KnX、KnY、KnM、KnS、T、C、D、V、Z	Y、S、M	16位操作:7步 32位操作:13步

指令使用说明：

1) 程序中源操作数 [S1·]、[S2·] 和目标操作数 [D·] 均为二进制数。

2) 目标元件为三个连续元件。

比较指令的用法如图5-10所示。三个连续的目标元件 M10、M11、M12 根据比较的结果动作。当 X010 为 ON 时，若 K86>C10，则 M10=ON；若 K86=C10，则 M11=ON；若 K86<C10，则 M12=ON。当 X010 为 OFF 时，CMP 指令不执行，M10、M11、M12 的状态保持不变。

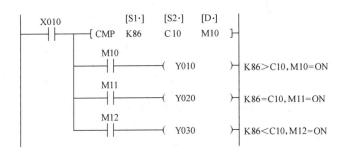

图5-10 比较指令的用法

2. 区间比较指令

区间比较指令见表5-6。

表5-6 区间比较指令

指令助记符	功能编号	指令功能	操作元件		程序步
			[S·][S1·][S2·]	[D·]	
ZCP	FNC11	将源[S·]与源[S1·]和源[S2·]数据进行比较，结果送到目标元件中	K、H、KnX、KnY、KnM、KnS、T、C、D、V、Z	Y、S、M	16位操作:9步 32位操作:17步

指令使用说明：

1) 程序中源操作数 [S·]、[S1·]、[S2·] 和目标操作数 [D·] 均为二进制数。

2) 目标元件为三个连续元件。

3) 源 [S1·] 的值应小于源 [S2·] 的值。

区间比较指令的用法如图5-11所示。

当 X010 为 ON 时，若 C10<K50，则 M10=ON；若 K50<C10<K86，则 M11=ON；若 C10>K86，则 M12=ON。当 X010 为 OFF 时，ZCP 指令不执行，M10、M11、M12 的状态保持不变。

3. 传送指令

传送指令见表5-7。

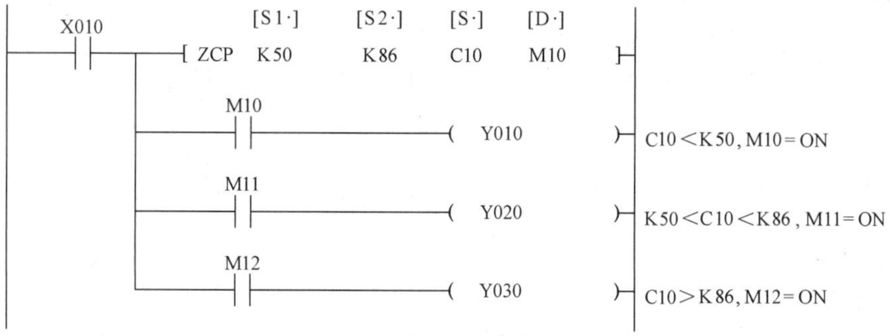

```
       X010                [S1·]    [S2·]   [S·]   [D·]
       ─┤├────────┤ ZCP     K50     K86     C10    M10 ├─
                  │  M10
                  ├──┤├──────────────────( Y010 )──         C10＜K50，M10＝ON
                  │  M11
                  ├──┤├──────────────────( Y020 )──         K50＜C10＜K86，M11＝ON
                  │  M12
                  └──┤├──────────────────( Y030 )──         C10＞K86，M12＝ON
```

图 5-11 区间比较指令的用法

表 5-7 传送指令

指令助记符	功能编号	指令功能	操作元件		程序步
			[S·]	[D·]	
MOV	FNC12	将源数据传送到指定目标元件中	K、H、KnX、KnY、KnM、KnS、T、C、D、V、Z	KnY、KnM、KnS、T、C、D、V、Z	16 位操作：5 步 32 位操作：9 步

指令使用说明：

程序中源操作数 [S·] 和目标操作数 [D·] 均为二进制数。

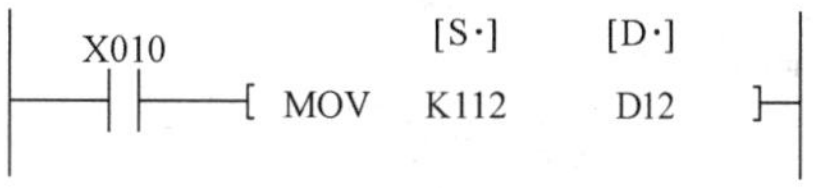

传送指令的用法如图 5-12 所示。

```
   X010              [S·]    [D·]
   ─┤├──────┤ MOV    K112    D12 ├─
```

图 5-12 传送指令的用法

当 X010 为 ON 时，将常数 112 送入 D12；当 X010 为 OFF 时，MOV 指令不执行，D12 中的数据保持不变。在指令执行过程中，常数 112 自动转换成二进制数。

5.3.3 四则运算和逻辑运算指令

1. 加法指令

加法指令见表 5-8。

表 5-8 加法指令

指令助记符	功能编号	指令功能	操作元件		程序步
			[S1·] [S2·]	[D·]	
ADD	FNC20	将两个源操作数进行相加，结果送到目标元件中	K、H、KnX、KnY、KnM、KnS、T、C、D、V、Z	KnY、KnM、KnS、T、C、D、V、Z	16 位操作：7 步 32 位操作：13 步

指令使用说明：

1) 数据均为有符号二进制数，最高位为符号位（0 为正，1 为负），符号位也以代数形式进行加法运算。

2) 加法指令有三个标志：零标志（M8020）、借位标志（M8021）和进位标志（M8022）。当运算结果为 0 时，则零标志 M8020 置 1；当运算结果小于 -32767（16 位运算）或 -2147483647（32 位运算）时，则借位标志 M8021 置 1；当运算结果超过 32767（16 位运算）或 2147483647（32 位运算）时，则进位标志 M8022 置 1。

加法指令的用法如图 5-13 所示。

图 5-13 加法指令的用法

2. 减法指令

减法指令见表 5-9。

表 5-9 减法指令

指令助记符	功能编号	指令功能	操作元件 [S1·][S2·]	操作元件 [D·]	程序步
SUB	FNC21	将指定元件[S1·]中的数减去[S2·]中的数,结果送到目标元件中	K、H、KnX、KnY、KnM、KnS、T、C、D、V、Z	KnY、KnM、KnS、T、C、D、V、Z	16 位操作:7 步 32 位操作:13 步

指令使用说明：

1) 数据均为有符号二进制数，最高位为符号位（0 为正，1 为负），它们以代数规则进行运算。

2) 减法指令也有三个标志：零标志（M8020）、借位标志（M8021）和进位标志（M8022）。当运算结果为 0 时，则零标志 M8020 置 1；当运算结果小于-32767（16 位运算）或-2147483647（32 位运算）时，则借位标志 M8021 置 1；当运算结果超过 32767（16 位运算）或 2147483647（32 位运算）时，则进位标志 M8022 置 1。

减法指令的用法如图 5-14 所示。

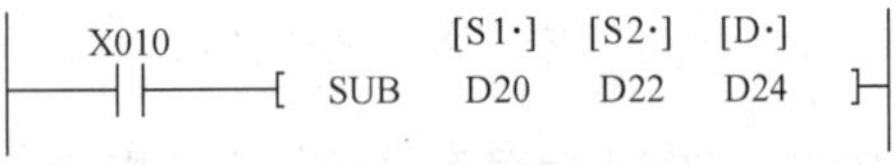

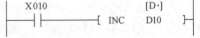

图 5-14 减法指令的用法

3. 加 1 指令

加 1 指令见表 5-10。

表 5-10 加 1 指令

指令助记符	功能编号	指令功能	操作元件 [D·]	程序步
INC	FNC24	将目标元件的当前值加1,结果存放到目标元件中	KnY、KnM、KnS、T、C、D、V、Z	16 位操作:3 步 32 位操作:5 步

指令使用说明：

在 16 位运算中，如果目标元件的当前值为 32767，则执行加 1 指令后将变为-32768，但标志不置位；在 32 位运算中，如果目标元件的当前值为 2147483647，则执行加 1 指令后变为-2147483648，标志也不置位。

加 1 指令的用法如图 5-15 所示。

4. 减 1 指令

减 1 指令见表 5-11。

图 5-15 加 1 指令的用法

表 5-11 减 1 指令

指令助记符	功能编号	指令功能	操作元件 [D·]	程序步
DEC	FNC25	将目标元件的当前值减 1,结果存放到目标元件中	KnY、KnM、KnS、T、C、D、V、Z	16 位操作:3 步 32 位操作:5 步

指令使用说明：在 16 位运算中，如果目标元件的当前值为 -32768，则执行减 1 指令后将变为 32767，但标志不置位；在 32 位运算中，如果目标元件的当前值为 -2147483648，则执行减 1 指令后变为 2147483647，标志也不置位。

减 1 指令的用法如图 5-16 所示。

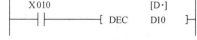

图 5-16 减 1 指令的用法

5. 字逻辑与、或、异或指令

字逻辑与、或、异或指令见表 5-12。

表 5-12 字逻辑与、或、异或指令

指令助记符	功能编号	指令功能	操作元件 [S1·][S2·]	操作元件 [D·]	程序步
WAND	FNC26	将两个源操作数按位进行与运算,结果送到目标元件中	K、H、KnX、KnY、KnM、KnS、T、C、D、V、Z	KnY、KnM、KnS、T、C、D、V、Z	16 位操作:7 步 32 位操作:13 步
WOR	FNC27	将两个源操作数按位进行或运算,结果送到目标元件中			
WXOR	FNC28	将两个源操作数按位进行异或运算,结果送到目标元件中			

指令使用说明：

1) 字逻辑与、或和异或指令是使源操作数各对应的位进行逻辑运算。

2) 逻辑与运算法则为 $1\wedge 1=1$，$1\wedge 0=0$，$0\wedge 1=0$，$0\wedge 0=0$。

3) 逻辑或运算法则为 $1\vee 1=1$，$1\vee 0=1$，$0\vee 1=1$，$0\vee 0=0$。

4) 逻辑异或运算法则为 $1\oplus 1=0$，$1\oplus 0=1$，$0\oplus 1=1$，$0\oplus 0=0$。

字逻辑与、或和异或指令的用法如图 5-17 所示。

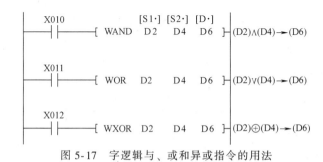

图 5-17 字逻辑与、或和异或指令的用法

5.3.4 循环与移位指令

1. 左、右循环移位指令

左、右循环移位指令见表 5-13。

表 5-13　左、右循环移位指令

指令助记符	功能编号	指令功能	操作元件 [D·]	操作元件 n	程序步
ROR	FNC30	使操作元件[D·]中数据循环右移 n 位	KnY、KnM、KnS、T、C、D、V、Z	K、H $n \leq 16$（16位指令）；$n \leq 32$（32位指令）	16位操作:5步 32位操作:9步
ROL	FNC31	使操作元件[D·]中数据循环左移 n 位	KnY、KnM、KnS、T、C、D、V、Z	K、H $n \leq 16$（16位指令）；$n \leq 32$（32位指令）	16位操作:5步 32位操作:9步

指令使用说明：

1) 目标元件中指定位元件的组合只有在 K4（16位）和 K8（32位）时有效，如 K4M10、K8M10。

2) 最后移出来的位的状态同时存入进位标志 M8022 中。

3) 对于连续执行的指令，循环移位操作每个扫描周期执行一次。

循环移位指令的用法如图 5-18 所示。

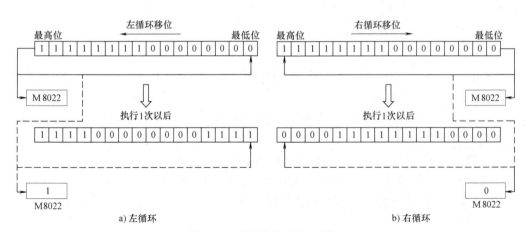

图 5-18　循环移位指令的用法

2. 位右移和位左移指令

位右移和位左移指令见表 5-14。

表 5-14　位右移和位左移指令

指令助记符	功能编号	指令功能	操作元件 [S·]	操作元件 [D·]	操作元件 n_1、n_2	程序步
SFTR	FNC34	将源元件 S 为首址的 n_2 位位元件状态存到长度为 n_1 的位栈中，位栈右移 n_2 位	X、Y、M、S	Y、M、S	K、H $n_2 \leq n_1 \leq 1024$	16位操作:9步
SFTL	FNC35	将源元件 S 为首址的 n_2 位位元件状态存到长度为 n_1 的位栈中，位栈左移 n_2 位	X、Y、M、S	Y、M、S	K、H $n_2 \leq n_1 \leq 1024$	16位操作:9步

指令使用说明:

1) n_1 指定位元件的长度,n_2 指定移位位数。
2) 只有 16 位操作。

位右移、位左移指令的用法如图 5-19、图 5-20 所示。

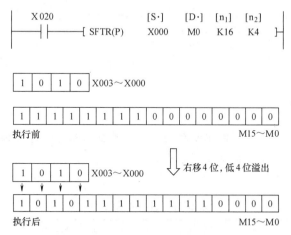

图 5-19　位右移指令的用法

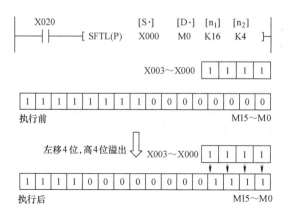

图 5-20　位左移指令的用法

5.3.5　数据处理指令

常用的数据处理指令有区间复位指令、编码指令、平均值指令、二次方根指令、二进制整数→二进制浮点数转换指令等。下面介绍平均值指令。

平均值指令见表 5-15。

表 5-15　平均值指令

指令助记符	功能编号	指令功能	操作元件			程序步
			[S·]	[D·]	n	
MEAN	FNC45	将 n 个源数据的平均值送到指定目标	KnX、KnY、KnM、KnS、T、C、D、V、Z	KnY、KnM、KnS、T、C、D、V、Z	K、H $n=1\sim64$	16 位操作:9 步 32 位操作:13 步

指令使用说明：
1）若 n 个源数据求平均值存在余数，则余数略去。
2）参与求平均值的源数据的个数 n 的取值范围为 1~64。
平均值指令的用法如图 5-21 所示。

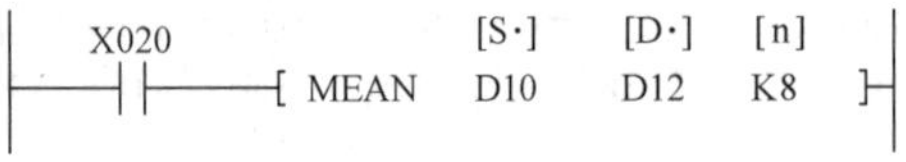

```
    X020              [S·]  [D·]  [n]
   ──┤├──────[ MEAN  D10   D12   K8 ]──
```

图 5-21 平均值指令的用法

5.3.6 高速处理指令

常用的高速处理指令有输入输出刷新指令、矩阵输入指令、速度检测指令、脉冲输出指令和脉宽调制指令等。下面介绍脉宽调制指令。

脉宽调制指令见表 5-16。

表 5-16 脉宽调制指令

指令助记符	功能编号	指令功能	操作元件		程序步
			[S1·][S2·]	[D·]	
PWM	FNC58	将 S1 设定的脉冲宽度（ms）和 S2 设定的脉冲周期（ms）的脉冲序列从目标元件中输出	K、H、KnX、KnY、KnM、KnS、T、C、D、V、Z	Y	16 位操作:7 步

指令使用说明：
1）S1 指定的脉冲宽度 t 的范围为 0~32767ms；S2 指定的脉冲周期 T 的范围为 1~32767ms，[S1·] 应小于 [S2·]。
2）脉宽调制指令只适应于晶体管输出形式的 PLC。
3）该指令只有 16 位操作。
脉宽调制指令的用法如图 5-22 所示。

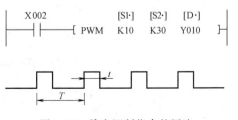

图 5-22 脉宽调制指令的用法

5.3.7 方便指令

常用的方便指令有状态初始化指令、交替输出指令和数据排序指令等。下面介绍交替输出指令。

交替输出指令见表 5-17。

表 5-17 交替输出指令

指令助记符	功能编号	指令功能	操作元件	程序步
			[D·]	
ALT	FNC66	控制条件由 OFF→ON 时,目标操作元件中的状态取反	Y、M、S	16 位操作:3 步

指令使用说明：
该指令只有 16 位操作。
交替输出指令的用法如图 5-23 所示。

5.3.8 外部 I/O 设备指令

常用的外部 I/O 设备指令有数字开关输入指令、七段译码指令和读/写特殊功能模块指令等。下面介绍七段译码指令。

七段译码指令见表 5-18。

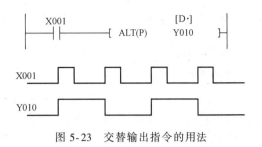

图 5-23 交替输出指令的用法

表 5-18 七段译码指令

指令助记符	功能编号	指令功能	操作元件		程序步
			[S·]	[D·]	
SEGD	FNC73	将源操作元件的低 4 位中的十六进制数译码后送给七段显示器显示，译码信息存于目标元件中	K、H、KnX、KnY、KnM、KnS、T、C、D、V、Z	KnY、KnM、KnS、T、C、D、V、Z	16 位操作：5 步

指令使用说明：只将源操作元件的低 4 位中的十六进制数（0~F）译成七段码，同时显示的数据存入目标元件的低 8 位，目标元件的高 8 位不变。

图 5-24 七段译码指令的用法

七段译码指令的用法如图 5-24 所示。七段译码表见表 5-19。

表 5-19 七段译码表

源		七段数码	目标输出						
十六进制	二进制		B6	B5	B4	B3	B2	B1	B0
0	0000		1	1	1	1	1	1	1
1	0001		0	0	0	0	1	1	0
2	0010		1	0	1	1	0	1	1
3	0011		1	0	0	1	1	1	1
4	0100		1	1	0	0	1	1	0
5	0101		1	1	0	1	1	0	1
6	0110		1	1	1	1	1	0	1
7	0111		0	1	0	0	1	1	1
8	1000		1	1	1	1	1	1	1
9	1001		1	1	0	1	1	1	1
A	1010		1	1	1	0	1	1	1
B	1011		1	1	1	1	1	0	0
C	1100		0	1	1	1	0	0	1
D	1101		1	0	1	1	1	1	1
E	1110		1	1	1	1	0	0	1
F	1111		1	1	1	0	0	0	1

5.3.9 外部设备指令

外部设备指令常用的有串行通信指令、PID 运算指令等。下面介绍 PID 运算指令。PID 运算指令见表 5-20。

表 5-20 PID 运算指令

指令助记符	功能编号	指令功能	操作元件				程序步
			[S1·]	[S2·]	[S3·]	[D·]	
PID	FNC88	接受一个输入数据后,根据 PID 控制的设定值计算出一个调节值	D	D	D	D	16 位操作:9 步

指令使用说明：该指令只有 16 位操作。PID 指令的用法如图 5-25 所示。

操作元件说明如下：

[S1·]设定目标值（SV），[S2·]设定测定值（PV），[S3·]~[S3·]+6设定控制参数，执行程序后运算结果（MV）存入[D·]中。

图 5-25 PID 指令的用法

[S3·]：采样时间；[S3·]+1：动作方向；[S3·]+2：输入滤波常数；[S3·]+3：比例增益；[S3·]+4：积分时间；[S3·]+5：微分增益；[S3·]+6：微分时间。

5.3.10 触点比较指令

触点比较指令是使用 LD、AND、OR 与关系运算符组合而成，通过对两个数值的关系运算来实现触点接通和断开的指令，共有 18 个。根据开始助记符的不同，触点比较指令分为 LD、AND、OR 三种类型。

1. LD 触点比较指令

LD 触点比较指令见表 5-21。

表 5-21 LD 触点比较指令

指令助记符	功能编号	指令功能	操作元件		程序步
			[S1·]	[S2·]	
LD =	FNC224	(S1)=(S2)时运算开始的触点接通	K、H、KnX、KnY、KnM、KnS、T、C、D、V、Z		16 位操作:5 步 32 位操作:9 步
LD >	FNC225	(S1)>(S2)时运算开始的触点接通			
LD <	FNC226	(S1)<(S2)时运算开始的触点接通			
LD <>	FNC228	(S1)≠(S2)时运算开始的触点接通			
LD ≤	FNC229	(S1)≤(S2)时运算开始的触点接通			
LD ≥	FNC230	(S1)≥(S2)时运算开始的触点接通			

指令使用说明：LD 是连接到母线的触点比较指令，该类指令的最高位为符号位，最高位为"1"则作为负数处理。C200 及以后的计数器的触点比较，都必须使用 32 位指令，若指定为 16 位指令，则程序会出错。后面的 AND 触点比较指令和 OR 触点比较指令与此相同。

LD 触点比较指令的用法如图 5-26 所示。

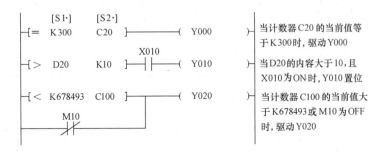

图 5-26　LD 触点比较指令的用法

2. AND 触点比较指令

AND 触点比较指令见表 5-22。

表 5-22　AND 触点比较指令

指令助记符	功能编号	指令功能	操作元件 [S1·] [S2·]	程序步
AND=	FNC232	(S1)=(S2)时串联触点接通	K、H、KnX、KnY、KnM、KnS、T、C、D、V、Z	16 位操作：5 步 32 位操作：9 步
AND>	FNC233	(S1)>(S2)时串联触点接通		
AND<	FNC234	(S1)<(S2)时串联触点接通		
AND<>	FNC236	(S1)≠(S2)时串联触点接通		
AND≤	FNC237	(S1)≤(S2)时串联触点接通		
AND≥	FNC238	(S1)≥(S2)时串联触点接通		

AND 触点比较指令的用法如图 5-27 所示。

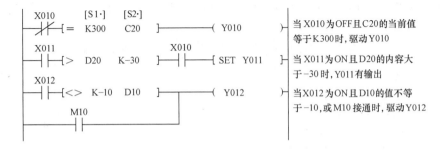

图 5-27　AND 触点比较指令的用法

3. OR 触点比较指令

OR 触点比较指令见表 5-23。

表 5-23 OR 触点比较指令

指令助记符	功能编号	指令功能	操作元件 [S1·] [S2·]	程序步
OR=	FNC240	(S1)=(S2)时并联触点接通	K、H、KnX、KnY、KnM、KnS、T、C、D、V、Z	16位操作:5步 32位操作:9步
OR>	FNC241	(S1)>(S2)时并联触点接通		
OR<	FNC242	(S1)<(S2)时并联触点接通		
OR<>	FNC244	(S1)≠(S2)时并联触点接通		
OR≤	FNC245	(S1)≤(S2)时并联触点接通		
OR≥	FNC246	(S1)≥(S2)时并联触点接通		

OR 触点比较指令的用法如图 5-28 所示。

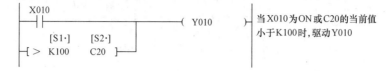

图 5-28 OR 触点比较指令的用法

习　题

1. 什么是功能指令？功能指令有哪些用途？它与基本指令有什么区别？
2. 位元件与字元件有什么区别？位元件如何组成字元件？试举例说明。
3. FX_{2N} 系列 PLC 有多少个变址寄存器？举例说明变址寄存器的用法。
4. CJ 指令与 CALL 指令有什么区别？
5. 设有 8 盏指示灯，控制要求如下：当 X000 接通时，灯全亮；当 X001 接通时，奇数灯亮；当 X002 接通时，偶数灯亮；当 X003 接通时，全部灯灭。试用数据传送指令编写梯形图程序。
6. 用功能指令设计一个黄、绿、红三组彩灯循环点亮的控制系统，其控制要求如下：三组彩灯按黄、绿、红的顺序循环点亮，亮的时间均为 1s，并用 X001 作起动信号，X000 作停止信号，Y000、Y001、Y002 分别代表黄、绿、红三组彩灯。
7. $D1 \sim D9$ 中的数 $Z1<Z2<Z3<\cdots<Z9$，它们将数据区划分为 10 个区间，D0 中的变量 $Z>Z9$ 时的区间号为 10，$Z8<Z \leq Z9$ 时的区间号为 9，……，$Z<Z1$ 时的区间号为 1，试求 Z 所在的区间号。
8. 试编写将 PLC 的实时时钟设置为 2011 年 7 月 9 日（星期六）12 时 20 分 15 秒的梯形图程序。

实训 5　用功能指令实现数码管循环点亮

1. 实训目的

1）熟悉功能指令的使用。
2）熟悉功能指令应用程序设计的基本思路和方法。
3）能运用功能指令编制较复杂的控制程序。

2. 实训设备器材

可编程序控制器、计算机（安装有 GXDeveloper 编程软件）、开关、七段数码管和若干导线等。

3. 实训内容

设计一个用 PLC 功能指令来实现数码管循环点亮的控制系统,控制要求如下:

1) 手动操作时,每按一次按钮数码管显示数值加 1,由 0~9 依次点亮,并实现循环。
2) 自动控制时,每隔一秒数码管显示数值加 1,由 0~9 依次点亮,并实现循环。

4. 实训步骤

(1) I/O 元件地址分配

根据控制要求,在数码管循环点亮控制中,有 2 个输入元件,即手动按钮 SB、手动开关 S;有 7 个输出元件,即数码管 a、b、c、d、e、f、g。数码管循环点亮控制的 I/O 元件的地址分配见表 5-24。

表 5-24 数码管循环点亮控制的 I/O 元件的地址分配

输入信号			输出信号		
名 称	代 号	输入点编号	名 称	代 号	输出点编号
手动按钮	SB	X000	数码管	abcdefg	Y000~Y006
手动开关	S	X001			

(2) I/O 接线

用功能指令实现数码管循环点亮的 PLC I/O 接线如图 5-29 所示。

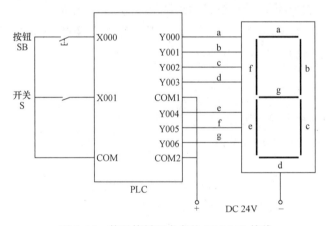

图 5-29 数码管循环点亮的 PLC I/O 接线

(3) 程序设计

根据系统的控制要求及 I/O 分配,设计出实现数码管循环点亮的 PLC 梯形图如图 5-30 所示。

数码管循环点亮指令表程序见表 5-25。

表 5-25 数码管循环点亮指令表程序

LD X000	ANI T0	LD M8000
ANI X001	OUT T0 K10	CMP D0 K10 M0
OR T0	LD M8002	SEGD D0 K2Y000
INC(P) D0	OR M1	END
LD X001	MOV K0 D0	

(4) 程序输入

在断电状态下,将计算机与 PLC 连接好。打开 PLC 的前盖,将运行模式选择开关拨到停止(STOP)位置,此时用菜单命令"在线"→"PLC 写入",即可把在计算机上编制好的梯形图程序下载到 PLC 中。

(5) 系统调试

在指导老师的监护下进行通电调试,验证系统功能是否符合控制要求。

1) 将 PLC 运行模式的选择开关拨到 RUN 位置,使 PLC 进入运行方式。

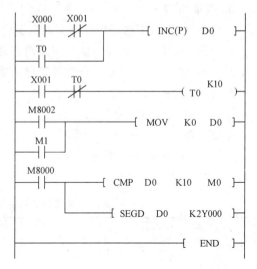

图 5-30 数码管循环点亮的 PLC 梯形图

2) 不按起动按钮 SB,输出指示灯 Y000、Y001、Y002、Y003、Y004 和 Y005 亮(数字"0"的七段编码);按 SB 一次,Y001、Y002 亮(数字"1"的七段编码);再按一次,Y000、Y001、Y003、Y004 和 Y006 亮(数字"2"的七段编码);……;按 SB 九次,Y000、Y001、Y002、Y003、Y005 和 Y006 亮(数字"9"的七段编码)。

3) 闭合开关 S,输出将自动切换,输出结果与第 2)点相同。

4) 如果调试中系统功能不符合控制要求,学生应独立检查、修改。检查并修改完毕后再重新调试,直至系统功能符合控制要求。

5. 实训报告

(1) 实训总结

1) 描述实训过程中所观察到的现象。

2) 简述用功能指令编程的优缺点。

(2) 实训思考

1) 试用其他编程方法编写实现数码管循环点亮的程序。

2) 若要求数码显示顺序为 9、8、7、6、5、4、3、2、1、0,编写相应的梯形图程序。

3) 给图 5-30 所示梯形图加上适当的注释。

实训 6 公园花样喷泉控制

1. 实训目的

1) 熟悉数据处理类应用指令的功能、作用和使用方法。

2) 应用 PLC 技术实现对花样喷泉的控制。

2. 实训设备器材

可编程序控制器、计算机(安装有 GXDeveloper 编程软件)、组合开关、交流接触器、熔断器、按钮、常用电工工具(万用表、测电笔、螺钉旋具、尖嘴钳、斜口钳、剥线钳和电工刀等)及若干导线等。

3. 实训内容

喷水池概况平面图如图 5-31 所示，喷泉由两种不同的水柱组成。图中处于喷水池中央位置的 "1" 表示大水柱所在的位置，其水柱较大，喷射高度较高；周围的 "2" 表示小水柱所在的位置，有 6 支小水柱均匀分布在大水柱 1 的周围，其水量比大水柱的水量小，喷射高度比大水柱低，呈开花式喷射。按下起动按钮 SB_1，实现如下花式喷水：

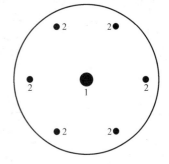

高水柱 1 喷射 3s 后，停止喷射 1s。接着低水柱喷射 2s，停止喷射 1s，再接下来两种水柱同时喷射，停止喷射 1s。周而复始直到按下停止按钮 SB_2 后，水柱才停止喷射。

图 5-31 喷水池概况平面图

4. 实训步骤

（1）I/O 元件地址分配

根据控制要求，在花样喷泉控制中，有 2 个输入控制元件，即起动按钮 SB_1 和停止按钮 SB_2；输出元件也有 2 个，即中央喷水柱电磁阀 YV_1 和周围喷水柱电磁阀 YV_2。花样喷泉控制的 I/O 元件的地址分配见表 5-26。

表 5-26 花样喷泉控制的 I/O 元件的地址分配

输入信号			输出信号		
名称	代号	输入点编号	名称	代号	输出点编号
起动按钮	SB_1	X000	中央喷水柱电磁阀	YV_1	Y000
停止按钮	SB_2	X001	周围喷水柱电磁阀	YV_2	Y001

（2）I/O 接线

根据控制要求，花样喷泉控制的 I/O 接线如图 5-32 所示。

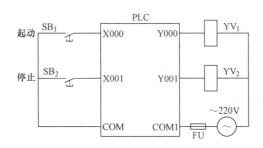

图 5-32 花样喷泉控制的 I/O 接线

（3）程序设计

根据系统控制要求，设计出花样喷泉控制的梯形图如图 5-33 所示。工作过程如下：

按下起动按钮 SB_1，即 X000 接通，K1 传送到 K1Y000，Y000 接通，处于中央位置的大水柱喷出高水柱。经 T1 延时 3s 后，K0 传送到 K1Y000，Y000 断开，大水柱停止喷水。再经 T4 延时 1s 后，K2 传送到 K1Y000，Y001 接通，周围小水柱开始喷水，喷水高度较大水柱低。经 T2 延时 2s 后，K0 传送到 K1Y000，Y001 断开，四周小水柱停止喷水。再经 T4 延时 1s，并且 C5 计数满 2 次后，M2 置位，K3 传送到 K1Y000，Y000、Y001 接通，大、小水柱同时喷水。经 T3 延时 1s 后，K0 传送到 K1Y000，Y000、Y001 断开，大、小水柱停止喷水。C5、M2 复位。再经 T4 延时 1s 后，K1 传送到 K1Y000，Y000 接通，中央位置的大水柱又喷出高水柱。周而复始，直到按下停止按钮 SB_2 后，水柱才停止喷射。

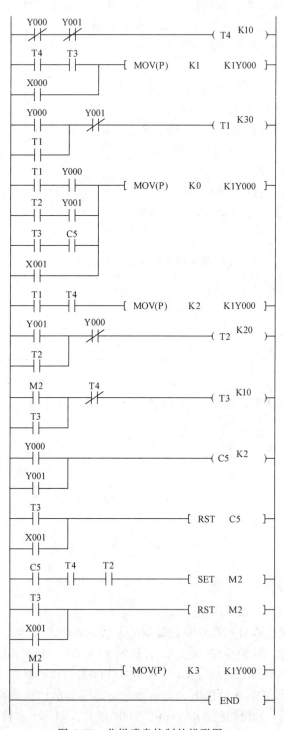

图 5-33 花样喷泉控制的梯形图

花样喷泉控制指令表程序见表 5-27。

表 5-27　花样喷泉控制指令表程序

LDI Y000	LD T3	LD Y000
ANI Y001	AND C5	OR Y001
OUT T4 K10	ORB	OUT C5 K2
LD T4	OR X001	LD T3
AND T3	MOV(P)K0 K1Y000	OR X001
OR X000	LD T1	RST C5
MOV(P)K1 K1Y000	AND T4	LD C5
LD Y000	MOV(P)K2 K1Y000	AND T4
OR T1	LD Y001	AND T2
ANI Y001	OR T2	SET M2
OUT T1 K30	ANI Y000	LD T3
LD T1	OUT T2 K20	OR X001
AND Y000	LD M2	RST M2
LD T2	OR T3	LD M2
AND Y001	ANI T4	MOV(P)K3 K1Y000
ORB	OUT T3 K10	END

（4）程序输入

在断电状态下，将计算机与 PLC 连接好。打开 PLC 的前盖，将运行模式选择开关拨到停止（STOP）位置，此时用菜单命令"在线"→"PLC 写入"，即可把在计算机上编制好的梯形图程序下载到 PLC 中。

（5）系统调试

在指导老师的监护下进行通电调试，验证系统功能是否符合控制要求。

1）将 PLC 运行模式的选择开关拨到 RUN 位置，使 PLC 进入运行方式。

2）按下起动按钮 SB1，观察模拟演示板上的动作情况是否与控制要求一致。如果一致，则表明所设计的梯形图正确，保存梯形图。

3）如果调试中发现运行情况与控制要求不相符，学生应独立检查、仔细分析、找出原因，修改完毕后再重新调试，直到运行情况与控制要求相一致为止。

5. 实训报告

（1）实训总结

1）简述花样喷泉控制的工作过程。

2）给花样喷泉控制的梯形图加上必要的注释。

（2）实训思考

根据自己实际生活中所观察到的花样喷水情况，设计其梯形图程序，画出 I/O 接线图。

第6章　PLC的程序设计及应用

PLC的程序设计通常采用梯形图设计法。尽管不同厂家、不同型号PLC的指令系统、指令助记符不完全相同，但梯形图的设计方法基本相同。

6.1　梯形图绘制的一般原则

如前面所述，PLC的编程语言有很多，但目前大多数PLC都将梯形图语言作为第一编程语言。这主要是因为用梯形图来描述控制系统给人以一目了然的清晰感，一般工程技术人员极易掌握。PLC的梯形图设计类似于继电逻辑设计，但又有着它本身的特点和设计规则。

1. 触点水平不垂直

梯形图中的触点应画在水平线上，不能画在垂直线上，如图6-1所示。图6-1a中的X005触点画在垂直线上，无法正确确定它与其他触点的逻辑关系，因此，应根据其逻辑关系将其改为图6-1b所示的梯形图。

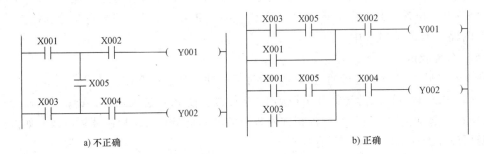

图6-1　触点水平不垂直

2. 线圈右边无触点

梯形图每一行都是从左边的母线开始，线圈接在右边的母线上，线圈右边不允许再有触点，如图6-2所示。继电-接触器控制电路中的触点可以放在线圈的左边，也可以放在线圈的右边。在梯形图中，触点提供输入信号，线圈和输出类指令接收逻辑运算的结果。因为逻辑运算是从左往右进行的，所以输出类指令应放在电路的最右边。触点如果放在线圈的右边，程序将会出错。

3. 线圈不能直接连接左母线

线圈不能直接接在左边母线上，如果需要的话，可通过不动作的动断触点连接在线圈的左边，如图 6-3 所示。

图 6-3　线圈不能直接连接左边母线

4. 双线圈输出不可用

在同一梯形图中，同一元件的线圈如果使用两次或两次以上称为双线圈输出，这时前面的输出无效，只有最后一次才有效，如图 6-4a 所示。双线圈输出容易引起操作错误，因此一般不应出现双线圈输出。图 6-4a 应改为图 6-4b 所示的梯形图。

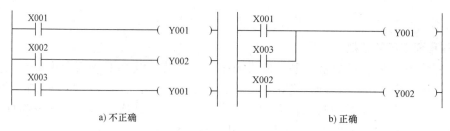

图 6-4　双线圈输出不可用

5. 触点使用次数无限制

在梯形图中，触点可以用于串联电路，也可以用于并联电路，使用次数不受限制。因为梯形图中的一个触点对应指令表中的一条指令，执行触点对应的指令时，只是读出编程元件对应的映像寄存器中的值，再进行逻辑运算，而读映像寄存器的操作次数是没有限制的。所以在梯形图中，使用同一元件触点的次数是没有限制的。

6. 串联触点多的支路在上方

对于并联电路，串联触点多的支路应排在上面。若将串联触点多的支路安排在下面，则需增加指令条数，如图 6-5 所示。

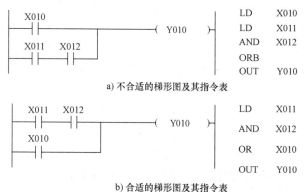

图 6-5　串联电路的并联编排

7. 并联触点多的电路在左方

对于并联电路块串联时，并联触点多的电路应排在左边，如图 6-6 所示。

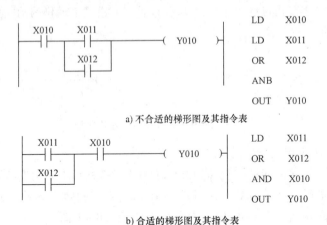

图 6-6 并联电路的串联编排

8. 编程顺序不容忽视

PLC 梯形图与继电-接触器控制电路有很多相似之处，但 PLC 的运行方式与继电-接触器控制电路却完全不相同。继电-接触器控制电路是并联工作方式，电源一接通，并联支路都有相同电压；而 PLC 是串联工作方式，即按照从上而下，从左到右的顺序执行。因此，在 PLC 的编程中应注意程序的顺序不同，其执行结果将不一样，如图 6-7 所示。

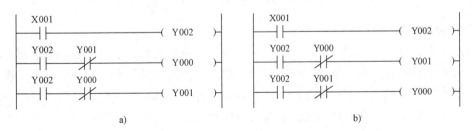

图 6-7 程序的顺序不同，执行结果不同

9. 尽可能以常开触点作为 PLC 的输入信号

一般情况下，输入 PLC 的开关量信号均由外部常开触点提供，但是有些输入信号是由常闭触点提供的，遇到这种情况，在编制梯形图时要特别小心，不然则可能导致编程的错误。下面以常用的电动机起保停（起动、保持和停止）控制电路为例，进行分析说明。

电动机起保停继电-接触器控制电路如图 6-8a 所示。若对电动机停车控制信号分别以常开触点和常闭触点的形式输入给 PLC，那么，PLC 控制的 I/O 接线图将分别如图 6-8b 和图 6-8c 所示。显然，与这两种输入形式对应的梯形图应该如图 6-8d 和图 6-8e 所示。

可见，如果外部输入给 PLC 的信号由常开触点提供，则梯形图中触点类型（X002）与继电-接触器控制电路中的完全一致；如果外部输入给 PLC 的信号由常闭触点提供，则梯形图中所用的触点类型（X002）与继电-接触器控制电路中的刚好相反。因此，建议尽可能用常开触点给 PLC 提供输入信号。

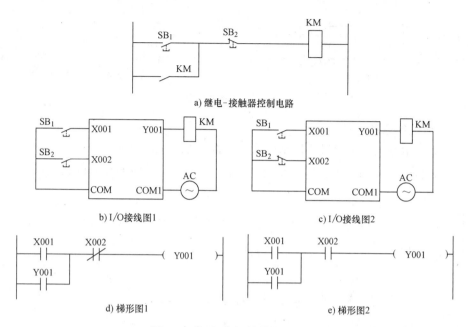

图 6-8 常开/常闭触点输入电路

6.2 梯形图的基本电路

1. 与、或、非逻辑电路

如图 6-9a 所示，开关 S_1 和 S_2 串联，只有当 S_1 和 S_2 同时接通时，指示灯 HL 才亮，实现开关 S_1 和 S_2 两者之间"与"的功能。逻辑与电路对应的梯形图如图 6-9b 所示。

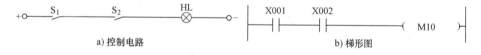

图 6-9 逻辑与电路

如图 6-10a 所示，开关 S_1 和 S_2 并联，当 S_1 接通或 S_2 接通，或 S_1 和 S_2 同时接通时，指示灯都亮，实现开关 S_1 和 S_2 两者之间"或"的功能。逻辑或电路对应的梯形图如图 6-10b 所示。

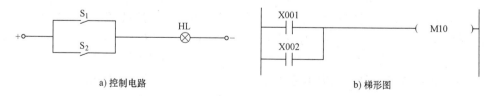

图 6-10 逻辑或电路

如图 6-11a 所示，开关 S 和指示灯并联，当 S 接通时，指示灯不亮；当 S 断开时，指示灯亮，实现开关 S "非"的功能。逻辑非电路对应的梯形图如图 6-11b 所示。

图 6-11 逻辑非电路

2. 起保停控制电路

图 6-12a 所示是电动机起保停控制电路。当常开按钮 SB_1 接通时，交流接触器 KM 得电并自保；常闭按钮 SB_2 断开时，接触器 KM 失电。图 6-12a 对应的梯形图如图 6-12b 所示。

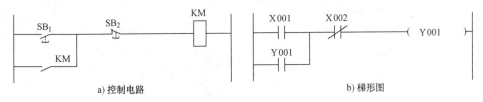

图 6-12 电动机起保停控制电路

3. 顺序起动控制电路

图 6-13a 所示是两台电动机顺序起动控制电路。交流接触器 KM_1 的常开触点串联在交流接触器 KM_2 的线圈回路中，只有 KM_1 的线圈得电后，按下起动按钮 SB_3，KM_2 的线圈才能得电。图 6-13b 是与图 6-13a 对应的 PLC 梯形图。

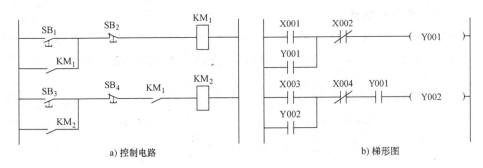

图 6-13 两台电动机顺序起动控制电路

4. 正反转控制电路

三相异步电动机实现正反转运行的继电-接触器控制电路如图 6-14a 所示。KM_1 为正转运行交流接触器，KM_2 为反转运行交流接触器。考虑到正转、反转两个接触器不能同时接通，KM_1 和 KM_2 的常闭触点分别与对方的线圈串联，这种安全措施在继电-接触器控制电路中称为"电气互锁"。按下 SB_1，KM_1 线圈得电并自保，电动机正转。同时 KM_1 的常闭触点断开，使电动机正转时，KM_2 线圈不可能得电。这时若电动机要实现反转，则需先按下停车按钮 SB_2，再按下反转起动按钮 SB_3，KM_2 线圈得电并自保，电动机由正转变为反转。图 6-14b 是与图 6-14a 对应的 PLC 梯形图。

5. 长延时电路

FX_{2N} 系列 PLC 的定时器的最长定时时间为 3276.7s，如果需要更长的定时时间，可使

第6章　PLC的程序设计及应用

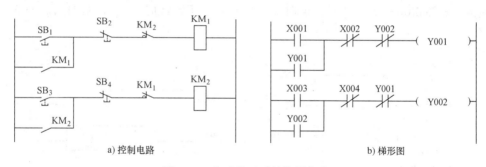

图 6-14　电动机正反转控制电路

用图 6-15 所示的电路。当 X001 保持接通时，其常开触点接通，定时器 T1 开始计时，60s 后 T1 的定时时间到，其当前值等于设定值，它的常开触点闭合，计数器 C1 计数一次，同时 T1 的常闭触点断开，使它的线圈断电，并复位，复位后 T1 当前值变为 0，其常闭触点接通，又使它的线圈通电，开始定时。定时器 T1 就这样周而复始地工作，直到 X001 变为 OFF。T1 的常开触点每 60s 接通一个扫描周期，使计数器 C1 计数一次，当计数到 C1 的设定值 60 次时，C1 的常开触点接通，控制工作对象 Y000 接通。因为 T1 是 100ms 定时器，所以，总的定时时间为 3600s（0.1×600×60）。

当 X001 为 OFF 时，定时器 T1 和计数器 C1 处于复位状态。

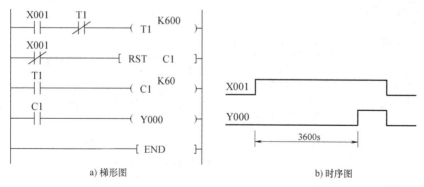

图 6-15　长延时电路

6. 延时断开电路

如图 6-16 所示，按下起动按钮，给 X001 一个输入信号，输出继电器 Y001 接通并自锁保持，同时定时器 T2 接通并开始计时，经 20s 延时后，Y001 失电断开。

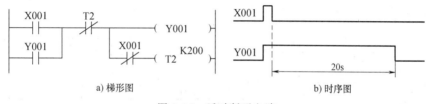

图 6-16　延时断开电路

7. 延时接通/断开电路

如图 6-17 所示，当 X001 为 ON 时，定时器 T1 得电开始计时，延时 10s 后，Y001 接通并自锁保持；当 X001 为 OFF 时，定时器 T2 接通并开始计时，经 8s 延时后，Y001 失电断开。

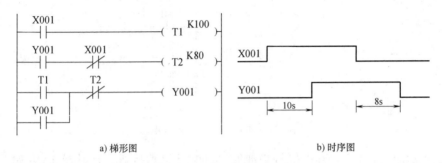

图 6-17 延时接通/断开电路

8. 闪烁电路

闪烁电路又称振荡电路，可以产生按要求作通断交替变化的时序脉冲。如图 6-18 所示，当 X001 接通时，定时器 T1 得电并开始计时，延时 2s 后，Y001 得电，同时定时器 T2 得电，开始计时。经 2s 延时后，T2 的常闭触点断开，T1 线圈断电，其常开触点断开，使 Y001 失电，同时使 T2 线圈断电，其常闭触点接通，T1 又开始定时，经 2s 延时后，Y001 又得电。Y001 就这样周期性地接通和断开，直到 X001 变为 OFF。改变 T1、T2 的设定值，可以调整 Y001 输出脉冲的宽度。

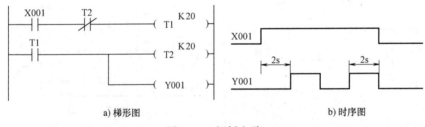

图 6-18 闪烁电路

9. 分频电路

在许多控制场合，需要对控制信号进行分频。图 6-19 是二分频电路的梯形图和时序图。在梯形图中用了三个辅助继电器，分别为 M10、M20 和 M30。

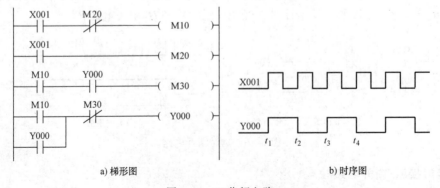

图 6-19 二分频电路

当输入 X001 在 t_1 时刻接通时，M10 上将产生单脉冲。输出线圈 Y000 在此之前未得电，其常开触点处于断开状态。因此，扫描程序至第三行时，尽管 M10 得电，M30 将不可能得电。扫描至第四行时，Y000 得电并自锁保持。此后这部分程序多次扫描，但由于 M10 仅接通一个扫描周期，M30 将不可能得电。Y000 的常开触点闭合，为 M30 的得电做好了准备。

等到 t_2 时刻，输入 X001 再次接通，M10 上再次产生单脉冲。因此，在扫描第三行时，辅助继电器 M30 条件满足得电。第四行中 M30 的常闭触点断开，执行该行程序时，输出线圈 Y000 失电，无信号输出。

在 t_3 时刻，输入 X001 第三次接通，M10 上又产生单脉冲，输出 Y000 再次接通；在 t_4 时刻，同上，输出 Y000 再次失电。当输入 X001 为图 6-19b 所示的周期性信号时，输出将按上述过程循环往复，输出 Y000 正好是输入信号 X001 的二分频。由时序图可见，每当有控制信号时就将状态翻转，因此可用作触发器。

6.3 PLC 程序设计方法

PLC 在控制系统的应用中，程序设计是最关键的问题，对被控对象的控制作用，都体现在 PLC 的程序上，因此 PLC 程序设计得好坏将直接影响控制系统的性能。

PLC 程序设计是指用户以基本指令和应用指令为基础，结合被控对象的具体控制要求和现场信号，采用 PLC 的编程元件，画出梯形图，进而写出指令表程序的过程。

常用的 PLC 程序设计方法主要有经验设计法、逻辑设计法和顺序设计法。

6.3.1 经验设计法

设计者在一些典型电路的基础上，根据被控对象的具体要求，不断地调试、修改和完善梯形图的方法称为经验设计法。这种设计方法没有规律可循，具有很大的试探性和随意性，最后结果因人而异。设计所用的时间、设计的质量与设计者的经验有很大的关系。

下面通过送料小车自动控制系统的梯形图设计来介绍经验设计法的设计过程。

图 6-20 所示为送料小车自动控制系统示意图。控制要求：初始状态下，送料小车停在行程开关 SQ_1 处装料，25s 后装料结束，开始右行。当碰到行程开关 SQ_2 后停下来卸料，20s 后卸料完成，开始左行，行至最左侧碰到 SQ_1 后又停下来装料。送料小车以这种方式不停地循环工作，直到按下停止按钮 SB_3。小车的右行起动和左行起动分别用 SB_1 和 SB_2 来控制。

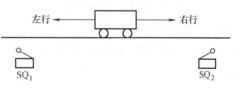

图 6-20 送料小车自动控制系统示意图

1. 画 I/O 接线图

根据控制要求，画出 PLC I/O 接线图，如图 6-21 所示。

2. 确定基本控制梯形图

根据控制要求可知，系统的主要功能之一是小车右行和左行，并且不能同时进行。这一点与三相异步电动机的正反转控制功能一样，因此可以利用电动机的正反转控制梯形图先画出控制小车左行、右行的梯形图。另外，系统还要装料、卸料以及定时，因此在正反转控制梯形图的基础上增加 X004 和 X005 的常开触点来分别接通装料、卸料输出以及装料、卸料时间的定时器。这样，实现控制系统主要功能的基本控制梯形图就已形成，如图 6-22 所示。

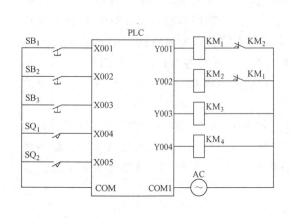

图 6-21 送料小车控制系统 I/O 接线图

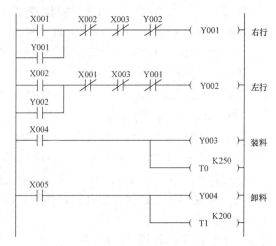

图 6-22 送料小车基本控制梯形图

3. 完善控制功能

在系统完成基本控制要求的基础上，为了使小车到达装料、卸料位置时能自动停止左行、右行，将 X004 和 X005 的常闭触点分别串入左行和右行的线圈电路中；为了使小车装料、卸料结束后能自行起动右行、左行，将控制装料、卸料延时的定时器 T0 和 T1 的常开触点分别与手动起动右行和左行的 X001 和 X002 的常开触点并联。最后可得出满足控制要求的梯形图如图 6-23 所示。

从上述设计过程可知，经验设计法要求设计者必须掌握一些典型电路的梯形图，因此这种设计方法一般用于一些较简单的梯形图或复杂系统的某一局部程序。

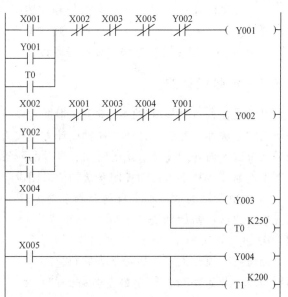

图 6-23 送料小车控制系统梯形图

6.3.2 逻辑设计法

1. 逻辑代数中的变量和变量运算

逻辑代数又称布尔代数。它与普通代数一样用字母（如 A、B、C 等）表示变量，且通常被定义为一个"事件"，例如，定义"B 继电器线圈通电"这件事用变量"B"表示；定义"A 开关闭合"这件事用变量"A"表示。但与普通代数不同的是，变量的取值只有"1"和"0"两种。"1"表示事件发生且为真的，"0"表示事件未发生。例如 $A=1$，表示"A 开关闭合"一事是真的。

另外，属于同一系统中的两个"事件"，若总是同时发生又同时结束，则这两个不同的"事件"应用同一个变量表示。例如"B 继电器线圈通电"这件事与"B 继电器的常开触点被接通"这件事,它们总是同时发生又同时结束,因此这两件事应用同一变量"B"表示。

逻辑代数中变量之间有三种基本运算,即与运算、或运算和非运算。与运算用"·"表示,或运算用"+"表示,非运算在被处理变量上方加一小横线。例如 $A \cdot B$、$A+B$、$\overline{A}$ 等。

2. 逻辑设计法的设计过程

逻辑设计法就是运算逻辑代数以逻辑组合的方法和形式设计梯形图。逻辑设计法的理论基础是逻辑函数,多个变量经与、或、非运算后得到的组合称为逻辑函数。例如若 $Y=A+B$,则输出变量 Y 就是输入变量 A 和 B 的逻辑函数。

用逻辑法设计梯形图,必须在逻辑函数表达式与梯形图之间建立一种一一对应关系。即梯形图中常开触点用原变量表示,常闭触点用反变量(变量非)表示。"1"表示线圈有电或触点接通,"0"表示线圈无电或触点断开。触点串联用逻辑"与"表示,触点并联用逻辑"或"表示,其他复杂的触点组合用组合逻辑表示。由两个输入变量组合的逻辑函数表达式与梯形图的对应关系见表 6-1。

表 6-1 逻辑函数表达式与梯形图的对应关系

逻辑运算名称	逻辑函数表达式	梯形图
逻辑与	$Y000 = X001 \cdot X002$	 X001—X002—(Y000)
逻辑或	$Y000 = X001 + X002$	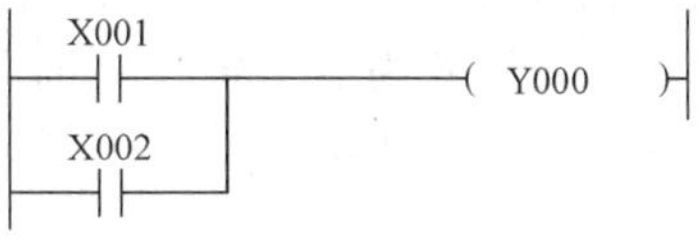 X001 并联 X002—(Y000)
逻辑非	$Y000 = \overline{X001}$	 X001(常闭)—(Y000)

下面以双速三相异步电动机控制的梯形图设计为例,介绍逻辑设计法的设计过程。

双速三相异步电动机控制的具体内容是:设按钮 SB_1 为双速电动机 M 的停止按钮,按钮 SB_2 为双速电动机 M 的低速起动按钮,按钮 SB_3 为双速电动机 M 的低速起动高速运转按钮。

当按下双速电动机 M 的低速起动按钮 SB_2 时,接触器 KM_1 闭合,双速电动机 M 的定子绕组接成三角形(△)联结低速运转;当按下双速电动机 M 的低速起动高速运转按钮 SB_3 时,接触器 KM_1 首先闭合,双速电动机 M 低速起动,经过一定时间后,接触器 KM_1 释放,接触器 KM_2、KM_3 闭合,双速电动机 M 的定子绕组接成YY联结高速运转。

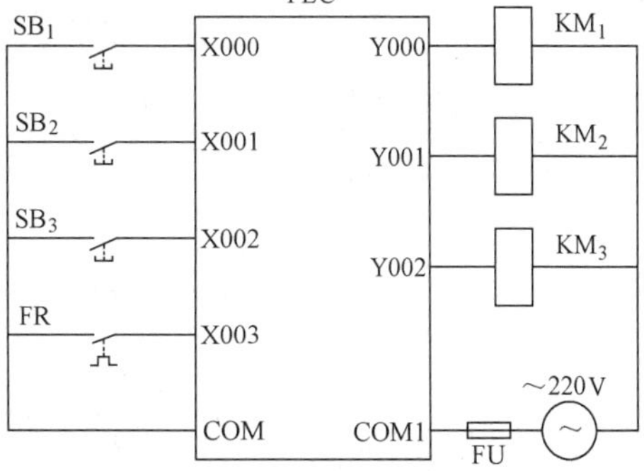

图 6-24 双速电动机 PLC 控制 I/O 接线图

1) 根据控制要求列出 PLC 控制 I/O 点分配(见表 6-2)和画出 PLC 控制 I/O 接线图(如图 6-24 所示)。

表 6-2 双速电动机 PLC 控制 I/O 点分配

输入信号			输出信号		
名称	代号	输入点编号	名称	代号	输出点编号
停止按钮	SB_1	X000	低速运转接触器	KM_1	Y000
低速起动按钮	SB_2	X001	高速运转接触器	KM_2	Y001
低速起动高速运转按钮	SB_3	X002	高速运转接触器	KM_3	Y002
热继电器	FR	X003			

2）列出逻辑状态表。根据控制要求，双速电动机 PLC 控制逻辑状态见表 6-3。

表 6-3 双速电动机 PLC 控制逻辑状态

触 点							线 圈		
X000	X001	X002	X003	Y000	Y001/Y002	T0	Y000	Y001/Y002	T0
	1			1		1	1		
0			0	0		0	0		
					1	1		1	
0		0	0					1	
		1				1			1
0			0		0				0

3）根据逻辑状态表列出逻辑函数表达式。将逻辑状态表中线圈为 1（接通）的各触点变量的逻辑式和线圈为 0（断开）的各触点变量的反量相与，即为该线圈的逻辑函数表达式。各线圈的逻辑函数表达式为

$$T0(M0) = (X002+M0) \cdot \overline{X000} \cdot \overline{X003} \cdot \overline{Y001/Y002}$$

（因为 T0 没有瞬时触点，故用辅助继电器 M0 来代替）

$$Y000 = (X001+Y000+M0) \cdot \overline{X000} \cdot \overline{X003} \cdot \overline{T0} \cdot \overline{Y001/Y002}$$

$$Y001/Y002 = (T0+Y001/Y002) \cdot \overline{X000} \cdot \overline{X003} \cdot \overline{Y000}$$

4）根据上述三个逻辑函数表达式，即可画出如图 6-25 所示的双速电动机 PLC 控制梯形图。

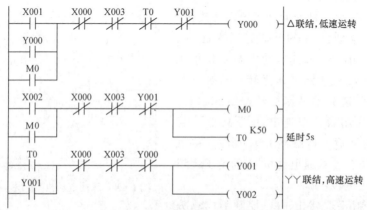

图 6-25 双速电动机 PLC 控制梯形图

6.3.3 顺序设计法

顺序设计法就是按照生产工艺预先规定的顺序,在各个输入信号的作用下,根据内部状态和时间的顺序,在生产过程中各个执行机构自动有秩序地进行操作。使用顺序设计法时首先根据系统的工艺过程,画出顺序功能图,然后根据顺序功能图画出梯形图或写出指令表。

1. 顺序功能图的基本结构

(1) 单序列

单序列由一系列相继激活的状态组成,每一状态的后面仅接有一个转换,每个转换的后面只有一个状态,如图 6-26 所示。

(2) 选择序列

当某个状态的转换条件超过一个时,就存在选择分支问题。应注意的是选择序列的各个分支对应有各自的转换条件,如图 6-27 所示。

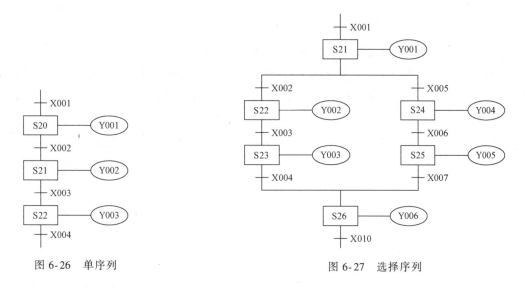

图 6-26　单序列　　　　　　　图 6-27　选择序列

(3) 并行序列

如果某状态的转换条件满足时,能同时激活多个状态,这就是并行分支问题。为了强调转换的同步实现,并行序列的开始和结束都用水平双线表示,如图 6-28 所示。必须注意的是,并行序列合并处双线上的所有前级状态都处于活动状态下且转换条件满足时,才能激活合并后的状态。

(4) 子步结构

子步结构是指顺序功能图中的某一步包含着一系列的子步和转换,通常这些子步序列表示整个系统中的一个完整的子功能,如图 6-29 所示。子步与计算机编程中的子程序很相似。

在绘制复杂系统的顺序功能图时,设计人员使用子步结构在总体设计时容易抓住系统的主要问题,能更加清晰简洁地表示系统的整体功能和全貌,可以避免一开始就陷入某些细节之中。子步结构的逻辑性很强,可以大大减少设计中的错误,缩短设计时间。

在实际系统中,除了单序列、选择序列、并行序列和子步结构外,还经常使用跳步、重复和循环序列。这些序列实际上也是选择序列的特殊形式,如图 6-30 所示。当步 S20 是活

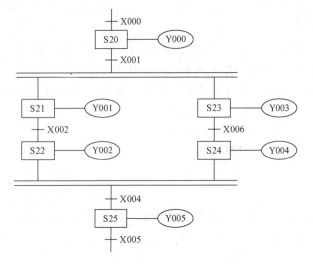

图 6-28 并行序列

动步,并且 X010 转换条件满足时,则跳过步 S21 直接进入步 S22,实现跳步功能。若步 S23 为活动步,且转换条件 X006 不满足而 X011 满足,则重新返回步 S23,重复执行步 S23,实现重复功能,直到 X006 转换条件满足,重复结束,转入步 S24。

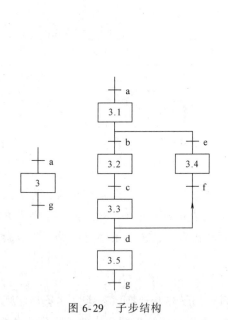

图 6-29 子步结构　　　　　　图 6-30 跳步、重复和循环序列

若系统程序在执行完最后一步后,还需要返回到初始步 S0 重复执行,则称为序列的循环。

2. 顺序功能图的绘制

顺序功能图是描述控制系统的控制过程、功能和特性的一种图形语言,它并不涉及所描述的控制功能的具体技术,专门用于编制顺序控制程序。

顺序功能图的组成、绘制方法见第 4 章 4.4 节。绘制时应注意以下两点：

1）步与步之间必须用一个转换条件隔开，绝对不能直接相连。两个转换条件之间必须用一步隔开，也不能直接相连。

2）初始步必不可少，否则系统将无法返回停止状态。

3. 顺序功能图中转换实现的基本规则

（1）转换实现的条件

在顺序功能图中，步的活动状态的进展由转换的实现来完成，步与步之间实现转换应同时满足两个条件：

1）转换的前级步应是活动步。若是并行序列，则所有的前级步都应是活动步。

2）相应的转换条件得到满足。

（2）转换实现应完成的操作

转换的实现应完成以下两个操作：

1）使所有由有向连线与相应转换条件相连的后续步都变为活动步。

2）使所有由有向连线与相应转换条件相连的前级步都变为不活动步。

4. 顺序设计法的编程方式

根据系统的顺序功能图设计梯形图的方法，称为顺序控制梯形图的编程方式。常用的编程方式有：使用 STL 指令的编程方式、使用起保停电路的编程方式、使用置位和复位指令的编程方式和仿 STL 指令的编程方式。

（1）使用 STL 指令的编程方式

使用 STL 指令的编程方式如图 6-31 所示。从图中可见，每一状态提供三个功能：对负载的驱动处理、指定转换条件和指定转换目标（置位新状态）。在指定转换目标的同时，转移源也自动复位。其中指定转换条件和指定转换目标是不可缺少的，有时可能不进行实际负载的驱动。在图 6-31 中，Y000 线圈为状态 S20 驱动的负载，X001 为状态 S20 的转换条件，S21 为 S20 的转换目标。

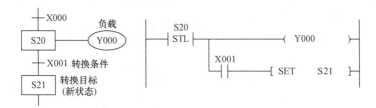

图 6-31 使用 STL 指令的编程方式

图 6-32 所示为 STL 指令的执行过程，当步进触点 S20 接通时，输出继电器 Y000 线圈接通。当转换条件 X001 接通时，新状态置位（接通），步进触点 S21 也接通。这时原步进触点 S20 自动复位（断开），即把 S20 状态转到了 S21 状态，这就是步进转换作用。

另外，需要注意的是，凡是以步进触点为主体的程序，最后必须使用 RET 步进返回指令返回主母线，否则，将出现错误。

1）单序列顺序功能图的编程。用 STL 指令设计三相异步电动机往复自动控制程序。

控制要求：用 PLC 控制工作台的自动往复运动。起初 PLC 处于送电等待状态，当按下电动机的正转起动按钮时，电动机正向起动运转，并带动工作台正向前进；到达正向前进终

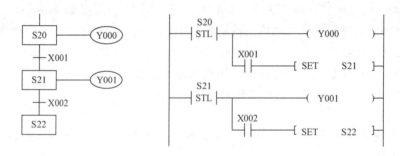

图 6-32 STL 指令的执行过程

点时,压下正转行程开关,电动机暂停 10s,然后电动机自动反向运转,并带动工作台反向后退;当反向后退至终点时,压下反转行程开关,电动机暂停 15s,然后返回到送电等待状态。

① 根据控制要求,列出 PLC 控制 I/O 点分配(见表 6-4),以及画出 PLC 控制 I/O 接线图(图 6-33)。

表 6-4 三相异步电动机正反转 PLC 控制 I/O 点分配

输入信号			输出信号		
名称	代号	输入点编号	名称	代号	输出点编号
起动按钮	SB	X001	指示灯	HL	Y000
正转行程开关	SQ_1	X002	正转运行接触器	KM_1	Y001
反转行程开关	SQ_2	X003	反转运行接触器	KM_2	Y002

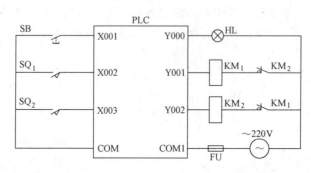

图 6-33 电动机正反转 PLC 控制 I/O 接线图

② 分解工作过程,画顺序功能图。根据控制要求,可将整个工作过程分为 5 个状态,分别为初始状态 S0、正转运行状态 S20、暂停状态 S21、反转运行状态 S22、暂停状态 S23。每个状态对应驱动的负载分别为显示 Y000、正转 Y001、定时器 T0、反转 Y002、定时器 T1。每个状态的转换条件分别是起动按钮 X001、正转行程开关 X002、延时常开触点 T0、反转行程开关 X003、延时常开触点 T1,初始状态 S0 由初始化脉冲 M8002 来驱动。电动机正反转 PLC 控制的顺序功能图如图 6-34 所示。

③ 由顺序功能图画出梯形图。根据图 6-34 所示的顺序功能图,可画出其对应的梯形图如图 6-35 所示。

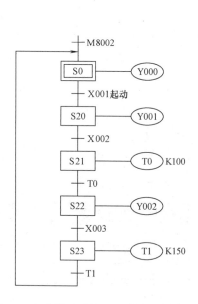

图 6-34 电动机正反转 PLC 控制的顺序功能图

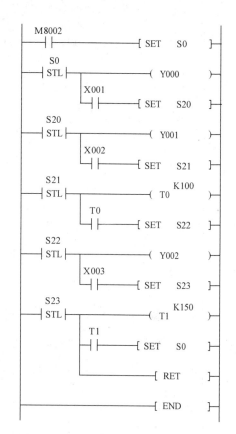

图 6-35 电动机正反转 PLC 控制梯形图

2) 选择序列顺序功能图的编程。在顺序设计法中,对于不同序列结构的设计步骤基本一致,因此下面的选择序列和并行序列只介绍如何由顺序功能图画出相应梯形图的有关内容。

图 6-36 为选择序列的顺序功能图。X001 和 X004 为选择条件,当 S0 是活动状态时,如果转换条件 X001 满足,则 PLC 执行 S20 起始的步进过程;如果转换条件 X004 满足,则执行 S22 起始的步进过程。

图 6-37 为与图 6-36 对应的梯形图。因为初始状态 S0 后面有两条选择序列的分支,所以 S0 步进触点起始的电路块中有两条指明转换条件和转换目标的并联电路。

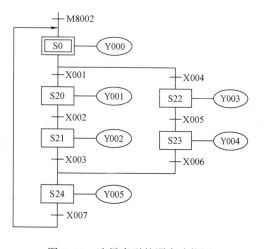

图 6-36 选择序列的顺序功能图

另外,在状态 S24 之前有一个由两条支路组成的选择序列的合并,因此根据步进触点驱动的电路块的功能,当 S21 为活动状态,转换条件 X003 满足,或者 S23 为活动状态,转换条件 X006 满足时,都将使状态 S24 变为活动状态。

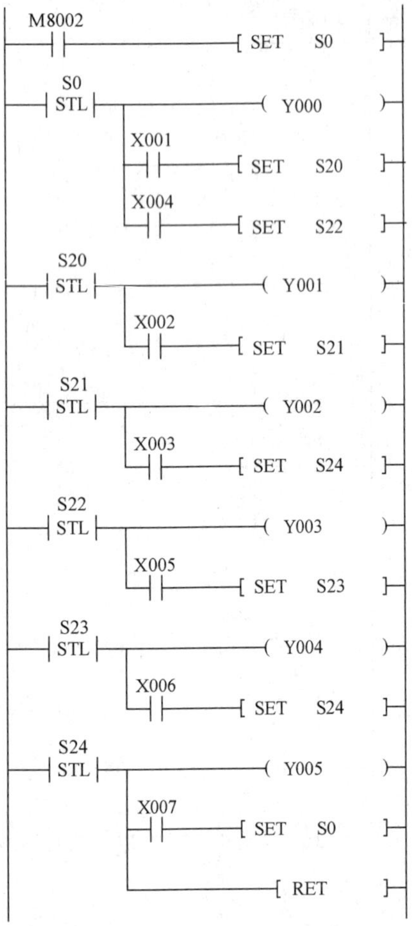

M8002
SET S0
S0
STL
Y000
X001
SET S20
X004
SET S22
S20
STL
Y001
X002
SET S21
S21
STL
Y002
X003
SET S24
S22
STL
Y003
X005
SET S23
S23
STL
Y004
X006
SET S24
S24
STL
Y005
X007
SET S0
RET

图 6-37　选择序列的梯形图

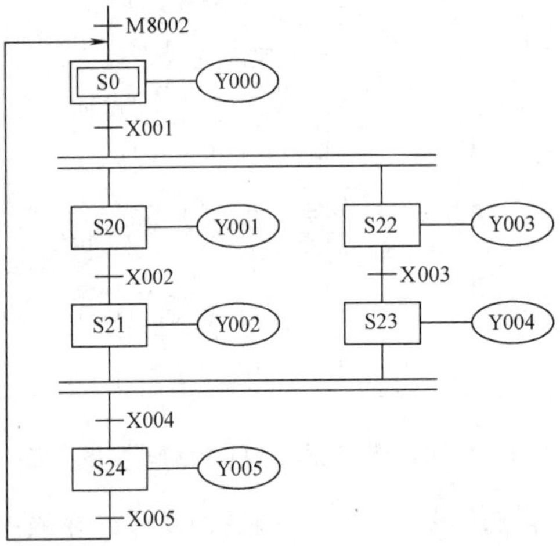

M8002
S0
Y000
X001
S20
Y001
S22
Y003
X002
X003
S21
Y002
S23
Y004
X004
S24
Y005
X005

图 6-38　并行序列的顺序功能图

3）并行序列顺序功能图的编程。图 6-38 为并行序列的顺序功能图，图 6-39 是对应的梯形图。由 S20、S21 和 S22、S23 组成两个并行工作的序列。当 X001 接通时，S20 和 S22 同时置位，S0 自动复位，两个序列同时开始工作；当 S21 和 S23 都为活动步且转换条件 X004 = 1 时，S24 才置位，在梯形图中，用 S21、S23 的步进触点（STL）和 X004 的常开触点组成的串联电路来实现这部分功能。S21 和 S23 的步进触点出现了两次，这是并行序列中的特殊情况。如果不涉及并行序列的合并，同一状态寄存器的 STL 触点在梯形图中只能使用一次。此外，还应注意的是，梯形图中 STL 触点的串联个数不能超过 8 个，即采用 STL 指令编程时，并行序列的支路不能超过 8 个。

与图 6-39 对应的指令表程序如下：

```
LD      M8002
SET     S0
STL     S0
OUT     Y000
LD      X001
SET     S20
```

```
SET     S22
STL     S20
OUT     Y001
LD      X002
SET     S21
STL     S21
OUT     Y002
STL     S22
OUT     Y003
LD      X003
SET     S23
STL     S23
OUT     Y004
STL     S21
STL     S23
LD      X004
SET     S24
STL     S24
OUT     Y005
LD      X005
SET     S0
RET
```

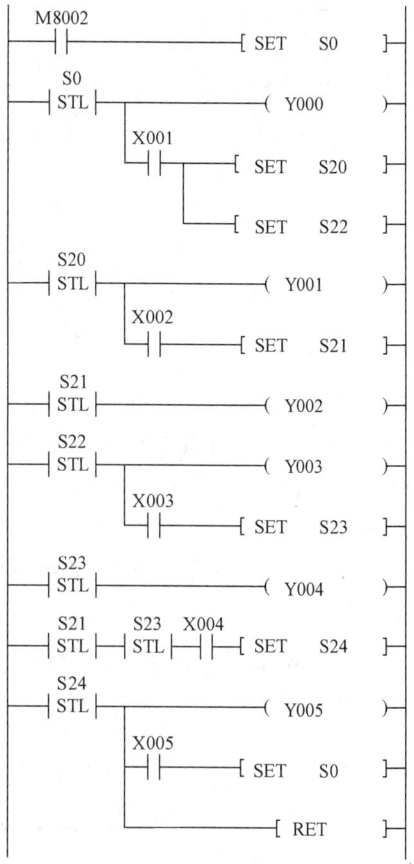

图 6-39 并行序列的梯形图

（2）使用起保停电路的编程方式

在不使用 STL 指令编程时，控制系统的工作状态除了用状态继电器 S 来代表外，还可以用辅助继电器 M 来代替，因此，在绘制顺序功能图时，可以用辅助继电器 M 来代替顺序功能图（状态转移图）中的各步（状态继电器），然后由顺序功能图设计梯形图。当某一步为活动步时，对应的辅助继电器为 ON，某一转换条件满足时，该转换的后续步变为活动步，前级步变为不活动步。另外，很多转换条件都是短暂信号，即它存在的时间比它激活的后续步为活动步的时间短，因此，为了使后续步对应的编程元件变为 ON 后能保持到下一个转换条件满足，应使用有记忆（或保持）功能的电路来控制代表步的辅助继电器。起保停电路和有置位复位指令的电路就是两种典型的具有记忆功能的电路。

起保停电路仅仅使用与触点、线圈有关的指令，如 LD、AND、OR、OUT 等，任何一种 PLC 的指令系统都有这一类指令，因此这是一种通用的编程方法，可以用于任意型号的 PLC。

图 6-40 为具有记忆功能的起保停电路，其中步 M10、M11 和 M12 是顺序功能图中顺序相连的三步，X010 是步 M11 之前的转换条件。

起保停电路是梯形图的基本电路之一，非常简单，因此设计时主要是确定其起动条件和停止条件。根据转换实现的基本规则，转换实现的条件是它的前级步为活动步并且满足相应的转换条件。因此，在图 6-40 中，步 M11 变为活动步的条件是 M10 为活动步，且两者之间

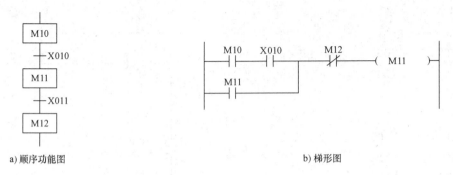

a) 顺序功能图　　　　　　b) 梯形图

图 6-40　具有记忆功能的起保停电路

的转换条件 X010=1。在起保停电路中，则应将代表前级步的 M10 的常开触点和代表转换条件的 X010 的常开触点串联后，作为控制 M11 的起动电路。当 M11 和 X011 的常开触点均闭合时，步 M12 变为活动步，这时步 M11 应变为不活动步，因此可以将 M12=1 作为使辅助继电器 M11 变为断开的条件，即将后续步 M12 的常闭触点与 M11 的线圈串联，作为起保停电路的停止电路。上述的逻辑关系可以用逻辑代数式表示为

$$M11=(M10 \cdot X010+M11) \cdot \overline{M12}$$

根据图 6-40，请读者分析 M12 的常闭触点是否可以用 X011 的常闭触点来代替。当转换条件由多个信号经"与、或、非"逻辑运算组合而成时，情况又如何？

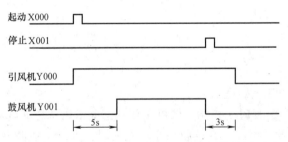

图 6-41　锅炉鼓风机、引风机的控制系统波形图

1) 单序列的编程方法。某锅炉的鼓风机和引风机的控制系统波形图如图 6-41 所示。按下起动按钮 X000 后，引风机开始工作，延时 5s 后鼓风机才开始运行。按下停止按钮 X001，鼓风机停止工作，3s 后引风机停止运行。

① 根据控制要求，画顺序功能图。根据锅炉鼓风机和引风机的控制要求，工作过程可以分为三步，分别用 M11、M12、M13 来代表这三步。另外，系统等待起动的初始步用 M10 表示。起动按钮 X000、停止按钮 X001 的常开触点、定时器 T0 和 T1 的延时接通常开触点是各步之间的转换条件。因此，可画出锅炉鼓风机、引风机 PLC 控制的顺序功能图如图 6-42 所示。

② 根据顺序功能图，画梯形图。根据顺序功能图，采用上述具有记忆功能的起保停电路，很容易画出鼓风

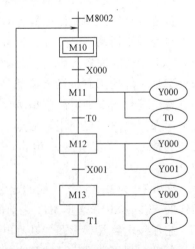

图 6-42　锅炉鼓风机、引风机 PLC 控制的顺序功能图

机、引风机的 PLC 控制梯形图，如图 6-43 所示。下面以初始步 M10 为例说明梯形图的画法。由顺序功能图可知，M13 是它的前级步，两者之间的转换条件是 T1 的延时接通常开触点。所以将 M13 的常开触点和 T1 的延时接通常开触点串联，作为 M10 的起动电路。M10 状态（步）激活后，必须能持续到下一步活动为止，因此在起动电路上并联 M10 的常开触点作为自保持。另外，PLC 开始运行时应将 M10 置 1，否则系统无法工作，所以起动电路上也应并联 PLC 的特殊辅助继电器 M8002 的常开触点。后续步 M11 的常闭触点与 M10 的线圈串联，M11 活动时，M10 的线圈断电，初始步变为不活动步。其他步的电路也是一样，请读者自行分析。

梯形图的后半部分是输出电路。由于输出 Y000 在 M11、M12 和 M13 三步中都接通，为避免双线圈输出，应将 M11、M12 和 M13 的常开触点并联去控制 Y000；若某一输出量或定时器的线圈仅在某一步中为接通状态，例如图 6-43 中的 Y001、T0 和 T1 就属于这种情况，可以将它们的线圈分别与对应步的辅助继电器的线圈并联。

2）选择序列的编程方法。

① 选择序列分支的编程方法。如果某一步的后面有一个由两条或两条以上分支组成的选择流程，该步可能转换到不同的 N 步去，应将这 N 个后续步对应的辅助继电器的常闭触点与该步的线圈串联，作为结束该步的条件。

如图 6-44 所示，步 M10 之后有一个选择序列的分支，当 M10 为活动步，且转换条件 X001 或 X003 满足时，后续步 M11 或 M12 就会变成活动步。而当后续步 M11 或 M12 变为活动步时，M10 应变为不活动步，所以应将 M11 和 M12 的常闭触点与 M10 的线圈串联，如图 6-45 所示。

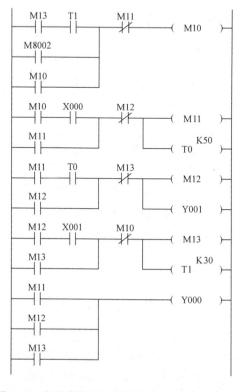

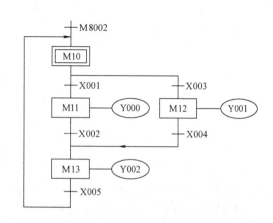

图 6-43　锅炉鼓风机、引风机的 PLC 控制梯形图　　图 6-44　选择序列的顺序功能图

② 选择序列汇合的编程方法。对于选择序列的汇合，如果某一步之前有两条或两条以上分支（有两条或两条以上分支汇合后进入该步），则代表该步的辅助继电器的起动电路由两条或两条以上支路并联而成，各支路由某一前级步对应的辅助继电器的常开触点与相应的转换条件对应的触点或电路串联而成。

如图 6-44 所示，在步 M13 之前有一个选择序列的汇合，当步 M11 为活动步（M11 = 1）且转换条件 X002 满足，或者步 M12 为活动步且转换条件 X004 满足时，则步 M13 应变为活动步，即控制该步的起动条件应为

$$M11 \cdot X002 + M12 \cdot X004$$

对应的起动电路由两条并联支路组成，每条支路分别由 M11、X002 和 M12、X004 的常开触点串联而成，如图 6-45 所示。

3）并行序列的编程方法。

① 并行序列分支的编程方法。在图 6-46 中，步 M12 之后有一个并行序列的分支，当步 M12 是活动步，并且转换条件 X003 为 ON 时，步 M13 和步 M15 应同时变为活动步，步 M13 和步 M15 的起保停电路使用了同样的由 M12 和 X003 的常开触点组成的串联电路作为起动电路，同时步 M12 应变为不活动步。由于步 M13 和 M15 是同时变为活动步的，所以编写梯形图时只需将 M13 或 M15 的常闭触点与 M12 的线圈串联即可，如图 6-47 所示。

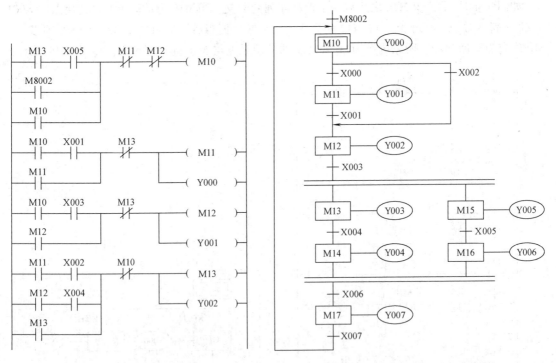

图 6-45 选择序列的梯形图　　　　图 6-46 并行序列的顺序功能图

② 并行序列汇合的编程方法。在图 6-46 中，步 M17 之前有一个并行序列的合并，该转换实现的条件是所有的前级步（M14 和 M16）都是活动步，以及转换条件 X006 为 ON。所以，应将 M14、M16 和 X006 的常开触点串联，作为控制 M17 的起保停电路的起动电路，如图 6-47 所示。

(3) 使用置位和复位指令的编程方式

三菱 FX 系列的 PLC 都具有置位（SET）和复位（RST）指令。PLC 的这种功能恰好满足顺序控制中总是前级步停止（复位）、后续步活动（置位）的特点。因此，可利用置位、复位指令来编写梯形图程序。这种编程方式对同一个继电器的置位和复位是分开编程的，即以转换条件为中心进行编程，所以又称为以转换为中心的编程方式。

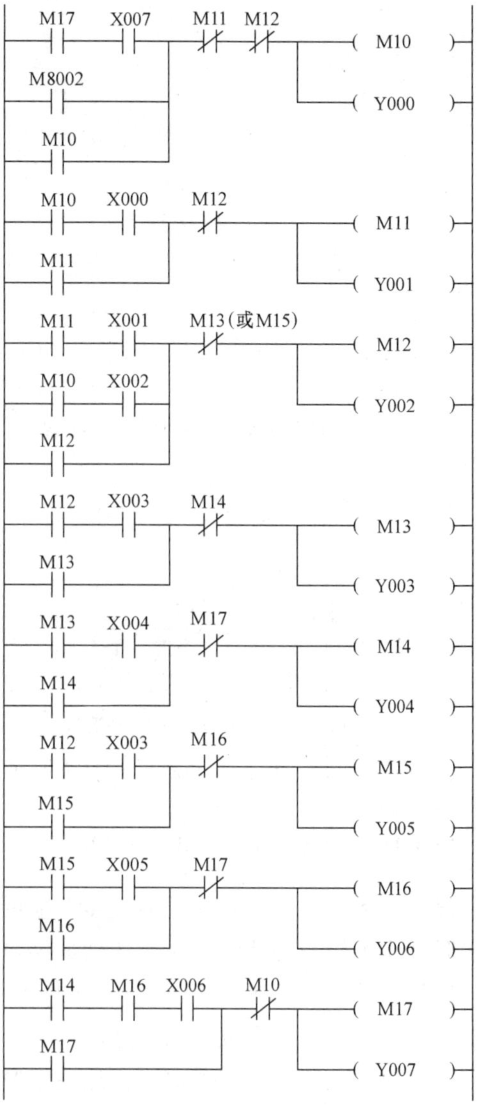

图 6-48 为使用置位、复位指令的编程方式。要实现图中 X011 对应的转换，必须同时满足两个条件，即该转换的前级步 M11 是活动步和转换条件 X011 为 ON，在梯形图中可以用 M11 和 X011 的常开触点组成的串联电路来表示上述条件。当这两个条件同时满足时，该电路将接通，此时应完成两个操作，即将该转换的后续步变为活动步和将该转换的前级步变为不活动步。图中使用置位（SET）指令将后续步 M12 置位，使用复位（RST）指令将前级步 M11 复位。这种编程方式与实现转换的基本规则之间有着严格的对应关系，体现的概念清晰，程序可读性强，用它编制复杂的顺序功能图的梯形图时，更能显示出它的优越性。

1) 单序列的编程方法。图 6-49 和图 6-50 分别是液压动力滑台的顺序功能图和使用置位、复位指令设计的梯形图。

开始执行用户程序时，用 M8002 的常开触点将初始步 M10 置位，使 M10 成为 PLC 通电后系统当前的活动步。按下起动按钮 X000 后，梯形图第二行中 M10 和 X000 的常开触点都接通，转换条件 X000 的后续步对应的 M11 置位，前级步对应的辅助继电器 M10 复位。系统开始快进，当碰到行程开关 X001 时，系统将由第二步转换到第三步，……，依此逐步实现步的活动状态转移和步对应动作的执行，最后回到系统的初始步待命。

图 6-47 并行序列的梯形图

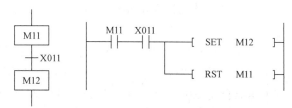

图 6-48 使用置位、复位指令的编程方式

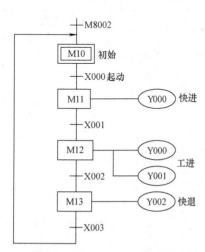

图 6-49 液压动力滑台的顺序功能图

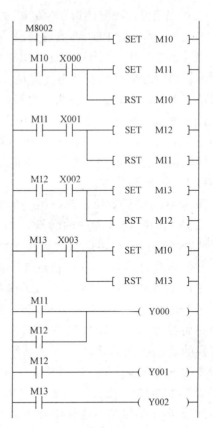

图 6-50 液压动力滑台的梯形图

设计梯形图时,用转换的前级步对应的辅助继电器的常开触点与转换条件对应的常开触点串联,作为转换的后续步对应的辅助继电器置位(使用 SET 指令)和转换的前级步对应的辅助继电器复位(使用 RST 指令)的条件。在图 6-50 所示的梯形图中,每一个转换都对应这样一个控制置位和复位的电路块,有多少转换就有多少个这样的电路块。这种编程方法特别有规律,不容易遗漏和出错,适用于复杂的顺序功能图的梯形图设计。

使用这种编程方式时,不能将输出继电器的线圈与 SET 和 RST 指令并联,如图 6-51 所示。这是因为图 6-50 中前级步和转换条件对应的串联电路接通的时间是相当短的(只有一个扫描周期),转换条件满足后前级步马上复位,该串联电路断开,而输出继电器的线圈至少应该在某一步对应的全部时间内接通。所以应根据顺序功能图,用代表步的辅助继电器的常开触点或它们的并联电路来驱动输出继电器的线圈。

2)选择序列的编程方法。如果某一转换与并行序列的分支、汇合无关,它的前级步和后续步都只有一个,需要复位、置位的辅助继电器也只有一个,因此选择序列的分支与汇合的编程方法实际上与单序列的编程方法完全相同。

图 6-52 所示为选择序列的顺序功能图,其分支条件为 X001 和 X003,M10 和 X001 的常开触点的串联电路是实现第一分支转换的条件,M10 和 X003 的常开触点的串联电路是实现第二分支转换的条件,其汇合条件为 X002 和 X004。因此,M11 和 X002 的常开触点的串联电路是实现第一分支汇合的条件,M12 和 X004 的常开触点的串联电路是实现第二分支汇合

的条件，其梯形图如图 6-53 所示。

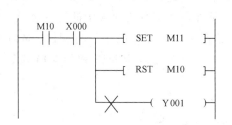

图 6-51　错误的梯形图

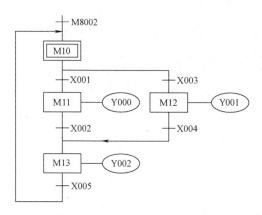

图 6-52　选择序列的顺序功能图

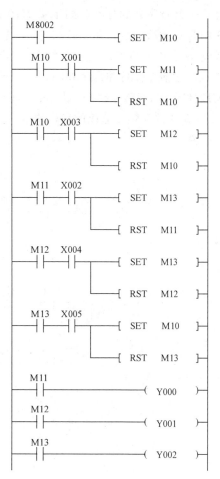

图 6-53　选择序列的梯形图

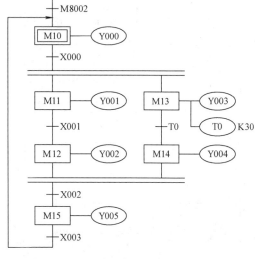

图 6-54　并行序列的顺序功能图

3）并行序列的编程方法。图 6-54 所示为并行序列的顺序功能图，图中，在步 M10 之后有一个并行序列的分支。如果步 M10 是活动步，且转换条件 X000 满足，则步 M11 和步 M13 同时变为活动步，在图 6-55 所示的梯形图中，是通过 M10 和 X000 的常开触点组成的串联电路对 M11 和 M13 进行连续置位实现的，同时对 M10 进行复位。在转换条件 X002 对应的转换之前存在着并行序列的合并，该转换实现的条件是其所有的前级步都是活动步，即步 M12 和步 M14 都是"1"状态，且转换条件 X002 满足。在梯形图中，将 M12、M14 和 X002 三者的常开触点组成的串联电路作为对步 M15 进行置位，对步 M12 和步 M14 进行复位的条件。

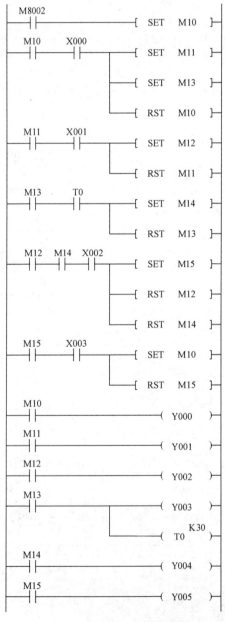

图 6-55 并行序列的梯形图

6.4 PLC 的应用

PLC 的应用就是以 PLC 为程序控制中心,结合一定的外围电路,组成电气控制系统,实现对具体生产过程的控制。

6.4.1 PLC 控制系统设计的基本原则

对于任何一种电气控制系统来说,其目的都是为了实现被控对象的工艺要求,以提高生产效率和产品质量。因此,在设计 PLC 控制系统时,应遵循以下基本原则:

1) 最大限度地满足被控对象和用户的控制要求。
2) 在满足控制要求的前提下,应尽量使控制系统简单、经济,同时保证控制系统安全、可靠,使用及维修方便。
3) 在选择 PLC 容量时,应适当留有裕量,以满足生产发展和工艺改进的要求。

6.4.2 PLC 控制系统设计的一般步骤

PLC 控制系统设计的一般步骤如图 6-56 所示。

1. 分析控制对象,确定控制方案

首先对被控制对象的工作特点、生产工艺过程、用户要求和环境条件等进行全面的分析,列出控制系统的全部功能和要求。其次,与继电-接触器控制系统和工业计算机控制系统进行综合比较,得出最优控制方案。通常,如果:①控制对象使用的环境条件比较差,而安全性、可靠性要求又特别高,②系统工艺复杂,I/O 点数较多,用常规继电-接触器控制难以实现,③系统工艺有可能改进或系统控制要求有可能扩充等,则宜优先选用 PLC 控制。

2. PLC 的选择

随着 PLC 技术的发展,PLC 的种类也越来越多。不同型号的 PLC,其结构形式、性能、容量、指令系统和价格等各不相同,适用场合也各有侧重,因此合理选择 PLC 对提高 PLC 控制系统的技术经济指标起着重要的作用。PLC 的选择包括机型、容量、I/O 模块和电源等的选择。

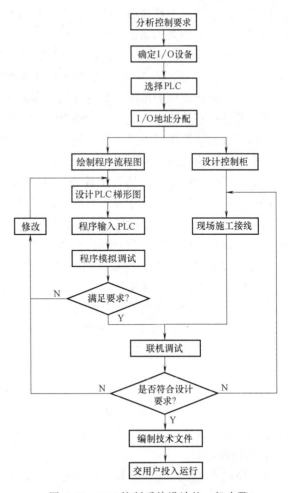

图 6-56 PLC 控制系统设计的一般步骤

PLC 机型选择的基本原则是在满足控制功能要求、保证系统工作可靠及使用维护方便的前提下，力争达到最佳的性价比。

PLC 容量的选择包括 I/O 点数和用户存储容量两个方面。

PLC I/O 点的价格相对较高，通常是根据被控对象的输入、输出信号的实际需要，再加上 10%~15% 的裕量来确定。

PLC 开关量 I/O 总点数是计算所需内存存储容量的重要依据。一般情况下，开关量输入点数与输出点数的比是 6∶4。另外，存储量还与模拟量 I/O 点数有关。因此，PLC 存储容量可按式（6-1）进行估算

$$存储容量（字节）= 开关量 I/O 点数×10+模拟量 I/O 点数×150 \quad (6-1)$$

然后按计算存储容量的 20%~25% 考虑裕量。

I/O 模块的选择分为开关量 I/O 模块的选择和模拟量 I/O 模块的选择。开关量输入模块是用来接收现场输入设备（按钮、行程开关等）的开关信号，将信号转换为 PLC 内部接受的低电平信号，并实现 PLC 内、外信号的电气隔离。选择时主要考虑输入信号的类型（直流输入、交流输入和交直流输入）、电压等级及输入接线方式（汇点式、分组式）。电压等级由现场设备与模块之间的远近程度来决定，距离较远的设备选用较高电压的模块比较可靠。同时，为了提高系统的稳定性，输入门槛电平的大小也不容忽视。门槛电平越高，抗干扰能力越强，传输距离也越远。

开关量输出模块是将 PLC 内部低电压信号转换成驱动外部输出设备的开关信号，并实现 PLC 内、外信号的电气隔离。选择时主要考虑输出方式、输出接线方式、驱动能力等。开关量输出模块有继电器输出、晶闸管输出和晶体管输出三种形式。

对于开关频率较高的负载，通常选用晶闸管或晶体管输出模块，它们都属于无触点元件。晶体管输出只能用于直流负载，晶闸管输出只能用于交流负载。

继电器输出模块属于有触点元件，既可以用于驱动交流负载，又可用于驱动直流负载。这种模块价格低，适用的电压范围较宽，导通压降小，承受瞬时过电压和过电流的能力较强。但其动作速度较慢，寿命较短，可靠性较差，只能用于不频繁通断的场合。

模拟量 I/O 模块的主要功能是数据转换，与 PLC 内部总线相连，并兼有电气隔离功能。模拟量输入模块是将由传感器检测而产生的连续的模拟量信号转换成 PLC 内部可接受的数字量；模拟量输出模块是将 PLC 内部的数字量转换为模拟量信号输出。

电源模块的选择是针对模块式结构的 PLC 而言的，因为整体式 PLC 不存在电源的选择问题。电源模块的选择主要考虑电源输出额定电流和电源输入电压。电源输出额定电流应大于 CPU 模块、I/O 模块和其他特殊模块等消耗电流的总和，同时留有升级的余地；电源输入电压一般根据现场的实际情况来定。

3. 其他硬件的设计或选择

这部分包括外部输入设备、外部输出设备以及控制柜等的选择。按钮、开关和传感器等属于外部输入设备；接触器或电磁阀的线圈、指示灯等属于外部输出设备。对于它们的选择应按控制要求，从实际出发，选定合适的类别、型号和规格。

4. 软件设计

用户编写程序的过程就是软件设计过程，这是 PLC 控制系统设计中工作量最大的一项。其主要内容包括：对复杂的控制系统绘制工艺流程图；编制梯形图；根据梯形图编写程序指

令表；对复杂的程序进行分段调试、总调试，并作必要的修改，直到满足要求为止。

5. 联机调试

这是PLC控制系统设计的最后一个步骤。PLC控制系统硬件、软件设计完成并安装完以后，就可以进行系统的联机总调试了。

首先对PLC外部接线作仔细检查，一定要确保外部接线准确、无误。然后对各单元环节和电柜分别进行调试，按系统动作顺序，模拟输入控制信号，逐步进行调试，并通过各种指示灯、显示器，观察程序执行和系统运行是否满足控制要求，如果有问题，应先修改软件，必要时再调整硬件，直到符合要求为止。最后进行模拟负载、空载或轻载调试，若没有问题，则可进行额定负载调试，直到各部分功能都正常，并能协调一致成为一个完整的整体控制为止。

6.4.3 PLC控制系统设计实例

1. 带式输送机PLC控制系统设计

（1）控制要求

某物料传送系统的工作示意图如图6-57所示，物料从料斗经过A、B两条输送带送出，其控制要求如下：

1）传送系统由一个按钮控制其起动，一个按钮控制其停止。

2）电磁阀M_0控制从料斗向A输送带供料，A、B输送带分别由电动机M_1和M_2控制。

3）起初料斗、输送带A、B均处于关闭状态。

4）由于是阶梯落层系统，起动时为了避免在前段输送带上造成物料堆积，要求逆料方向按一定的时间间隔顺序起动。其起动顺序为

$$M_2 \to 延时\ 10s \to M_1 \to 延时\ 10s \to M_0$$

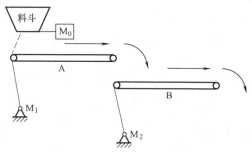

图6-57 物料传送系统的工作示意图

5）停止时按下停止按钮，为了使输送带上不留剩余的物料，要求顺物料流动的方向按一定的时间间隔顺序停止，因此停机顺序刚好与开机相反，即

$$M_0 \to 延时\ 15s \to M_1 \to 延时\ 15s \to M_2$$

6）在输送机运行中，若输送带A过载，应把料斗和输送带A同时关闭，输送带B应在输送带A停止15s后停止。若输送带B过载，输送带A、B和料斗都应关闭。

（2）确定I/O点数及进行PLC选择

根据控制要求分析可知，物料传送系统需要一个起动按钮SB_1和一个停止按钮SB_2。输送带A、B的过载故障分别用M_1的热继电器和M_2的热继电器来切除，因此系统共有4个输入开关量信号。另外，传送系统需要控制料斗的开关和两台电动机的起停，所以有3个开关量输出信号。

可见，该控制系统只有简单的开关量控制，没有模拟量输入或输出，对系统的响应时间也没有特殊要求，时间继电器的定时也是固定的，因此小型PLC即可满足要求。从上述分析可知，系统需要4点输入和3点输出，考虑到以后升级的要求，选用三菱公司的FX_{2N}系

列 PLC FX$_{2N}$-16MR。

(3) I/O 点分配表

物料传送系统 I/O 点分配见表 6-5，其 I/O 接线图如图 6-58 所示。

表 6-5 物料传送系统 I/O 点分配

输入信号			输出信号		
名 称	代 号	输入点编号	名 称	代 号	输出点编号
起动按钮	SB$_1$	X000	M$_0$ 料斗控制	KM$_0$	Y000
停止按钮	SB$_2$	X001	M$_1$ 接触器	KM$_1$	Y001
M$_1$ 热继电器	FR$_1$	X003	M$_2$ 接触器	KM$_2$	Y002
M$_2$ 热继电器	FR$_2$	X004			

(4) 绘制流程图

从对控制系统的分析可知，这是一个典型的顺序控制系统，所以，用状态继电器设计的物料传送系统的顺序功能图如图 6-59 所示。

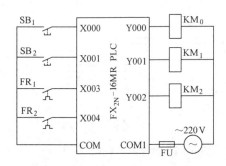

图 6-58 物料传送系统 I/O 接线图

(5) 编制用户程序

由系统的顺序功能图，用步进指令 STL 编写的 PLC 梯形图如图 6-60 所示。

(6) 联机调试

将编制好的程序输入 PLC，在 PLC 运行状态下输入相应控制信号进行系统调试、修改，直至符合控制要求为止。

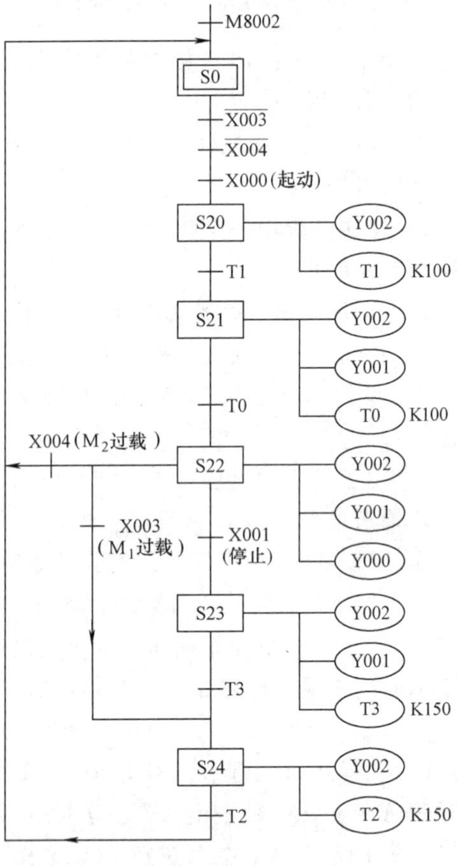

图 6-59 物料传送系统的顺序功能图

2. 机械手 PLC 控制系统设计

本例是具有多种工作方式的控制系统。在实际生产中，很多工业设备要求设置多种工作方式，例如手动、单步、单周期、连续和自动回原位等工作方式，其中单步、单周期、连续和自动回原位属于自动工作方式。

在系统的程序设计中，手动程序比较简单，通常采用经验设计法。而自动程序一般较复杂，设计时最好先画出系统的顺序功能图，然后选用前面介绍的几种顺序设计法进行设计。

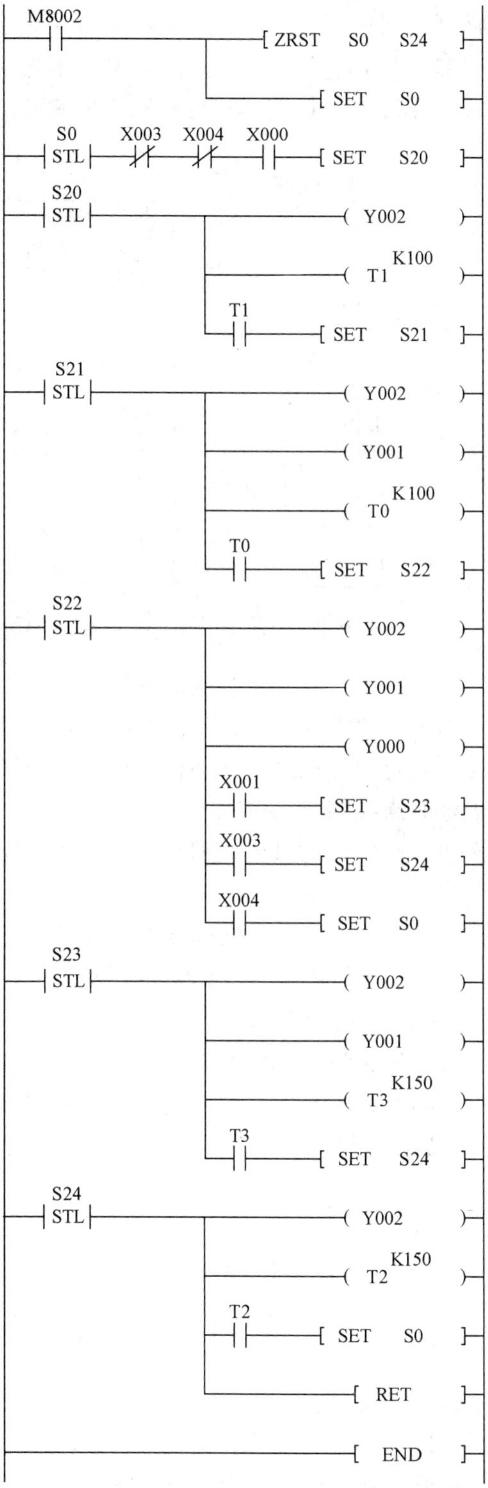

图 6-60 物料传送系统的 PLC 梯形图

（1）控制要求

如图 6-61 所示，气动机械手将工件从工作台 A 移送至工作台 B 上，其动作过程为下降、夹紧、上升、右行、下降、松开、上升及左行。机械手控制系统的操作面板布置如图 6-62 所示，该系统具有手动、单步、单周期、连续和回原位五种工作方式，用开关 SA 进行选择。具体控制要求如下：

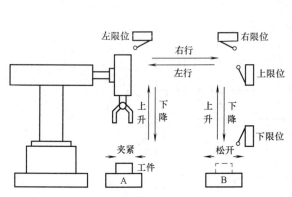

图 6-61 机械手移动工作动作示意图

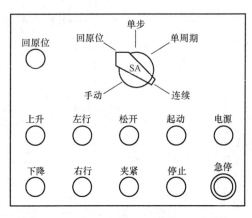

图 6-62 机械手控制系统的操作面板布置

机械手的上升、下降和左行、右行分别由双线圈两位电磁阀控制，机械手的夹紧、松开由一个单线圈的两位电磁阀控制。为防止停电时工件的跌落，线圈断电夹紧，线圈通电松开。机械手通过上、下和左、右行程开关来对移动机构进行行程限位控制，夹持装置不带行程开关，夹紧和松开动作由定时来控制。

机械手在最上面、最左边且除松开的电磁线圈通电外，其他线圈全部断电的状态为机械手的原位。

手动工作方式时，用各操作按钮来点动执行相应的每一动作；单步工作方式时，每按一次起动按钮，系统前进一步，机械手完成此步的工作后，自动停留在该步上；单周期工作方式时，按下起动按钮，机械手从原位开始，按照各工步的顺序自动地执行一个工作周期的动作后，返回到原位停止；连续工作方式时，按下起动按钮，机械手从原位开始，按照各工步的顺序自动反复地连续工作，直到按下停止按钮，机械手在完成最后一个周期的动作后，返回原位自动停止；回原位工作方式时，按下回原位按钮，机械手自动返回原位位置。

（2）确定 I/O 点数及进行 PLC 选择

根据上述控制要求分析可知，控制系统共有 18 个输入设备和 5 个输出设备，需占用 PLC 的 18 个输入点和 5 个输出点，因此选用型号为 FX_{2N}-48MR 的 PLC 即可满足要求。

（3）I/O 点分配表和 I/O 接线图

机械手 PLC 控制 I/O 点分配见表 6-6，其 I/O 接线图如图 6-63 所示。为了保证在紧急情况下（包括 PLC 发生故障时），能可靠地切断 PLC 的负载电源，在 PLC 的外部电路中设置了交流接触器 KM。在 PLC 开始运行时按下电源按钮 SB_2，使 KM 线圈得电并自锁，同时接在交流电源上的 KM 两对主触点接通，给输出设备供电。当出现紧急情况时，通过按下急停按钮 SB_1，使 PLC 所有的输出负载都断开电源。

表 6-6　机械手 PLC 控制 I/O 点分配

输入信号						输出信号		
名称	代号	输入点编号	名称	代号	输入点编号	名称	代号	输出点编号
手动	SA_{1-1}	X000	下限位	SQ_2	X011	上升电磁阀	YV_1	Y000
回原位	SA_{1-2}	X001	左限位	SQ_3	X012	下降电磁阀	YV_2	Y001
单步	SA_{1-3}	X002	右限位	SQ_4	X013	左行电磁阀	YV_3	Y002
单周期	SA_{1-4}	X003	上升	SB_5	X014	右行电磁阀	YV_4	Y003
连续	SA_{1-5}	X004	下降	SB_6	X015	松紧电磁阀	YV_5	Y004
起动	SB_3	X005	左行	SB_7	X016			
停止	SB_4	X006	右行	SB_8	X017			
回原位	SB_{11}	X007	松开	SB_9	X020			
上限位	SQ_1	X010	夹紧	SB_{10}	X021			

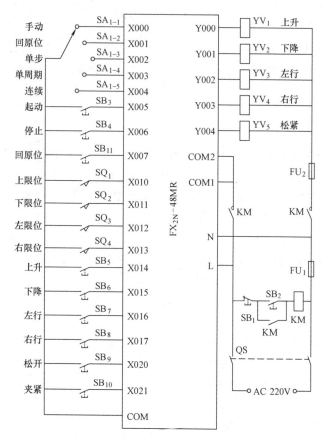

图 6-63　机械手控制系统 PLC 控制 I/O 接线图

(4) 程序设计

机械手控制系统的 PLC 梯形图的总体结构如图 6-64 所示。整个程序分为公用程序、自动程序、手动程序和回原位程序四个部分。考虑到单步、单周期和连续三种工作方式都是按照同样的顺序进行的，所以将它们合在一起编程较为合理和简单，使它们都包括在自动程序中。选择不同的工作方式时,将会调用相应的控制程序。选择单步、单周期或连续三种工作方式之一时,将调用自动程序。公用程序是在各种工作方式下都要执行的程序。

1)公用程序。公用程序如图 6-65 所示,它主要用于自动程序和手动程序相互切换的处理。左行程开关 X012、上行程开关 X010 的常开触点和表示机械手松开的 Y004 的常开触点的串联电路接通时,辅助继电器 M20 变为 ON,表示机械手在原位。

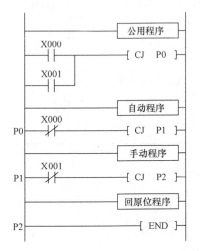

图 6-64 机械手控制系统的 PLC 梯形图的总体结构

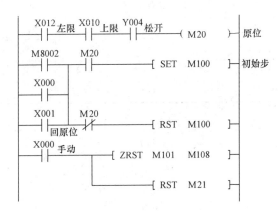

图 6-65 公用程序

当机械手处于原位(M20 为 ON),在开始执行用户程序(M8002 为 ON)、系统处于手动状态或回原位(X000 或 X001 为 ON)时,初始步对应的 M100 将置位,为进入单步、单周期和连续工作方式做好准备。如果此时 M20 为断开状态,M100 将复位,初始步为不活动步,系统不能在单步、单周期和连续工作方式下工作。

当系统处于手动工作方式时,必须将除初始步以外的各步对应的辅助继电器 M101~M108 复位,同时将表示连续工作状态的 M21 复位,否则当系统从自动工作方式切换到手动工作方式,然后又返回自动工作方式时,可能会出现同时有两个活动步的异常情况,引起错误的动作。

2)手动程序。手动程序如图 6-66 所示,手动工作时用 X014~X017、X020 和 X021 对应的 6 个点动按钮控制机械手的上升、下降、左行、右行、松开和夹紧。设计程序时,在机械手的上升与下降之间、左行与右行之间设置了互锁,以防止功能相反的两个输出继电器同时接通;上、下、左、右行程开关 X010~X013 的常闭触点分别与控制机械手移动的 Y000~Y003 的线圈串联,以防止因机械手运行超限出现事故;上行程开关 X010 的常开触点与控制机械手左行、右行的 Y002 和 Y003 的线圈串联,

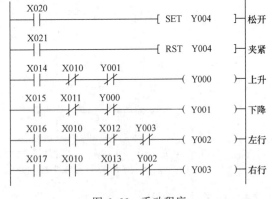

图 6-66 手动程序

使得机械手升到最高位置后才能进行左右的移动,以防止机械手在较低位置运行时与别的物体碰撞。

3)自动程序。这里使用起保停电路的编程方式进行梯形图程序设计。根据系统控制要求,首先设计出机械手控制系统自动程序的顺序功能图如图6-67所示。使用起保停电路编程方式编写的梯形图程序如图6-68所示。

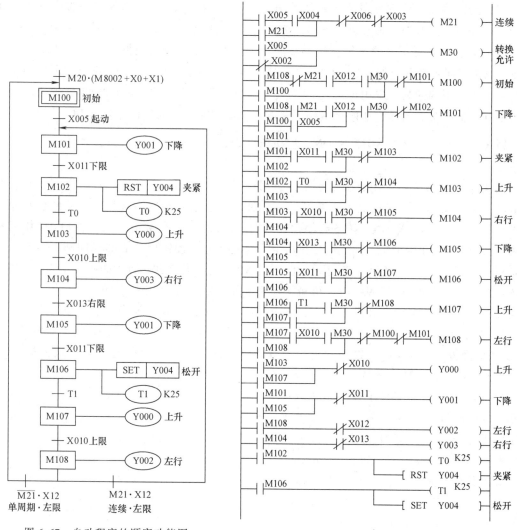

图6-67 自动程序的顺序功能图　　图6-68 图6-67对应的梯形图程序

以下是系统处于各自动工作方式时的工作过程分析。

当系统工作在连续或单周期工作方式时,X002的常闭触点处于接通状态,使M30转换允许辅助继电器线圈接通,串联在各步电路中的M30的常开触点接通,允许步与步之间的转换。

① 单周期工作方式。系统处于单周期工作方式时,X003为ON,X001、X002的常闭触点闭合,使M30线圈接通,允许转换。在初始步时按下起动按钮X005,在M101的起动电路中,M100、X005、M30的常开触点均接通,使M101的线圈接通,系统进入下降步,

Y001为ON,机械手下降;机械手碰到下行程开关X011时,M102线圈接通,系统转到夹紧步,Y004复位,工件被夹紧;同时定时器T0得电开始计时,2.5s后定时时间到,其常开触点接通,使系统进入上升步。系统就这样一步一步地运行工作,当机械手在步M108返回到左限位时,X012为ON,因为此时不是连续工作方式,M21线圈处于断开状态,转换条件$\overline{M21} \cdot X12$满足,因此系统返回并停留在初始步M100。

② 连续工作方式。系统处于连续工作方式时,X004为ON,在初始步时按下起动按钮X005,与单周期工作方式时相同,M101线圈接通,机械手下降,与此同时,控制连续工作的M21线圈接通,接下来的工作过程与单周期工作方式相同。当机械手在一个周期的最后一步M108返回到左限位时,X012为ON,因为M21为ON,M21·X12满足,因此系统将返回到下一个周期的第一步M101,这样反复连续地工作下去。按下停止按钮X006后,M21变为OFF,但是系统不会立即停止工作,只有在完成当前工作周期的全部动作,步M108返回到原位后,左行程开关X012为ON,转换条件$\overline{M21} \cdot X12$满足时,系统才返回并停留在初始步。

③ 单步工作方式。系统处于单步工作方式时,X002为ON,其常闭触点断开,转换允许辅助继电器M30在一般情况下为断开,不允许步与步之间的连续转换。设系统已在原位处于初始状态,M100为ON,按下起动按钮X005,辅助继电器M30接通,此时M101起动电路接通,使M101为ON,系统进入下降步。当放开起动按钮后,M30立即断开。在下降步,Y001线圈得电,机械手下降到下行程开关X011时,与Y001的线圈串联的X011的常闭触点断开,使Y001的线圈断电,机械手停止下降。X011的常开触点闭合后,如果没有按起动按钮,X005和M30处于断开状态,不会转到下一步,一直要等到按下起动按钮,X005和M30变为ON,M30的常开触点接通,转换条件X011才能使M102的起动电路接通,M102的线圈得电并自保持,系统才能由下降步进入夹紧步。以后在完成某一步的操作后,都必须按一次起动按钮,系统才能进入下一步。

4) 回原位程序。机械手控制系统自动回原位的梯形图如图6-69所示。系统处于回原位工作方式时,X001为ON,按下回原位起动按钮X007,辅助继电器M22接通,机械手松开并上升,上升到上行程开关时,X010为ON,机械手左行,行至左限位处时,X012变为ON,左行停止并将M22复位。这时原位条件满足,在公用程序中,初始步M100置位,为进入单周期、连续和单步工作方式做好了准备。

(5) 系统调试

按照图6-64控制系统梯形图的总体结构,将公用程序、手动程序、自动程序和回原位程序综合起来即得到机械手控制系统完整的PLC程序。

调试时,通常先将各个部分的程序分别进行调试,然后再进行全部程序的统调。

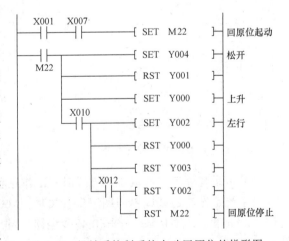

图6-69 机械手控制系统自动回原位的梯形图

习 题

1. PLC 程序设计方法主要有哪几种？
2. 什么是顺序设计法？顺序功能图包括哪些基本结构？
3. PLC 控制系统设计的基本原则是什么？PLC 的选择包括哪几个方面的内容？
4. 简要说明 PLC 控制系统的设计过程。与传统的继电-接触器控制系统设计过程相比，PLC 控制系统有什么特点？
5. 简单抢答器设计。参加智力竞赛的 A、B、C 三人的桌上各有一个抢答按钮，分别为 SB_1、SB_2 和 SB_3，用 HL_1、HL_2 和 HL_3 三个指示灯显示他们的抢答信号。当主持人接通抢答允许开关 S 后抢答开始，最先按下按钮的抢答者对应的指示灯亮，与此同时，应禁止另外两个抢答者的指示灯亮，指示灯在主持人断开开关 S 后熄灭。试画出 PLC 的 I/O 接线图，设计出梯形图并加以调试。
6. 某一指示灯的控制要求为：按下起动按钮后，亮 7s，暗 5s，重复 5 次后停止工作。试设计其梯形图并写出相应的指令表程序。
7. 有 3 台电动机 M_1、M_2、M_3，控制要求为：按下起动按钮后，电动机按 $M_1 \sim M_3$ 的顺序起动，即前级电动机不起动，后级电动机不能起动。按下停止按钮后，电动机按顺序停止，即 M_1 停止，接着 M_2 停止，最后 M_3 停止。试设计其梯形图并写出相应的指令表程序。
8. 某信号灯控制系统的时序图如图 6-70 所示，初始步时仅红灯亮，按下起动按钮 X000，3s 后红灯熄灭，绿灯亮，8s 后绿灯和黄灯亮，再过 5s 后绿灯和黄灯熄灭，红灯亮。试画出顺序功能图，并设计其梯形图程序。

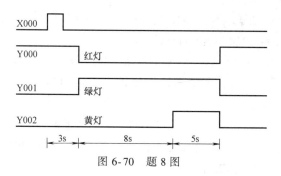

图 6-70 题 8 图

第7章 PLC特殊功能模块及应用

7.1 FX系列PLC特殊功能模块的分类

随着PLC技术的发展,PLC的控制功能越来越强,应用领域越来越广泛,例如增加A/D、D/A模块等硬件,能对生产过程中的温度、流量、转速及压力等连续变化的模拟量进行控制。

FX系列PLC的特殊功能模块大致可分为模拟量处理模块、高速计数与定位控制模块、联网通信与数据传输模块、人机界面四大类。

模拟量处理模块的作用是把采样的模拟量转换成数字量,存放在寄存器中,经程序处理后,再把数字量转换成模拟量输出,控制执行对象。FX系列PLC常用的模拟量控制设备有模拟量扩展板(FX_{1N}-2AD-BD、FX_{1N}-1DA-BD)、普通模拟量输入模块(FX_{2N}-2AD、FX_{2N}-4AD、FX_{2N}-8AD)、模拟量输出模块(FX_{2N}-2DA、FX_{2N}-4DA、FX_{2NC}-4DA)、模拟量输入输出混合模块(FX_{0N}-3A)、温度传感器用输入模块(FX_{2N}-4AD-PT、FX_{2N}-4AD-TC)和温度调节模块(FX_{2N}-2LC)等。

早期的PLC以降低信息处理速度的手段求得高可靠性和抗干扰能力强的优点,然而在工业控制的许多场合要求有更高的信息处理速度和更快的I/O响应效果,如高速测量、快速定位、准确停车等问题,因此FX系列PLC提供了一系列的高速计数与定位控制模块。FX_{2N}系列PLC常用的高速计数与定位控制模块有高速计数模块(FX_{2N}-1HC)、脉冲输出模块(FX_{2N}-1PG、FX_{2N}-10PG)、单轴定位控制模块(FX_{2N}-10GM、FX_{2N}-20GM)和转角检测模块(FX_{2N}-1RM-E-SET)等。

联网通信与数据传输模块包括串行通信、远程I/O主站、Ethernet网络连接和CC-Link网络等。FX_{2N}系列PLC常用的网络通信模块有CC-Link主站模块(FX_{2N}-16CCL-M)、CC-Link接口模块(FX_{2N}-32CCL)、AS-i主站模块(FX_{2N}-32ASI-M)、RS-232通信模块(FX_{2N}-232IF)、M-NET/MINI通信模块(FX_{2N}-16NT、FX_{2N}-16NP)、内置式RS-232通信扩展板(FX_{2N}-232-BD)、内置式RS-485通信扩展板(FX_{2N}-485-BD)、内置式RS-422通信扩展板(FX_{2N}-422-BD)和特殊适配器(FX_{2N}-CNV-BD)等。

人机界面(或称人机交互,Human Computer Interaction)是系统与用户之间进行信息交互的媒介,包括硬件界面和软件界面,人机界面是计算机科学与设计艺术学、人机工程学的交叉研究领域。近年来,随着信息技术与计算机技术的迅速发展,人机界面在工业控制中已得到广泛应用。

在工业控制中，三菱常用的人机界面有触摸屏、显示模块（FX-10DM-E、FX_{1N}-5DM）和小型显示器（FX-10DU-E）。触摸屏是图式操作终端（Graph Operation Terminal，GOT）在工业控制中的通俗叫法，是目前最新的一种人机交互设备。三菱触摸屏有A900系列和F900系列，种类达数十种，F940GOT-SWD触摸屏是目前应用最广泛的一种。

7.2 A/D输入模块

A/D输入模块的功能是把标准的电压信号0~5V，-10~10V或电流信号4~20mA，-20~20mA转换成相应的数字量，通过FROM指令读入到PLC的寄存器中，然后进行相应的处理。FX_{2N}系列常用的A/D输入模块有FX_{2N}-2AD、FX_{2N}-4AD和FX_{2N}-8AD三种。下面以FX_{2N}-4AD为例进行介绍。

1. FX_{2N}-4AD概况

1）提供12位高精度分辨率，转换后的数字量范围为-2048~2047。
2）4通道电压输入（-10~10V）或电流输入（-20~20mA），根据接线方式，可选择电压输入或电流输入。
3）使用FROM/TO指令与PLC进行数据传输。

2. 性能规格

（1）性能指标

FX_{2N}-4AD的性能指标见表7-1。

表7-1 FX_{2N}-4AD的性能指标

项 目	输入电压	输入电流
模拟量输入范围	DC -10~10V（输入电阻200kΩ）	DC -20~20mA（输入电阻250Ω）
数字输出范围	带符号位的12位二进制,2047以上固定为2047,-2048以下固定为-2048	
分辨率	5mV	20μA
总体精度	±1%	±1%
转换速度	15ms（6ms高速）	
隔离	A/D电路之间采用光隔离	
电源规格	主单元提供5V/30mA直流，外部提供24V/55mA直流	
占用I/O点数	占用8个I/O点，可分配为输入或输出	

（2）I/O特性

FX_{2N}-4AD的I/O特性如图7-1所示。

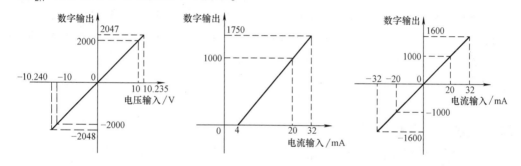

图7-1 FX_{2N}-4AD的I/O特性

3. 接线方式

（1）接线图

FX_{2N}-4AD 的接线图如图 7-2 所示。

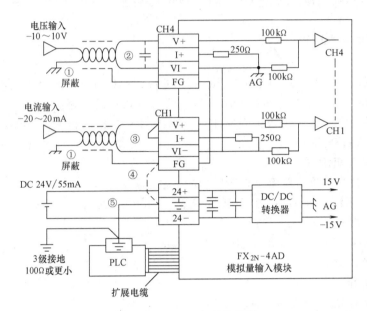

图 7-2 FX_{2N}-4AD 的接线图

（2）注意事项

1）通过双绞线屏蔽电缆来接收模拟输入信号，电缆应远离电源线或其他可能产生电气干扰的电线。

2）如果外部输入线路上有电压纹波或电气干扰，可以在电压输入端接一个（0.1~0.47）μF/25V 的小电容。

3）直流信号接在"V+"和"VI-"端，电流输入时将"V+"和"I+"端短接。

4）当电气干扰过多时，将电缆屏蔽层与 FG 端相连，并连接到 FX_{2N}-4AD 的接地端上。

5）将模块的接地端子和 PLC 基本单元的接地端子连接到一起后接地。

4. BFM（缓冲存储器）分配

PLC 基本单元与 FX_{2N}-4AD 之间的数据通信是由 FROM/TO 指令来执行的。FROM 是基本单元从 FX_{2N}-4AD 读数据的指令，TO 是基本单元将数据写到 FX_{2N}-4AD 的指令。实际上读写操作都是对 FX_{2N}-4AD 的 BFM 进行的操作。FX_{2N}-4AD 共有 32 个 BFM，编号为 BFM#0~#31，FX_{2N}-4AD 的 BFM 分配见表 7-2。

BFM#29 中各位的状态是 FX_{2N}-4AD 运行正常与否的信息。BFM#29 的状态信息见表 7-3。

5. FX_{2N}-4AD 应用

（1）FROM/TO 指令

FROM/TO 指令见表 7-4。

表 7-2 FX$_{2N}$-4AD 的 BFM 分配

BFM	内　　容		说　　明
*#0	通道初始化,表示为 HXXX,默认值为 H000。最低位数字控制通道 1,最高位数字控制通道 4。其中,X=0 时设定输入范围 -10~10V;X=1 时设定输入范围 4~20mA;X=2 时设定输入范围 -20~20mA;X=3 时关闭该通道		① 带"*"号的 BFM 中的数据可由 PLC 通过 TO 指令改写 ② 不带"*"号的 BFM 的数据可以使用 FROM 指令读入 PLC ③ 在从模拟特殊功能模块读出数据之前,确保这些设置已经送入模拟特殊功能模块中,否则,将使用模块里面以前保存的数值 ④ BFM 提供了利用软件调整零点和增益的手段 ⑤ 零点:数字输出为 0 时的模拟输入值 ⑥ 增益:数字输出为 1000 时的模拟输入值
*#1	通道 1	各通道平均值取样次数的指定。取样次数范围从 1~4096,若设定超过该数值范围时按默认设定值 8 次处理	
*#2	通道 2		
*#3	通道 3		
*#4	通道 4		
#5	通道 1	采样输入的平均值	
#6	通道 2		
#7	通道 3		
#8	通道 4		
#9	通道 1	采样输入的当前值	
#10	通道 2		
#11	通道 3		
#12	通道 4		
#13~#14	保留		
*#15	转换速度的选择,置"0"时为 15ms/通道;置"1"时为 6ms/通道		
#16~#19	保留		
*#20	置"1"时,设定值回复到默认设定值;置"0"时,设定不改变		
*#21	增益和零点的设定值调整是否可改动:(b1,b0)置为(1,0),则禁止改动;(b1,b0)置为(0,1),则允许改动		
*#22	零点和增益调节	b7 b6 b5 b4 b3 b2 b1 b0 G4 O4 G3 O3 G2 O2 G1 O1	
*#23	零点值	需要调整的输入通道由 BFM#22 的 G-O(增益-零点)位的状态指定。例如,若 BFM#22 的 G1、O1 位置 1,则 BFM#23 和 24 的设定值即可送入通道 1 的增益和零点寄存器。各通道的增益和零点既可统一调整,也可独立调整	
*#24	增益值		
#25~#28	保留		
#29	错误状态信息(见表 7-3)		
#30	特殊功能模块的识别码,PLC 可用 FROM 指令读入。识别码为 K2010		
#31	没使用		

表 7-3 BFM#29 的状态信息

BFM#29 各位的功能	ON(1)	OFF(0)
b0:错误	b1~b3 中任何一个为 ON;如果 b2~b4 中任何一个为 ON,所有通道的 A/D 转换停止	无错误

(续)

BFM#29 各位的功能	ON(1)	OFF(0)
b1:偏移/增益错误	在 EEPROM 中的偏移/增益数据不正常或者调整错误	增益/偏移数据正常
b2:电源故障	DC 24V 电源故障	电源正常
b3:硬件错误	A/D 转换器或其他硬件故障	硬件正常
b4~b9	没有定义	
b10:数字范围错误	数字输出值<-2048 或>2047	数字输出值正常
b11:平均采样错误	平均采样数≥4097,或者≤0(使用默认值 8)	平均采样数正常(在 1~4096 之间)
b12:偏移/增益调整禁止	禁止 BFM#21 的(b1,b0)设为(1,0)	允许 BFM#21 的(b1,b0)设为(1,0)
b13~b15	没有定义	

表 7-4 FROM/TO 指令

指令助记符	功能编号	指令功能	操作元件				程序步
			[D·]/[S·]	m1	m2	n	
FROM	FNC78	读特殊功能模块数据缓冲区中的数据	KnY、KnM、KnS、T、C、D、V、Z	K、H 0~7	K、H 0~31	K、H	16 位操作:9 步 32 位操作:17 步
TO	FNC79	将数据写到特殊功能模块的数据缓冲存储区	K、H、KnX、KnY、KnM、KnS、T、C、D、V、Z				

在图 7-3 中,FROM 是 FX 系列 PLC 的读特殊功能模块指令,TO 是写特殊功能模块指令。

图中的 X012 为 ON 时,将编号为 m1 (0~7) 的特殊功能模块内编号为 m2 (0~31) 开始的 n 个 BFM 的数据读入 PLC,并存入 [D·] 开始的 n 个数据寄存器中。

图 7-3 特殊功能模块读/写指令的用法

接在 FX 系列 PLC 基本单元右边扩展总线上的功能模块,从紧靠基本单元的那个开始,其编号依次为 0~7。n 是待传送数据的字数,$n=1~32$ (16 位操作) 或 1~16 (32 位操作)。

当图中的 X010 为 ON 时,将 PLC 基本单元中从 [S·] 指定的元件开始的 n 个字的数据写到编号为 m1 的特殊功能模块中编号为 m2 开始的 n 个 BFM 中。

图 7-3 中 FROM 和 TO 指令的执行过程可表示为
FROM:

BFM#10	⟶	D20
BFM#11	⟶	D21

TO：

| D0 | → | BFM#10 |
| D1 | → | BFM#11 |

（2）应用实例

【例 7-1】 FX_{2N}-4AD 模块连接在特殊功能模块的 0 号位置，通道 1 和通道 2 设置为 -10~10V 的电压输入，通道 3、4 被禁止。平均采样次数设为 4，PLC 的数据寄存器 D0 和 D1 用来存放通道 1 和通道 2 的数字量输出的平均值。试编写梯形图程序。

根据以上要求编写的梯形图程序如图 7-4 所示。

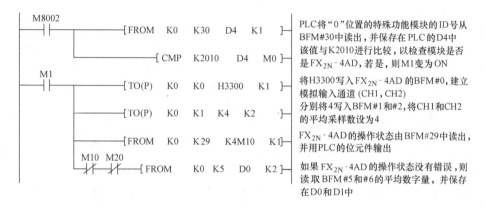

图 7-4　例 7-1 梯形图程序

7.3　D/A 输出模块

D/A 输出模块的功能是把 PLC 的数字量转换为相应的电压或电流模拟量，以便控制现场。FX_{2N} 常用的 D/A 输出模块有 FX_{2N}-2DA 和 FX_{2N}-4DA 两种，下面仅介绍 FX_{2N}-2DA。

1. FX_{2N}-2DA 概况

1）提供 12 位高精度分辨率。

2）2 通道电压输出（DC 0~10V，DC 0~5V）或电流输出（DC 4~20mA），根据接线方式的不同，模拟输出可选择电压输出或电流输出，也可以是一个通道为电压输出，另一个通道为电流输出。

3）使用 FROM/TO 指令与 PLC 进行数据传输。

2. 性能规格

（1）性能指标

FX_{2N}-2DA 的性能指标见表 7-5。

表 7-5　FX_{2N}-2DA 的性能指标

项　目	输出电压	输出电流
模拟量输出范围	0~10V 直流，0~5V 直流 （外部负载电阻 $2\times10^3 \sim 1\times10^6 \Omega$）	4~20mA 直流 （外部负载电阻 500Ω 以下）

(续)

项　　目	输出电压	输出电流
数字输入	12 位	
分辨率	2.5mV(10V/4000), 1.25mV(5V/4000)	4μA(20mA/4000)
总体精度	满量程±1%	
转换速度	4ms/通道	
电源规格	主单元提供 5V/30mA 和 24V/85mA	
占用的 I/O 点数	占用 8 个 I/O 点,可分配为输入或输出	

(2) I/O 特性

FX_{2N}-2DA 的 I/O 特性如图 7-5 所示。

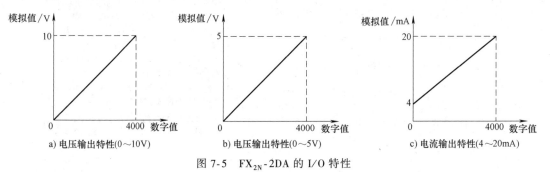

图 7-5　FX_{2N}-2DA 的 I/O 特性

3. 接线方式

(1) 接线图

FX_{2N}-2DA 的接线图如图 7-6 所示。

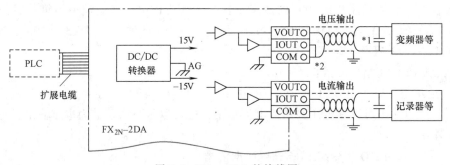

图 7-6　FX_{2N}-2DA 的接线图

(2) 注意事项

1) 当电压输出存在波动或有大量噪声时,在图中 *1 位置处连接一个 (0.1~0.47)μF/25V 的小电容。

2) 对于电压输出,须将图中 *2 处的 IOUT 和 COM 进行短接。

4. BFM 分配

FX_{2N}-2DA 的 BFM 分配见表 7-6。

表 7-6 FX$_{2N}$-2DA 的 BFM 分配

BFM 编号	b15~b8	b7~b3	b2	b1	b0
#0~#15	保留				
#16	保留		输出数据的当前值(8 位数据)		
#17	保留		D/A 转换的低 8 位数据保持	CH1 的 D/A 转换开始	CH2 的 D/A 转换开始
#18 或更大	保留				

FX$_{2N}$-2DA 模块共有 32 个 BFM，但只使用了以下两个：

1）BFM#16：存放由 BFM#17（数字值）指定通道的 D/A 转换数据。D/A 数据以二进制形式出现，并以低 8 位和高 4 位两部分顺序进行存放和转换。

2）BFM#17：表 7-6 给出了 BFM#17 各位的功能，即

b0：通过将 1 变成 0，通道 CH2 的 D/A 转换开始；

b1：通过将 1 变成 0，通道 CH1 的 D/A 转换开始；

b2：通过将 1 变成 0，D/A 转换的低 8 位数据保持。

5. 偏移和增益的调整

FX$_{2N}$-2DA 的偏移和增益调整程序如图 7-7 所示。

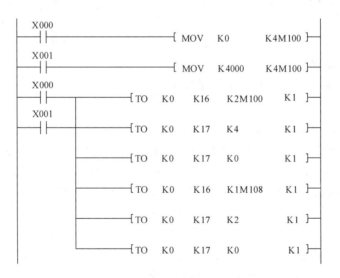

图 7-7 FX$_{2N}$-2DA 的偏移和增益调整程序

在进行偏移和增益调整时，首先要弄清楚 D/A 转换后的模拟量从哪个通道输出。图 7-7 所示程序完成 D/A 转换后，其模拟量从通道 CH1 输出。偏移和增益调整的具体方法为：调整偏移和增益时，应按照偏移调整和增益调整的顺序进行；调整偏移时，将 X000 接通，调整增益时，将 X001 接通；通过 OFFSET 和 GAIN 旋钮对通道 CH1 进行偏移调整和增益调整；反复交替调整偏移值和增益值，直到获得稳定的数值为止。

6. FX$_{2N}$-2DA 的应用

【例 7-2】 假设 FX$_{2N}$-2DA 模块被连接到 FX$_{2N}$ 系列 PLC 的 1 号特殊模块位置，要写入通道 1 的数据存放在数据寄存器 D10 中。输入 X000 接通时，启动通道 CH1 的 D/A 转换。

试编写梯形图程序。

根据要求编写的梯形图程序如图 7-8 所示。

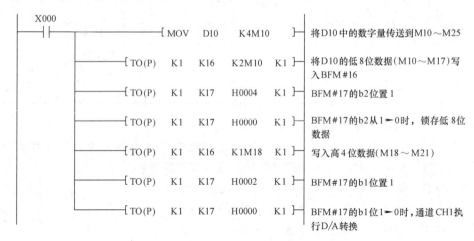

图 7-8　例 7-2 梯形图程序

7.4　模拟量 I/O 模块

常用的模拟量 I/O 模块为 FX_{ON}-3A。

1. FX_{ON}-3A 概况

FX_{ON}-3A 是一种经济、实用的模拟量模块，它可以与 FX_{2N}、FX_{2NC}、FX_{1N} 及 FX_{ON} 系列的 PLC 相连接，具有以下特点：

1) 提供 8 位高精度分辨率。

2) 配有 2 个模拟输入通道和 1 个模拟输出通道，输入通道将现场的模拟信号转化为数字量送给 PLC 处理；输出通道将 PLC 中的数字量转化为模拟信号输出给现场设备。

3) 各通道的输入输出都可指定电压（0～10V、0～5V）或电流（4～20mA）。但两通道要为同一特性，即要么为电压输入，要么为电流输入。

4) FX_{ON} 系列基本单元、扩展单元上可接 2 台；FX_{2N} 系列 16M、32M 和 32E 上可接 2 台，48M～128M、48E 上可接 4 台。

5) 使用 FROM/TO 指令与 PLC 进行数据传输。

2. 性能规格

（1）性能指标

FX_{ON}-3A 的性能指标见表 7-7、表 7-8 和表 7-9。

表 7-7　FX_{ON}-3A 模拟量输入模块性能指标

项目	电压输入	电流输入
模拟输入范围	DC 0～10V、DC 0～5V，输入电阻 200kΩ	DC 4～20mA，输入电阻 250Ω
数字输出	8 位（数值在 255 以上的，固定为 255）	
运算执行时间	TO 命令处理时间×2+FROM 命令处理时间	
A/D 转换时间	100μs	

表 7-8 FX$_{ON}$-3A 模拟量输出模块性能指标

项　目	电压输出	电流输出
模拟输出范围	DC 0~10V、DC 0~5V，外部负载 $1×10^3$ ~ $1×10^6$ Ω	DC 4~20mA，外部负载 500Ω 以下
数字输入	8 位	
运算执行时间	TO 命令处理时间×3	

表 7-9 一般性能指标

分辨率	0~10V：40mV（10V/250） 0~5V：20mV（5V/250）	4~20mA：64μA[(20-4)mA/250]
总精度	±0.1V	±0.16mA
模拟电源	由 PLC 供电	
占用的 I/O 点数	程序上 8 点，可分配为输入或输出	

（2）输入、输出特性

FX$_{ON}$-3A 的输入、输出特性分别如图 7-9 和图 7-10 所示。

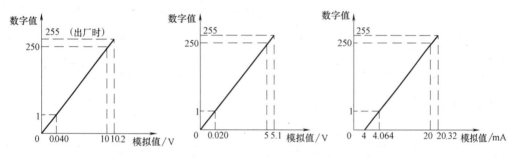

图 7-9　FX$_{ON}$-3A 的输入特性

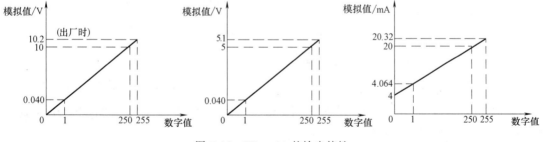

图 7-10　FX$_{ON}$-3A 的输出特性

3. 接线方式

（1）接线图

FX$_{ON}$-3A 的接线图如图 7-11 所示。

（2）注意事项

1）模拟量输入时，不能将一个通道作为电压输入，而另一个通道作为电流输入，两个通道必须为同一特性，即要么为电压输入，要么为电流输入。

2）对于电流输入，VIN 和 IIN 两端子要短接，但对于电流输出，VOUT 和 IOUT 端子不

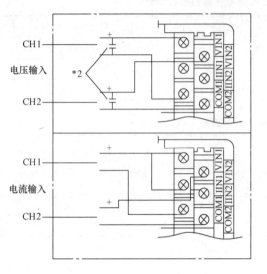
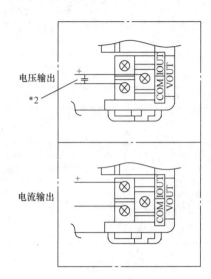

图 7-11　FX$_{ON}$-3A 的接线图

需要短接。

3）当电压输入、输出存在波动或有大量噪声时，在图中 *2 处连接一个（0.1~0.47）μF/25V 的小电容。

4. BFM 分配

FX$_{ON}$-3A BFM 的分配见表 7-10。

表 7-10　FX$_{ON}$-3A BFM 的分配

BFM 编号	b15~b8	b7	b6	b5	b4	b3	b2	b1	b0
#0	保留	存放 A/D 通道输入数据的当前值(8 位)							
#16		存放 D/A 通道输出数据的当前值(8 位)							
#17	保留						D/A 转换	A/D 转换	A/D 通道
#1~15, #18~31	保留								

例如，BFM#17：b0=0，选择通道 1；b0=1，选择通道 2；b1 由 0 变为 1，启动 A/D 转换；b2 由 1 变为 0，启动 D/A 转换。

5. A/D、D/A 通道校准

FX$_{ON}$-3A 模块用于输入/输出偏置和增益校准的旋钮有四个，它们分别是 A/D OFFSET（A/D 偏置）、D/A OFFSET（D/A 偏置）、D/A GAIN（D/A 增益）、A/D GAIN（A/D 增益）。通常，对于 0~10V 的输入/输出，FX$_{ON}$-3A 在出厂时，偏置值和增益值已校准在数字值 0~250 之间。若 FX$_{ON}$-3A 用作 0~5A 或 4~20mA 输入/输出，则必须进行偏置值和增益值的再校准。

（1）A/D 通道的校准

输入偏置值和增益值的校准就是对实际的模拟输入量设定一个数字值，由 A/D 校准程序来实现,A/D 校准程序如图 7-12 所示。

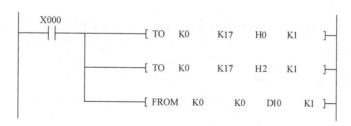

图 7-12　A/D 校准程序

1) 输入偏置值校准。在模拟输入通道 1 输入由电压发生器和电流发生器产生的输入偏置校准信号,不同的模拟输入范围对应的偏置校准值见表 7-11,运行 A/D 校准程序,调节 A/D OFFSET 旋钮,使读入 D10 的值为 1。

表 7-11　不同的模拟输入范围对应的偏置校准值

模拟输入范围(DC)	0~10V	0~5V	4~20mA
输入偏置校准值(DC)	0.04V	0.02V	4.064mA

2) 输入增益值校准。在模拟输入通道 1 输入由电压发生器和电流发生器产生的输入增益校准信号,不同的模拟输入范围对应的增益校准值见表 7-12,运行 A/D 校准程序,调节 A/D GAIN 旋钮,使读入 D10 的值为 250。

表 7-12　不同的模拟输入范围对应的增益校准值

模拟输入范围(DC)	0~10V	0~5V	4~20mA
输入增益校准值(DC)	10V	5V	20mA

(2) D/A 通道的校准

输出偏置值和增益值的校准就是对数字值设置实际的模拟输出量,由 D/A 校准程序来实现。D/A 校准程序如图 7-13 所示。

1) 输出偏置值校准。运行 D/A 校准程序,接通 X000,断开 X001,调节 D/A OFFSET

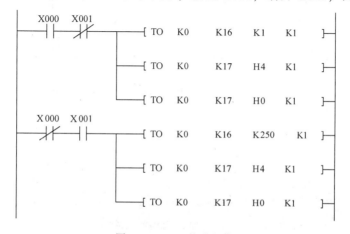

图 7-13　D/A 校准程序

旋钮，使输出值为表 7-13 所示的电压值和电流值。对于不同的模拟输入范围，所要求的输出偏置校准值将不一样。

表 7-13　不同的模拟输入范围对应的输出偏置校准值

模拟输入范围(DC)	0~10V	0~5V	4~20mA
输出偏置校准值(DC)	0.04V	0.02V	4.064mA

2）输出增益值校准。运行 D/A 校准程序，接通 X001，断开 X000，调节 D/A GAIN 旋钮，使输出值为表 7-14 所示的电压值和电流值。对于不同的模拟输入范围，所要求的输出增益校准值将不一样。

表 7-14　不同的模拟输入范围对应的输出增益校准值

模拟输入范围(DC)	0~10V	0~5V	4~20mA
输出增益校准值(DC)	10V	5V	20mA

6. FX$_{ON}$-3A 应用

（1）模拟量输入的应用

FX$_{ON}$-3A 在应用时作为特殊功能模块与 PLC 相连接，使用功能指令 FROM/TO 与 PLC 进行数据传输。若 PLC 只与一个 FX$_{ON}$-3A 模块连接，则 FX$_{ON}$-3A 的编号就是 0 号特殊功能模块。FX$_{ON}$-3A 采样到的模拟量转换成数字量后，存放在它内部的 BFM#0 的低 8 位中。PLC 使用模拟量输入通道 1 读取存放在 BFM 中的数字量时，可以用如图 7-14a 所示的梯形图程序完成。每条指令完成的功能分别是，第一条 TO 指令是将 H00 写入 0 号特殊功能模块内的 BFM#17，使 BFM#17 中的 b0=0，选择模拟量输入通道 1；第二条 TO 指令是将 H02 写入 0 号特殊功能模块内的 BFM#17，使 BFM#17 中的 b1 由 0 变为 1，启动 A/D 转换，并把转换后的数字量存放在 BFM#0 的低 8 位中；第三条 FROM 指令是将 0 号特殊功能模块内的 BFM#0 中的数据（转换后的数字量数据）读到 PLC 中，并存放在 D10 寄存器中。

PLC 若使用模拟量输入通道 2 读取存放在 BFM 中的数字量，则用如图 7-14b 所示的梯形图程序来完成。

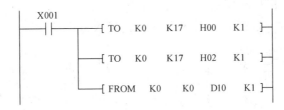

a）使用模拟量输入通道 1

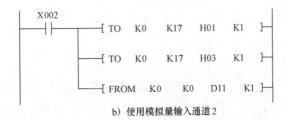

b）使用模拟量输入通道 2

图 7-14　模拟量输入的应用

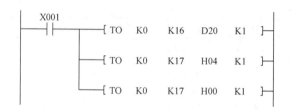

图 7-15 模拟量输出的应用

（2）模拟量输出的应用

PLC 要把数字量转换成模拟量输出，首先必须把数字量存放在 FX_{ON}-3A 内部 BFM#16 的低 8 位中，实现模拟量输出的梯形图程序如图 7-15 所示。假设 D20 寄存器存放有要转换的数字量，每条指令完成的功能分别是，第一条 TO 指令是将 D20 中的数据写入 0 号特殊功能模块内的 BFM#16 中，准备实现 D/A 转换；第二、三条 TO 指令是分别把 H04、H00 写入 0 号特殊功能模块内的 BFM#17 中，这时 BFM#17 中的 b2 由 1 变为 0，启动 D/A 转换，BFM#16 中存放的数字量转换成模拟量输出。

7.5 温度 A/D 输入模块

FX_{2N} 有两类温度 A/D 输入模块，一类是热电偶传感器输入型；另一类是铂温度传感器输入型，但两类模块的基本原理相同。下面介绍 FX_{2N}-4AD-PT 模块。

1. FX_{2N}-4AD-PT 概况

FX_{2N}-4AD-PT 模块的功能是把现场的模拟温度信号转换成相应的数字信号传送给 CPU，属于铂温度传感器输入型温度 A/D 输入模块，它具有以下特点：

1) 分辨率为 0.2~0.3℃ 或 0.36~0.54°F。
2) 白金测温电阻（PT100，100Ω，3 线式）温度传感器可直接匹配输入。
3) 4 路通道输入。
4) FX_{2N} 最多可连接 8 台。
5) 测量单位为摄氏度（℃）或华氏度（°F）。
6) 使用 FROM/TO 指令与 PLC 进行数据传输。

2. 性能规格

（1）性能指标

FX_{2N}-4AD-PT 的性能指标见表 7-15。

表 7-15 FX_{2N}-4AD-PT 的性能指标

项目	摄氏度	华氏度
模拟量输入信号	铂温度 PT100 传感器(100Ω),3 线,4 通道	
传感器电流	1mA(PT100 传感器 100Ω 时)	
补偿范围	-100~600℃	-148~1112°F
数字输出	-1000~6000	-1480~11120
	12 转换(11 个数据位+1 个符号位)	

(续)

项目	摄氏度	华氏度
最小分辨率	0.2~0.3℃	0.36~0.54℉
整体精度	满量程的±1%	
转换速度	15ms	
电源	主单元提供 5V/30mA 直流,外部提供 24V/50mA 直流	
占用 I/O 点数	占用 8 个点,可分配为输入或输出	
适用 PLC	FX_{1N},FX_{2N},FX_{2NC}	

（2）转换特性

FX_{2N}-4AD-PT 的转换特性如图 7-16 所示。

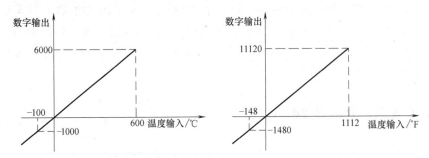

图 7-16　FX_{2N}-4AD-PT 的转换特性

3. 接线方式

（1）接线图

FX_{2N}-4AD-PT 的接线图如图 7-17 所示。

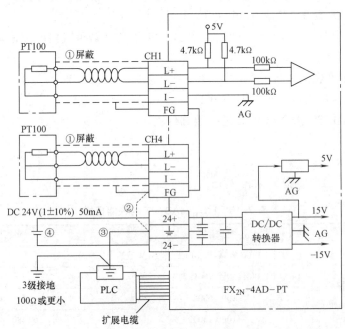

图 7-17　FX_{2N}-4AD-PT 的接线图

(2) 注意事项

1) FX_{2N}-4AD-PT 应使用 PT100 传感器的电缆或双绞屏蔽电缆作为模拟输入电缆,电缆应远离电源线或其他可能产生电气干扰的电线。

2) 可以采用压降补偿的方式来提高传感器的精度。如果存在电气干扰,可将外壳地端(FG)和 FX_{2N}-4AD-PT 的接地端相连。

3) 连接 FX_{2N}-4AD-PT 的接地端与主单元的接地端可行的话,可在主单元使用 3 级接地。

4) FX_{2N}-4AD-PT 可以使用 PLC 外部或内部的 24V 电源。

4. BFM 分配及状态信息

(1) BFM 分配

PLC 基本单元与 FX_{2N}-4AD-PT 之间的数据通信通过 BFM 的读写来实现。FX_{2N}-4AD-PT BFM 的分配见表 7-16。

表 7-16 FX_{2N}-4AD-PT BFM 的分配

BFM 编号	内容	说明
*#1~#4	CH1~CH4 的平均温度值的采样次数(1~4096),默认值为 8	① 平均温度的采样次数被分配给 BFM# 1~# 4。只有 1~4096 的范围是有效的,溢出的值将被忽略,默认值为 8 ② 最近转换的一些可读值被平均后,给出一个平均后的可读值。平均数据保存在 BFM#5~#8 和 BFM#13~#16 中 ③ BFM#9~#12 和 BFM#17~#20 保存输入数据的当前值。这个数值以 0.1℃ 或 0.1℉ 为单位,不过可用的分辨率为 0.2~0.3℃ 或者 0.36~0.54℉ ④ 带 * 的 BFM 可使用 TO 指令写入数据,其他的只能用 FROM 读数据
#5~#8	CH1~CH4 在 0.1℃ 单位下的平均温度	
#9~#12	CH1~CH4 在 0.1℃ 单位下的当前温度	
#13~#16	CH1~CH4 在 0.1℉ 单位下的平均温度	
#17~#20	CH1~CH4 在 0.1℉ 单位下的当前温度	
#21~#27	保留	
*#28	数字范围错误锁存	
#29	错误状态	
#30	识别号 K2040	
#31	保留	

(2) 状态信息

BFM #28:数字范围错误锁存。BFM #28 锁存每个通道的错误状态,并且可用于检查热电偶是否断开。FX_{2N}-4AD-PT 中 BFM #28 的错误锁存信息见表 7-17。

表 7-17 FX_{2N}-4AD-PT 中 BFM #28 的错误锁存信息

b15~b8	b7	b6	b5	b4	b3	b2	b1	b0
保留	高	低	高	低	高	低	高	低
	通道 4		通道 3		通道 2		通道 1	

在表 7-17 中,低表示当温度测量值下降,当低于最低可测量温度极限时,相应的通道低位被锁存为 ON。高表示当测量温度升高,当高过最高温度极限,或者热电偶断开时,相应的通道高位被锁存为 ON。如果出现错误,则在错误出现之前的温度数据被锁存。如果测量值又恢复到有效范围内,则温度数据返回正常运行,但 BFM #28 中的数据会继续保留。如果需要清除 BFM #28 中的数据,可以用功能指令 TO 将 K0 写入 BFM #28,或者关闭电源。

BFM #29：错误状态信息。FX_{2N}-4AD-PT 中 BFM#29 的错误状态信息见表 7-18。BFM#29 的 b10（数字范围错误）用于判断测量温度是否在单元允许范围内。

BFM#30：特殊功能模块识别码。PLC 可以使用 FROM 指令从 BFM#30 读出该特殊功能模块的识别码或 ID 号。FX_{2N}-4AD-PT 的识别码是 K2040。

表 7-18　BFM#29 的错误状态信息

BFM#29 的位元件	ON(1)	OFF(0)
b0：错误	如果 b1~b3 中任何一个为 ON，出错通道的 A/D 转换停止	无错误
b1	没有定义	
b2：电源故障	DC 24V 电源故障	电源正常
b3：硬件错误	A/D 转换器或其他硬件故障	硬件正常
b4~b9	没有定义	
b10：数字范围错误	数字输出值或模拟输入值超出指定范围	数字输出值正常
b11：平均采样错误	指定的平均采样次数超出可用范围，参考 BFM#1~#4	采样正常（在 1~4096 之间）
b12~b15	没有定义	

5. FX_{2N}-4AD-PT 的应用

【例 7-3】　FX_{2N}-4AD-PT 模块占特殊功能模块 2 的位置（第 3 个紧靠 PLC 的单元），通道 CH1~CH4 作为摄氏温度输入通道，平均采样次数为 4，PLC 中的 D10~D13 分别接收这四个通道输入量的平均值数。试编写梯形图程序。

编制的梯形图如图 7-18 所示。

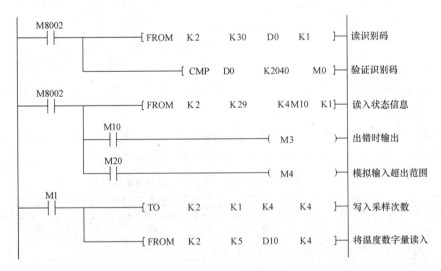

图 7-18　例 7-3 梯形图程序

7.6　PLC 通信模块和通信扩展板

PLC 的通信是指 PLC 与计算机、PLC 与 PLC、PCL 与现场设备、PLC 与远程 I/O 模块之间的数据交换。三菱 FX_{2N} 系列 PLC 具有较强的通信能力。通过加装通信模块或通信功能扩展板即可实现其通信。FX_{2N} 系列 PLC 有多种通信模块和通信功能扩展板可供选择。下面先对数据通信基础作一简单介绍。

7.6.1 数据通信基础

1. 通信方式

（1）并行通信与串行通信

在数据信息通信时，按同时传送位数来分，可以分为并行通信与串行通信两种方式。

并行通信是以字或字节为单位的数据传输方式，所传送的数据各位同时传送。并行通信的传输速度快，但由于一个并行数据有 n 位二进制数，就需要 n 根传输线，且抗干扰能力差，所以在远距离传送的情况下，导致通信线路复杂，成本高，一般用于近距离的数据传输，例如 PLC 内部元件之间、PLC 主机与扩展模块之间或近距离智能设备之间的数据通信。并行通信的传输距离通常小于 10m。

串行通信是以二进制的位（bit）为单位的数据传输方式，所传送的数据按顺序一位一位地发送或接收，所以，串行通信仅需一根或两根传输线。在长距离传送时，通信线路简单，成本低，但与并行通信相比，传送速度慢，故串行通信一般用于远距离传送而速度要求不高的场合。串行数据传输的距离可达数千千米。计算机和 PLC 都备有通用的串行通信接口，例如 RS-232C 或 RS-485 接口。PLC 与计算机之间、多台 PLC 之间的数据通信主要采用串行通信，工业控制中一般也使用串行通信。

在串行通信中，传输速率是评价通信速度的重要指标，传输速率常用比特率（每秒传送的二进制位数）来表示，其单位是 bit/s（比特/秒）。常用的标准传输速率有 300bit/s、600bit/s、1200bit/s、2400bit/s、4800bit/s、9600bit/s 和 19200bit/s 等。近年来，串行通信速度有了很快的发展，可达到近 Mbit/s 的数量级，因此串行通信在分布式控制系统中得到了广泛应用。

按照数据信息在设备之间的传送方向，串行通信线路的工作可分为单工（单向）通信、半双工通信和全双工通信三种方式。

单工（单向）通信方式就是指只允许数据向一个方向传送，即一个方向传送数据，而另一个方向接收数据。单工通信方式如图 7-19a 所示。其中 A 端只能作为发送端，B 端只能作为接收端接收数据。

半双工通信方式就是指允许数据向两个方向的任一方向传送，但每次只能有一个站点发送，另一个站点接收。或者相反方向，但不能两端同时发送。半双工通信方式如图 7-19b 所示。其中 A 端和 B 端都具有发送和接收的功能，但传送线路只有一条，或者 A 端发送 B 端接收，或者 B 端发送 A 端接收。

全双工通信方式就是指允许同时双向传送数据，要求两端的通信设备都具有完善和独立的发送和接收能力。全双工通信方式如图 7-19c 所示。其中 A 端和 B 端双方都可以一面发送数据，一面接收数据。

在 PLC 通信中经常采用半双工通信方式和全双工通信方式。

（2）异步通信与同步通信

在串行通信中，数据通信的速率与时钟脉冲有关，接收方和发送方应有相同的传输速

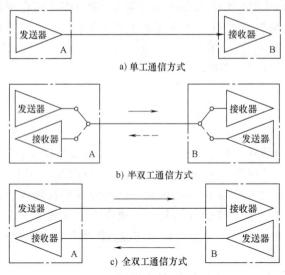

图 7-19 串行通信线路的工作方式

率。接收方和发送方的标称传输速率虽然相同，但实际的发送速率与接收速率之间总是存在一些微小的差别。如果不采取一定的措施，在连续传输大量的信息后，将会因积累误差造成发送和接收数据错误，使接收方收到错误的信息。为了解决这一问题，需要将发送和接收同步。按同步方式的不同，串行通信可分为异步通信和同步通信两种方式。

异步通信又称起止式传送，在传送中被传送的数据编码成一串脉冲组成的字符。所谓异步是指相邻两个字符数据之间的停顿时间是长短不一的，即每个字符的位数目是不相同的。发送的每一个数据字符由一个起始位、7~8 个数据位、1 个可选择的奇偶校验位和 1 位（或 2 位）的停止位组成，如图 7-20 所示。数字字符之间没有特殊关系，也没有发送和接收时钟。发送方和接收方需要对采用的信息格式和数据的传输速率作相同的约定。接收方检测到停止位和起始位之间的下降沿后，将它作为接收的起始点，在每一位的中点接收信息。由于一个字符中包含的位数不多，即使发送方和接收方的收发频率略有不同，也不会因为两台设备之间的时钟周期的误差积累而导致信息发送和接收的错位。

图 7-20 异步串行通信的信息格式

异步串行通信就是按照上述固定的信息格式，一帧一帧地传送，因此这种通信方式硬件结构简单，但是传送每一个字符数据需加起始位和停止位，因而传送效率较低，主要用于中、低速的通信，PLC 一般使用异步通信。

同步通信以字节（一个字节由 8 位二进制数组成）为单位，每次传送 1~2 个同步字节、若干个数据字节和校验字符。同步字符起联络作用，用它来通知接收方开始接收数据。注意，在同步传输时，每个信息帧（许多字符组成一个信息组，一个信息组称为一帧）都必须用同步字符作为开始，发送方和接收方要保持完全同步。为保证同步，发送方和接收方应使用同一时钟脉冲。

由于同步通信方式不需要在每个数据字符中增加起始位、停止位和奇偶校验位，只需要在发送的数据块之前加一两个同步字符，所以它的传输效率较高。但同步传送对硬件的要求较高，所需的软、硬件价格是异步传送的8~12倍。因此通常在数据传送速率超过2000bit/s的系统中才采用同步传送，它适用于$1:n$点之间的数据传输。

（3）基带传送和频带传送

在数据信息通信时，按是否对数据信息进行调制分为基带传送和频带传送。

基带是指电信号的基本频带。计算机或数字设备产生的"0"和"1"的电信号脉冲序列就是基带信号。基带传送是指数据传送系统对信号不作任何调制，直接传送的数据传送方式。

频带传送是把信号调制到某一频带上的传送方式。当进行频带传送时，用调制器把二进制信号调制成能在公共电话线上传送的音频信号（模拟信号）从而在通信线路上进行传送。信号传送到接收端后，再经过解调器解调，把音频信号还原成二进制的电信号。这种以调制信号的形式进行数据传送的方式就称为频带传送。调制可采用调幅、调频和调相三种方式。

2. 传输介质

传输介质又称传输媒体，是通信系统中位于发送方和接收方之间的物理通路，通常可分为两种，即有线介质和无线介质。有线介质主要有双绞线、同轴电缆和光纤等，这种介质将引导信号的传播方向；无线介质一般通过空气传播信号，它不为信号引导传播方向，如短波、微波和红外线通信等。

双绞线由两根彼此绝缘的导线按照一定规则以螺旋状绞合形成，一对双绞线形成一条通信链路。它具有一定的抗电磁干扰能力，是一种价格低廉、易于连接、使用较为广泛的传输介质。但其在传输距离、带宽和数据信息传输速率等方面受到一定的限制，一般情况下，在一定距离内数据传输速率在10Mbit/s以下。

同轴电缆由内、外两层导体组成。内层导体是由一层绝缘体包裹的单股实心线或绞合线（通常由铜材料制成），位于外层导体的中轴上；外层导体是由绝缘层包裹的金属包皮或金属网。同轴电缆的最外层是能够起保护作用的塑料外皮。同轴电缆的外层导体除起导体的作用外，还起到屏蔽的作用。与双绞线相比，同轴电缆的抗干扰能力强，适用的频率更高，传输的速率更快；其缺点是衰减较大，受热噪声的影响较大，在采用频分复用技术时，还会受交调噪声的影响。同轴电缆主要应用于有线电视和某些局域网。

光纤是一种传输光信号的传输媒体。光纤由内层、中间层和外层三层组成。内层是纤芯，是一种横截面积很小、质地脆、易断裂的光导纤维，光导纤维材料可以是玻璃，也可以是塑料。中间层是由折射率比纤芯小的材料做成的一个包层。光信号就是在纤芯与包层之间存在着折射率差异的情况下，通过全反射在纤芯中不断向前传播的。光纤的外层是起保护作用的外套。光纤的优点是，它能够支持很宽的带宽，带宽甚至覆盖了红外线和可见光的频谱，传输速率快，同时抗电磁干扰能力强，衰减小。光纤适用于长距离的信息传输及安全性要求较高的场合。但是光纤的成本较高，不易安装与维护，质地脆，易断裂。

3. 串行通信接口标准

为实现计算机与外设、计算机与PLC、PLC与PLC之间的串行通信，通常采用标准通信接口。常用的串行通信接口标准有 RS-232C、RS-422A 和 RS-485 等。

(1) RS-232C 串行通信接口标准

RS-232C 是 1969 年由美国电子工业协会（Electronic Industries Association，EIA）所公布的串行通信接口标准（C 表示此标准修改了三次）。RS-232C 是目前计算机和控制设备通信中应用最广泛的一种串行通信接口。

RS-232C 采用负逻辑电平，规定 DC(-15~-3)V 为逻辑 1，DC（3~15）V 为逻辑 0。RS-232C 只能进行一对一的通信，它一般使用 9 针或 25 针 DB 型连接器，9 针连接器用得较多。RS-232C 是全双工传输模式，当通信距离较近时，通信双方可以直接连接，最简单的情况是在通信中不需要控制联络信号，只需要发送线、接收线和信号地线三根，如图 7-21 所示。

RS-232C 一般使用单端驱动、单端接收电路，如图 7-22 所示。它是一种共地的传输方式，容易受到公共地线上的电位差和外部引入干扰信号的影响。

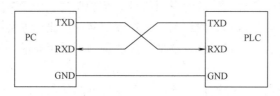

图 7-21 RS-232C 信号线的连接

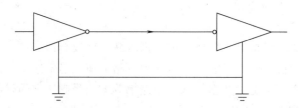

图 7-22 单端驱动、单端接收电路

(2) RS-422A 串行通信接口标准

RS-422A 是美国电子工业协会（EIA）推出的"平衡电压数字接口电路的电气特性"标准，是为改善 RS-232C 标准电气特性，同时考虑与 RS-232C 兼容而制定的。

RS-422A 与 RS-232C 不同的地方是数据信号采用平衡传输，也称为差分传输方式。所谓平衡是指输出端为双端平衡驱动器，输入端为双端差分放大器。这一改变有三个方面的好处：

1) 如果传输过程中混入了干扰和噪声，由于双端输入差分放大作用，使共模干扰噪声互相抵消，从而增强了总线的抗干扰能力。

2) 这种接法由两条信号线形成信号回路，与信号地无关，双方的信号地也不必连在一起，这样就避免了"电平偏移"，同时也解决了潜在接地的问题。图 7-23 为 RS-422A 采用的平衡驱动、差分接收电路。

3) RS-422A 输出端采用双端平衡驱动，大大提高了电压信号的放大倍数。

RS-422A 在最大传输速率 10Mbit/s 时，允许的最大通信距离为 12m。传输速率为 100kbit/s，允许的最大通信距离为 1200m。一台驱动器可以连接 10 台接收器。

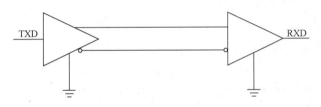

图 7-23 平衡驱动、差分接收电路

（3）RS-485 串行通信接口标准

RS-485 是与 RS-422A 兼容的接口标准，它是在 RS-422A 的基础上发展而来的面向网络的一种接口标准，可以用于总线型网络。RS-422A 是全双工通信方式，采用两对平衡差分信号线分别用于发送和接收，因此采用 RS-422A 接口通信时最少需要 4 根线。RS-485 为半双工通信方式，只有一对平衡差分信号线，不能同时发送和接收，最少只需两根连线。

RS-485 接口的逻辑"1"以两线间的电压差 2~6V 表示，逻辑"0"以两线间的电压差 -6~-2V 表示。RS-485 的数据最高传输速率为 10Mbit/s，其接口为平衡驱动器和差分接收器的组合，抗噪声干扰性好，最大传输距离为 1200m。RS-232C 接口在总线上只允许连接一个收发器，即单站能力。而 RS-485 接口在总线上允许连接多达 128 个收发器，即具有多站能

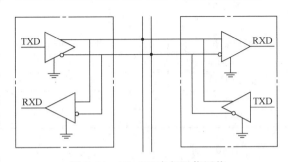

图 7-24 RS-485 串行通信网络

力，用户可以利用单一的 RS-485 接口方便地建立起设备网络。图 7-24 为使用 RS-485 通信接口和双绞线组成的串行通信网络。因为 RS-485 接口组成的半双工网络一般只需两根线，所以 RS-485 接口均采用屏蔽双绞线传输。RS-422A/RS-485 接口一般采用 9 针的 D 型连接器。

由于 RS-485 接口具有良好的抗噪声干扰性、长的传输距离和多站能力等优点，所以在工业控制中应用极为广泛。

7.6.2 FX$_{2N}$ 系列 PLC 的通信接口模块

FX 系列可编程序控制器常用的通信接口模块有：用于 RS-232C 通信的 FX$_{1N}$-232-BD、FX$_{2N}$-232-BD、FX$_{0N}$-232-ADP、FX$_{2NC}$-232-ADP、FX$_{2N}$-232IF，用于 RS-422 通信的 FX$_{1N}$-422-BD、FX$_{2N}$-422-BD 和用于 RS-485 通信的 FX$_{1N}$-485-BD、FX$_{2N}$-485-BD、FX$_{0N}$-485-ADP、FX$_{2NC}$-485-ADP。下面介绍两种主要的通信扩展板。

1. FX$_{2N}$-232-BD

（1）概述

FX$_{2N}$-232-BD 是以 RS-232C 传输标准连接 PLC 与其他设备的通信扩展板，如个人计算机、条码阅读机和打印机等，可安装在 FX$_{2N}$ 内部。除了在 RS-232C 设备之间进行通信外，还可以对顺序程序进行传送、监视（专用个人计算机软件），也可方便地由个人计算机向 PLC 传送程序。其最大传输距离为 15m，最高传输速率为 19200bit/s。FX$_{2N}$-232-BD 不能和

FX_{2N}-485-BD 或 FX_{2N}-422-BD 一起使用。

（2）通信规格

FX_{2N}-232-BD 的通信规格见表 7-19。

表 7-19 FX_{2N}-232-BD 的通信规格

项目	内容
适用 PLC	FX_{2N} 系列
传输标准	RS-232C
绝缘方式	非绝缘
传输距离	最大 15m
消耗电流	30mA/DC 5V（由 PLC 供电）
通信方式	半双工通信、全双工通信
数据长度	7 位，8 位
奇偶校验	无，奇数，偶数
停止位	1 位，2 位
传输速率	300bit/s/600bit/s/1200bit/s/2400bit/s/4800bit/s/9600bit/s/19200bit/s
帧头和帧尾	无或任意数据
协议和步骤	—
主要可连接器	各种 RS-232C 机器
附件	螺钉 2 个

（3）连接要求

FX_{2N}-232-BD 通信扩展板 9 芯连接器的插脚布置、I/O 信号连接名称和含义与标准 RS-232 接口基本相同，但接口无 RS、CS 连接信号，具体信号名称、代号和意义见表 7-20。

表 7-20 RS-232 信号名称、代号和意义

PLC 侧引脚	信号名称	信号作用	信号功能
1	CD 或 DCD	载波检测	接收到 MODEM 载波信号时 ON
2	RD 或 RXD	数据接收	接收到来自 RS-232 设备的数据
3	SD 或 TXD	数据发送	发送传输数据到 RS-232 设备
4	ER 或 DTR	终端准备好（发送请求）	数据发送准备好，可以作为请求发送信号
5	SG 或 GND	信号地	
6	DR 或 DSR	接收准备好（发送使能）	数据接收准备好，可作为数据发送请求回答信号
7、8、9	空		

（4）FX_{2N}-232-BD 的应用

【例 7-4】 打印机通过 FX_{2N}-232-BD 与 PLC 连接，可以打印出由 PLC 发送来的数据，其通信格式见表 7-21，试编写通信程序。

表 7-21 通信格式

数据长度	8 位
奇偶性	偶
停止位	1 位
传输速率	2400bit/s

编写的通信程序如图 7-25 所示。

2. FX$_{2N}$-485-BD

（1）概述

FX$_{2N}$-485-BD 是用于 RS-485 通信的扩展板，可连接到 FX$_{2N}$ 系列 PLC 的基本单元，它主要有以下几种用途：

1）无协议的数据传送。通过 RS-485 转换器，可在各种带有 RS-232C 单元的设备之间进行数据通信，如 PC、条码阅读机和打印机。在这种应用中，数据的发送和接收是通过 RS 指令指定的数据寄存器来进行的。在无协议系统中使用 FX$_{2N}$-485-BD 时，整个系统的扩展距离为 50m（不用 FX$_{2N}$-485-BD 时最大为 500m）。

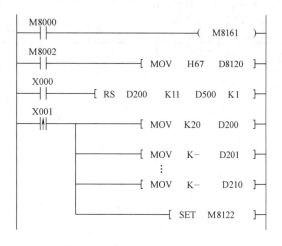

图 7-25　例 7-4 打印机通信程序

2）专用协议的数据传送。使用专用协议可在 1∶N 基础上通过 RS-485 进行数据传输。在这种应用中使用 FX$_{2N}$-485-BD 时，整个系统的扩展距离与无协议时相同。使用专用协议时，最多为 16 个站，包括 A 系列的 PLC。

3）并行连接的数据传送。通过 FX$_{2N}$ 系列 PLC，可在 1∶1 基础上对 100 个辅助继电器和 10 个数据寄存器进行数据传输，图 7-26 为并行连接示意图。

图 7-26　并行连接示意图

在并行系统中使用 FX$_{2N}$-485-BD 时，整个系统的扩展距离为 50m（不用 FX$_{2N}$-485-BD 时最大为 500m）。但是，当系统中使用 FX$_2$-40AW 时，整个系统的扩展距离为 10m。

4）使用 $N∶N$ 网络的数据传送。通过 FX$_{2N}$ 系列 PLC，可在 $N∶N$ 基础上进行数据传输，如图 7-27 所示。

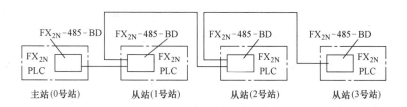

图 7-27　$N∶N$ 网络连接示意图

当 $N∶N$ 系统中使用 FX$_{2N}$-485-BD 时，整个系统的扩展距离为 50m（不使用 FX$_{2N}$-485-BD 时最大为 500m），最多为 8 个站。

（2）通信规格

FX$_{2N}$-485-BD 的通信规格见表 7-22。

表 7-22 FX$_{2N}$-485-BD 的通信规格

项　目	内　容
适用 PLC	FX$_{2N}$ 系列
传输标准	RS-485/RS-422
绝缘方式	非绝缘
传输距离	最大 50m
消耗电流	60mA/DC 5V（由 PLC 供电）
通信方式	半双工通信
数据长度	7 位,8 位
奇偶校验	无
停止位	1 位,2 位
传输速率	300bit/s/600bit/s/1200bit/s/2400bit/s/4800bit/s/9600bit/s/19200bit/s
帧头	无或任意数据
控制线	无、硬件、调制解调器方式
和校验	附加码或无
结束符号	无或任意数据
协议和步骤	专用协议
主要可连接器	计算机连接、并列连接、简易 PLC 连接
附件	螺钉 2 个、电阻

（3）FX$_{2N}$-485-BD 的应用

【例 7-5】 如图 7-28 所示，两台 PLC 采用标准并行通信方式通信，FX$_{2N}$-64MR PLC 设为主站，FX$_{2N}$-32MR PLC 设为从站，控制要求如下：

图 7-28 并行通信连接示意图

1）将主站的输入端口 X000~X007 的状态传送到从站，通过从站的 Y000~Y007 输出。

2）当主站的计算结果（D0+D2）≤100 时，从站的 Y010 输出为 1。

3）将从站的辅助继电器 M0~M7 的接通/断开状态传送到主站，通过主站的 Y000~Y007 输出。

4）将从站数据寄存器 D5 的值送到主站，作为主站计数器 T0 的设定值。

根据控制要求，设计出的主站控制系统梯形图如图 7-29 所示，从站控制系统梯形图如图 7-30 所示。

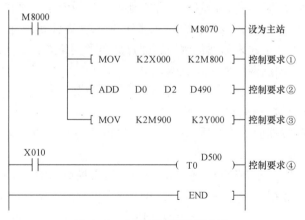

图 7-29 主站控制系统梯形图

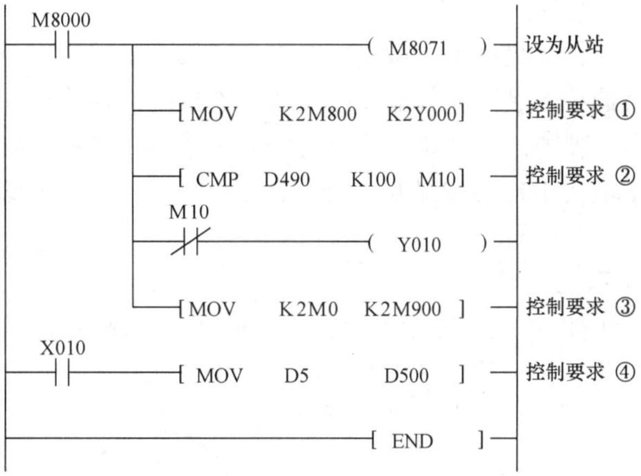

图 7-30 从站控制系统梯形图

7.7 CC-Link 现场总线模块

网络是通信的媒体,要想通信必须先了解计算机网络,本节首先对计算机网络作一简单介绍。

7.7.1 工业控制网络

1. 局域网概述

计算机网络是计算机技术与通信技术发展的结晶,是指用户利用通信线路和通信设备将多台计算机连接在一起,相互共享资源。计算机通信网络按照网络范围和计算机之间互连的距离可分为广域网(WAN)和局域网(LAN)两种。

广域网(Wide Area Network,WAN)是指一组在地域上相隔较远,但在逻辑上连接成一体的计算机网络,各用户在地域上虽然相隔很远,但它们可共享公共信息,且可互相传递信息。

局域网（Local Area Network，LAN）又称本地网或区域网络，是指覆盖范围仅限于有限区域的计算机网络。局域网是将分散在有限地理范围内（通常是在几十到几千千米）的多台计算机通过传输媒体连接起来的通信网络，通过完善的网络软件，实现计算机之间的相互通信和资源共享。工业控制网络属于局域网。

局域网是目前应用最为广泛的一种通信子网，它具有如下特点：

1) 网络覆盖范围相对较小。

2) 可以选用较高特性的传输介质，获得较好的传输特性，如较高的传输速率、较低的传输误差率。

3) 媒体访问控制方法相对简单，有一系列的专用于局域网的网络协议标准。

4) 广播方式传输数据信号，一个节点发出的信号可被网上所有的节点接收。

局域网的拓扑结构主要可以分为总线型、环形、星形和树形，其结构示意图如图 7-31 所示。

2. 工业现场自动控制系统

随着自动控制技术、计算机技术、微电子技术、网络技术和传感器技术的迅速发展，以及电力电子新器件、智能控制芯片和智能传感器的不断出现，目前计算机网络控制系统在工业控制领域中占有非常重要的地位，是工业控制的先进性与可发展性的热门技术之一。

从计算机控制技术应用于自动控制方面的发展历程来看，工业现场自动控制系统的发展可分为以下几个阶段。

(1) 模拟仪表控制系统

模拟仪表控制系统于 20 世纪六七十年代占主导地位。其显著缺点是，模拟信号精度低，易受干扰。当工艺流程改变时，整个系统的硬件需重新设计和组合，工作量非常大。

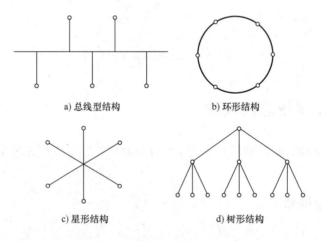

图 7-31　局域网的拓扑结构示意图

(2) 集中式数字控制系统

集中式数字控制系统（Direct Digital Control，DDC）也称直接数字控制系统。它于 20 世纪七八十年代占主导地位。它采用单片机、PLC、顺序逻辑控制器（Sequence Logical Controller，SLC）或微机作为控制器，控制器内部传输的是数字信号，因此克服了模拟仪表控制系统中模拟信号精度低的缺陷，提高了系统的抗干扰能力。集中式数字控制系统的优点是容易根据全局情况进行控制计算和判断，在控制方式、控制时间的选择上可以统一调度和安排。其缺点是，对控制器本身要求很高，必须具有足够的处理能力和极高的可靠性，如果系统任务增加，控制器的效率和可靠性将急剧下降。

（3）集散控制系统

集散控制系统（Distributed Control System，DCS）在20世纪八九十年代占主导地位。其基本思想是分散控制、集中操作和分级管理。上位机用于集中监视管理功能，若干台下位机下放分散到现场实现分布式控制，各上、下位机之间用控制网络互连以实现相互之间的信息传递。因此，这种分布式的控制系统体系结构有力地克服了集中式数字控制系统中对控制器处理能力和可靠性要求高的不足。在集散控制系统中，分布式控制思想的实现正是得益于网络技术的发展和应用。然而，令人遗憾的是，各DCS厂家为达到垄断经营的目的而对其控制通信网络采用各自专用的封闭形式，各厂家的DCS系统之间以及DCS与上层信息网络（Intranet、Internet）之间难以实现互连和信息共享，因此集散控制系统从该角度而言实质是一种封闭专用的、不具有可互操作性的分布式控制系统，并且造价昂贵。在这种情况下，用户对网络控制系统提出了开放性和降低成本的迫切要求。

（4）现场总线控制系统

现场总线控制系统（Fieldbus Control System，FCS）正是顺应以上潮流而诞生的，它用现场总线这一开放的、具有可互操作性的网络将现场各控制器及仪表设备互连，构成现场总线控制系统，同时控制功能彻底下放到现场，降低了安装成本和维护费用。因此，FCS实质是一种开放的、具有可互操作性的、彻底分散的分布式控制系统，有望成为21世纪控制系统的主流产品。

现场总线是将自动化最底层的现场控制器和现场智能仪表设备互连的实时控制通信网络，遵循国际标准化组织（ISO）提出的开放系统互连（Open System Interconnection，OSI）参考模型的全部或部分通信协议。FCS则是用开放的现场总线控制通信网络将自动化最底层的现场控制器和现场智能仪表设备互连的实时网络控制系统。

（5）工业以太网控制系统

工业以太网是指遵循IEEE802.3标准，可以在光缆和双绞线上传输的网络，同时其实时性、互操作性、可靠性、抗干扰性和本质安全等方面可满足工业现场的需要。

现场总线的出现，对于实现面向设备的自动化系统起到了巨大的推动作用，但现场总线这类专用实时通信网络具有成本高、速度低和支持应用有限等缺陷，再加上总线通信协议的多样性，使得不同总线产品不能互连、互用和互操作等，因而现场总线工业网络的进一步发展受到了极大的限制。随着以太网技术的发展，特别是高速以太网的出现使得以太网能够克服自己本身的缺陷，进入工业领域成为工业以太网，因而使得人们可以用以太网设备去代替昂贵的工业网络设备。目前，工业以太网技术直接应用于工业现场设备之间的通信已形成发展趋势。以太网（Ethernet）和TCP/IP将成为器件总线和现场总线的基础协议，由于以太网有"一网到底"的美誉，即它可以一直延伸到企业现场设备控制层，所以工业以太网已成为现场总线中的主流技术。

7.7.2 CC-Link现场总线模块概述

CC-Link（Control & Communication-Link）是日本三菱公司于1996年推出的PLC等设备

网络运行的通信协定方式，它通过专门的通信模块将分散的 I/O 模块、特殊功能模块等连接起来，并通过 PLC 的 CPU 来控制相应的模块。CC-Link 现场总线可以同时高速处理控制信息数据，提供一种高效、一体化的工厂和过程自动化控制结构，具有性能优越、应用广泛、使用简单和节省成本等突出优点。CC-Link 总线网络是一种开放式工业现场控制网络，其网络系统的构成如图 7-32 所示。三菱常用的网络模块有 CC-Link 通信模块（FX_{2N}-16CCL-M、FX_{2N}-32CCL）、CC-Link/LT 通信模块（FX_{2N}-64CL-M）、LINK 远程 I/O 链接模块（FX_{2N}-16LINK-M）和 AS-i 网络模块（FX_{2N}-32ASI-M）。下面仅介绍 FX_{2N}-16CCL-M 和 FX_{2N}-16LINK-M 模块。

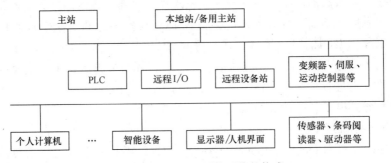

图 7-32 CC-Link 网络系统的构成

1. FX_{2N}-16CCL-M

（1）概况

FX_{2N}-16CCL-M 是 CC-Link 系统的主站模块，FX 系列 PLC 与其相连后一起作为 CC-Link 系统的主站，在整个网络中，主站是控制数据链接系统的站，其系统连接图如图 7-33 所示。

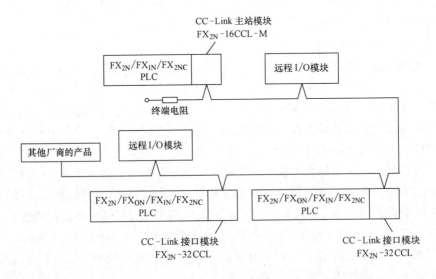

图 7-33 系统连接图

远程 I/O 站只处理位信息，远程设备站可以处理位信息和字信息。当 FX 系列 PLC 作为主站单元时，只能以 FX_{2N}-16CCL-M 作为主站通信模块，整个网络最多可以连接 7 个 I/O 站和8个远程设备站。FX_{2N}-16CCL-M组网系统连接图如图7-34所示。

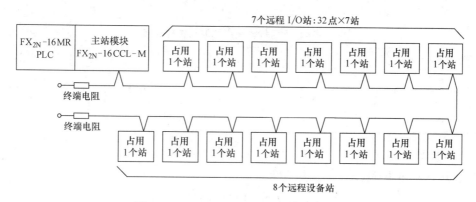

图7-34　FX_{2N}-16CCL-M组网系统连接图

（2）FX_{2N}-16CCL-M的性能规格

FX_{2N}-16CCL-M的性能规格见表7-23。

表7-23　FX_{2N}-16CCL-M的性能规格

项　目	规　格
可应用的功能	主站功能（不提供本地站和备用主站的功能）
可被支持的传输速率	可在156kbit/s、625kbit/s、2.5Mbit/s、5Mbit/s和10Mbit/s之间进行选择
站点的数量	0（用旋转开关设置）
最大传输距离	最长1200m，根据传输速率而改变（见表7-24）
连接模块的最大个数	◆ 远程I/O站：最多7个（每个站点占用PLC的32个I/O点） ◆ 远程设备站：最多8个（远程设备占用的多于一个的站点必须被计入所占站点的总数中） a：远程设备站占用1个站点的数量 b：远程设备站占用2个站点的数量 c：远程设备站占用3个站点的数量 d：远程设备站占用4个站点的数量 ◆ 远程I/O站数加上远程设备站数≤15（每台PLC所允许的包括远程设备和远程I/O站的最大I/O点数量）
每个站可连接端口的最大个数	远程I/O站：远程I/O=32/32（RX/RY）点 远程设备站：远程I/O=32/32（RX/RY）点 远程计数器=4（RW_w）点（主站→远程设备站） 远程计数器=4（RW_r）点（远程设备站→主站）
连接电缆	专用CC-Link电缆/专用高性能CC-Link电缆
RAS功能	◆ 自动返回功能 ◆ 从站切断功能 ◆ 连接专门的继电器和计数器进行错误检测的功能
可用的PLC	FX_{1N}/FX_{2N}（2.2.0版或更新版）/FX_{2NC}（2.2.0版或更新版） 不能用在FX_{2N}-32ASI-MAS接口主站模块
被占用的I/O端口个数	FX系列PLC的8个I/O点（共计8点，任意的I/O比）
与PLC的通信	通过缓存使用FROM/TO指令
电源（外部）	通过DC 24V（150mA）的外围终端模块供电
电源（内部）	内部供电DC 5V

在使用高性能 CC-Link 电缆时,根据传输速率的不同,最大传输距离也不同,见表 7-24。

表 7-24 不同传输速率的最大传输距离

传输速率/(bit/s)	最大传输距离/m	传输速率/(bit/s)	最大传输距离/m
156k	1200	5M	160
625k	900	10M	100
2.5M	400		

(3) BFM 分配

FX_{2N}-16CCL-M BFM 的分配见表 7-25。

表 7-25 BFM 的分配

BFM 编号	内容	描述	读/写特性
#0~#9	参数信息区域	存储数据参数,进行数据链接	可以读/写
#10~#11	I/O 信号	控制主站模块 I/O 信号	可以读/写
#12~#27	参数信息区域	存储数据参数,进行数据链接	可以读/写
#28~#30	主站模块控制信号	控制主站模块的信号	可以读/写
#31	禁止使用	—	不可写
#32~#47	参数信息区域	存储数据参数,进行数据链接	可以读/写
#48~#223	禁止使用	—	不可写
#224~#253	远程输入(RX)	存储一个来自远程的输入状态	只读
#256~#351	禁止使用	—	不可写
#352~#381	参数信息区域	将输出状态存储在一个远程站中	只写
#384~#479	禁止使用	—	不可写
#480~#538	参数信息区域	将传送的数据存储在一个远程站中	只写
#543~#735	禁止使用	—	不可写
#736~#795	远程寄存器(RWr)	存储一个来自远程站的数据	只读
#800~#1503	禁止使用	—	不可写
#1504~#1535	链接特殊寄存器(SB)	存储数据链接状态	可以读/写
#1536~#2047	链接特殊寄存器(SW)	存储数据链接状态	可以读/写
#2048~	禁止使用	—	不可写

2. FX_{2N}-16Link-M

(1) 概况

1) FX_{2N}-16Link-M 模块最大支持到 128 点。

2) 主站模块以及远程 I/O 单元可以用对绞电缆或绝缘电缆进行连接。其中的一个远程 I/O 单元出现故障,整个系统不会出现冲撞。

3) 整个系统允许的扩展距离总长度最大为 200m。无需终端电阻,网络为自有拓扑结构。

4) 远程 I/O 单元由 A 系列可编程序控制器共享。

远程 I/O 系统连接图如图 7-35 所示。

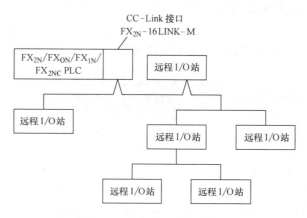

图 7-35　远程 I/O 系统连接图

（2）性能规格

FX_{2N}-16Link-M 模块的性能规格见表 7-26。

表 7-26　FX_{2N}-16Link-M 模块的性能规格

项　　目		规　　格
被控制的 I/O 点的最大数目		每一个主站模块有 128 点（16 个远程单元每一个有 4 个点）
I/O 更新时间		约 5.4ms
传输速率		38400bit/s
同步方法		同时使用帧同步和位同步
通信规格	错误控制法	同时使用相邻相位反转检测和奇偶性检测（若超时，重试）
	传输路径类型	总线型（可以得到 T 形分支状，不要求终端电阻）
	传输距离	扩展距离总长度最大为 200m
	最大被连接单元数	每一个主站模块可以连接 16 个站
被占用 I/O 点的编号		在 16、32、48、64、96 单元 128 中选择
外部供电电压		DC 21.6~27.6V（为通信通道提供）
DC 24V 电流		96mA
DC 5V 电流（内部）		200mA
可用的 PLC		FX_{1N}/FX_{2N}/FX_{2NC}（FX_{2NC}-CNV-IF 要求的）系列 PLC

7.8　其他特殊功能模块

7.8.1　高速计数模块 FX_{2N}-1HC

1. FX_{2N}-1HC 概况

1）1 相或 2 相计数，50kHz 计数器硬件可实现高速计数输入。对于 2 相计数，可以设置×1、×2、×4 乘法模式。它通过 PLC 或外部输入进行计数或复位。

2) FX_{2N}-1HC 具有高速一致输出功能,可通过硬件比较器实现。

3) 该模块可以连接线驱动器输出型编码器。

2. 性能规格

高速计数模块 FX_{2N}-1HC 的性能规格见表 7-27。

表 7-27 FX_{2N}-1HC 的性能规格

项 目	规 格
信号等级	根据接线端子可从 5V、12V 和 24V 中选取,行驱动器输出型接在 5V 端子上
最大频率	1 相 1 输入:≤50kHz 1 相 2 输入:≤50kHz(每个) 2 相 2 输入:≤50kHz(1 倍数),≤25kHz(2 倍数),≤12.5kHz(4 倍数)
计数范围	带二进制符号 32 位(-2147483648~2147483647);无二进制符号 16 位(0~65535)
计数方式	自动加/减(1 相 2 输入或 2 相输入时);由 PLC 指令或外部输入端子确定加/减(1 相 1 输入时)
一致输出	YH:通过硬件比较器实现设计值与计数值一致时产生输出 YS:通过软件比较器实现一致输出,最大延迟时间为 300μs
输出形式	NPN 型晶体管集电极开路输出 2 点,DC 5~24V 0.5A/点
附加功能	可以通过 PLC 的参数设置模式和比较结果 可以监视当前值、比较结果和误差状态
占用的 I/O 点数	占用 8 个点(输入或输出任 8 点均可),由 PLC 提供消耗功率为 5V,90mA

7.8.2 脉冲输出模块 FX_{2N}-1PG

在机械工作运行过程中,工作的速度与精确度一般总是存在着矛盾的,当为提高机械效率而提高速度时,在准确停车控制方面往往会出现问题。为解决这类问题,三菱产品中提供了点位控制单元,例如脉冲输出模块(FX_{2N}-1PG、FX_{2N}-10PG)、定位控制模块(FX_{2N}-10GM、FX_{2N}-20GM)和角度控制模块(FX_{2N}-1RM-E-SET)等。这些点位控制单元可以和电动机、变频装置以及制动设备配合,实现一点或多点的定位控制。下面对脉冲输出模块 FX_{2N}-1PG 作一简单介绍。

1. FX_{2N}-1PG 概况

FX_{2N}-1PG 脉冲输出模块仅用于 FX_{2N} 子系列,它具有如下特点:

1) 配备有便于定位控制的七种操作模式。

2) 一个模块控制一个轴。多达 8 个模块可连接到 FX_{2N} 系列 PLC 上。

3) 它可以输出最高为 100kHz 的脉冲串。

4) 定位目标的追踪、运转速度以及各种参数通过 PLC 用 FROM/TO 指令设定。

5) 除脉冲序列输出外,还备有各种高速响应的输出端子,而其他的输入、输出,通常需通过 PLC 进行控制。

2. 性能规格

FX_{2N}-1PG 模块的 I/O 规格见表 7-28。

表 7-28　FX$_{2N}$-1PG 模块的 I/O 规格

项　目	规　格
控制轴数	1 轴(对应 1 台 PLC,最多可接 8 台),不能作插补控制
占用的 I/O 点数	每台占用 PLC 的 8 个输入或输出点
脉冲输出方式	开式连接器,晶体管输出 DC 5~24V 20mA 以下
控制输入	操作系统:STOP;机械系统:DOG(近点信号);支持系统:PGO(零点信号);正转界限;反转界限等,其他输入接在 PLC 上
控制输出	支持系统:FP(正转脉冲)、PRC(反转脉冲)、CLR(偏差计数器清洗)

习　题

1. FX$_{2N}$ 系列 PLC 的特殊功能模块有哪些类别？它们各有什么用途？
2. 什么是 BFM？BFM 在特殊功能模块中具有什么作用？如何读写？
3. FX$_{ON}$-3A 模块有什么特点？其接线有什么要求？
4. FX$_{2N}$-4AD-PT 模块的功能是什么？其接线有什么要求？
5. 在 PLC 通信中常用的通信方式是什么？FX 系列 PLC 用于 RS-485 通信的接口模块主要有哪些？
6. 假设某系统的控制要求如下：

当输入 X000 为 1 时，A/D 转换通道 CH1 启动；当输入 X001 为 1 时，A/D 转换通道 CH2 启动。A/D 转换数据输入通道 CH1：D100（用辅助继电器 M100~M115，仅分配这些数字一次）。A/D 转换数据输入通道 CH2：D101（用辅助继电器 M100~M115，仅分配这些数字一次）。试编制 PLC 控制程序。

7. FX$_{2N}$-4DA 模拟量输出模块的编号为 1 号。如果要将 FX$_{2N}$-64MR PLC 中数据寄存器 D10~D13 中的数据通过 FX$_{2N}$-4DA 的四个通道输出，并要求通道 CH1、通道 CH2 设定为电压输出（-10~10V），通道 CH3、通道 CH4 设定为电流输出（0~20mA），并且 PLC 从运行（RUN）转为停止（STOP）状态后，通道 1 和通道 2 的输出值保持不变，通道 3 和通道 4 的输出值回零。试编写梯形图程序。

8. FX$_{2N}$-4AD-PT 模块占用特殊功能模块 2 的位置（第三个紧靠 PLC 的单元）。通道 CH1 上连接着一个 K 型热电偶，通道 CH2 上连接着一个 J 型热电偶，通道 CH3 和通道 CH4 没有使用。CH1 和 CH2 作为摄氏温度输入通道，四次采样平均，PLC 中的 D100 和 D101 分别接收 CH1 和 CH2 通道输入量的平均值数。试编写梯形图程序。

第8章　变频器及其应用

变频器技术主要用于交流电动机的调速，采用通用变频器对笼型异步电动机进行调速控制，调速范围大，静态稳定性好，运行效率高，使用方便，可靠性高并且经济效益显著，所以变频调速是交流调速的发展方向，目前在生产和生活中已得到了广泛应用。

8.1　变频调速的基本原理

根据电机学原理可知，三相交流电动机的同步转速 n_0 可表示为

$$n_0 = \frac{60f_1}{p} \tag{8-1}$$

式中　f_1——定子供电的频率；
　　　p——电动机的磁极对数。

改变交流电动机的供电频率 f_1，就可以改变其同步转速 n_0，这就是变频调速的理论依据。

对异步电动机进行调速控制时，希望电动机的主磁通保持额定值不变。这是因为，如果磁通太弱，铁心利用不充分，同样的转子电流下，电磁转矩小，电动机的负载能力下降；反之，如果磁通太强，则电动机处于过励状态，励磁电流变大，铁心损耗增加，为使电动机不过热，负载能力也要下降。

主磁通是定子和转子磁动势合成产生的，那么如何才能保持主磁通恒定不变呢？

根据电机学原理，三相异步电动机定子每相电动势的有效值为

$$E_1 = 4.44 f_1 N_1 k_{N1} \Phi_m \tag{8-2}$$

式中　E_1——定子每相电动势有效值；
　　　f_1——定子频率；
　　　N_1——定子每相绕组串联匝数；
　　　k_{N1}——基波绕组系数；
　　　Φ_m——每极气隙磁通量。

式中 N_1、k_{N1} 为常数，因此磁通量 Φ_m 是由 E_1 和 f_1 共同决定的，只要保证 E_1/f_1 为一常值，就能保证磁通量 Φ_m 不变。下面分两种情况说明。

8.1.1　基频以下的恒磁通变频调速

当变频的范围在基频（额定频率）以下的时候，由式（8-2）可知，要保持磁通量 Φ_m

不变，就要求在降低供电频率的同时降低感应电动势，保持 E_1/f_1 = 常数，即保持电动势与频率之比为常数进行控制，这种控制称为恒磁通变频调速，属于恒转矩调速方式。

但是，感应电动势 E_1 难于直接检测和直接控制。在频率 f_1 较高时，定子上的漏阻抗压降相对比较小，可以忽略不计，近似地认为 $U_1 = E_1$，在控制上保持定子电压 U_1 和频率 f_1 的比值为常数，即 U_1/f_1 = 常数，这种控制方式称为恒压频比控制方式，是近似的恒磁通控制。

当频率较低时，定子漏阻抗压降所占的比例较显著，不能忽略，这时可以人为地把定子电压 U_1 抬高一点以补偿定子电压降，使气隙磁通大体保持不变。

8.1.2 基频以上的弱磁变频调速

在基频以上调速时，由于定子电压 U_1 受额定电压 U_{1N} 的限制不能再升高，只能保持 $U_1 = U_{1N}$ 不变。此时，必然会使主磁通随着 f_1 的上升而减小，相当于直流电动机弱磁调速的情况，属于近似的恒功率调速方式。

异步电动机变频调速的控制特性如图 8-1 所示。

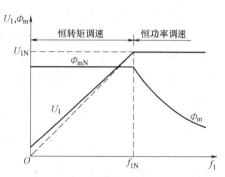

图 8-1 异步电动机变频调速的控制特性

8.2 变频器的分类

变频器是利用交流电动机的同步转速随电动机定子电压频率的变化而变化的特性来实现电动机调速运行的装置。变频器最早的形式是采用旋转变频发电机组，作为可变频率电源供给交流电动机，主要是对异步电动机进行调速。随着电力电子器件的发展，静止式变频装置成了变频器的主要形式。

变频器的种类很多，下面就其主要的几种分类方法进行简单介绍。

8.2.1 按主电路结构形式分

静止式变频器从主电路的结构形式上可分为两种形式：交-交变频器和交-直-交变频器。

1. 交-交变频器

交-交变频器又称为频率变换器，它是把一种频率的交流电直接变换为另一种频率的交流电。这种变频器中间不经过直流环节，变换效率高，但最高输出频率只能达到电源频率的 1/3～1/2，主要用于大容量的低速拖动系统中。

2. 交-直-交变频器

交-直-交变频器又称为间接变频器，由其结构形式可知，它是先通过整流电路将电网的工频交流电变成直流电，再经逆变电路将这个直流电逆变为频率和电压可调的交流电。交-直-交变频器的原理框图如图 8-2 所示。这种变频器频率调节范围较大，变频后电动机的特性有明显的改善，是目前应用最广泛的变频方式。

8.2.2 按直流电源的性质分

当逆变器输出侧的负载为交流电动机时，在负载和直流电源之间将有无功功率交换。通

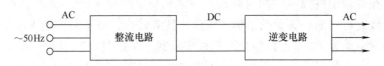

图 8-2 交-直-交变频器的原理框图

常,根据用于缓冲中间直流环节的储能元件是电容还是电感,可把变频器分为电压型变频器和电流型变频器。

1. 电压型变频器

电压型变频器如图 8-3 所示。在电路中的直流部分接有大容量的电容,施加于负载上的电压值基本上不受负载的影响,而大体保持恒定,类似于电压源,故称为电压型变频器。逆变电路输出的电压为矩形波或阶梯波。电压型变频器多用于不要求正反转或快速加/减速的通用变频器中。

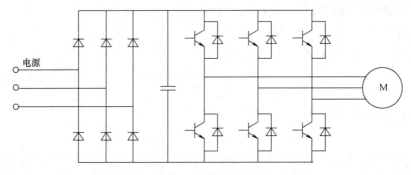

图 8-3 电压型变频器

2. 电流型变频器

电流型变频器与电压型变频器在主电路结构上基本相似,所不同的是电流型变频器的直流部分接入的是大容量的电感而不是电容,如图 8-4 所示。变频器施加于负载上的电流值稳定不变,基本不受负载的影响,特性类似于电流源,故称为电流型变频器。逆变电路输出的交流电流是矩形波。电流型变频器适用于频繁可逆运转的变频器和大容量的变频器。

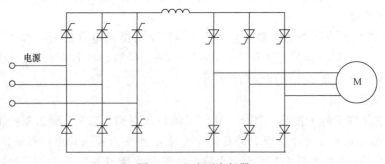

图 8-4 电流型变频器

8.2.3 按控制方式分

变频器按控制方式可分为 U/f 控制变频器、转差频率控制变频器和矢量控制变频器。

1. U/f 控制变频器

U/f 控制是对变频器输出的电压和频率同时进行控制,所以,又称为 VVVF 控制。在额定频率以下,通过保持 U/f 恒定使异步电动机获得所需的转矩特性。U/f 控制是一种转速开环控制,控制电路简单,成本较低,多用于精度要求不高的通用变频器。

2. 转差频率控制变频器

转差频率控制是在 U/f 控制基础上的一种改进方式。在这种控制方式中,变频器通过电动机、速度传感器构成速度反馈闭环调速系统。变频器的输出频率由电动机的实际转速与转差频率之和来自动设定,从而达到在调速控制的同时也使输出转矩得到控制。与 U/f 控制相比,转差频率控制大大提高了调速精度,但是由于这种控制方式需要在电动机轴上安装速度传感器,并需要针对电动机的机械特性调整控制参数,故通用性较差。

3. 矢量控制变频器

上述的 U/f 控制方式和转差频率控制方式的控制思想都是建立在异步电动机的静态数学模型上的,动态性能指标不高。矢量控制方式是将异步电动机的定子电流分解为产生磁场的励磁电流和与其相垂直的产生转矩的转矩电流,分别进行控制,然后将两者合成后的定子电流供给电动机。

矢量控制是交流异步电动机的一种理想调速方法,它属于闭环控制方式,使异步电动机的高性能成为可能,是异步电动机调速最新的实用化技术。矢量控制变频器不仅可以实现与直流电动机电枢电流相匹敌的传动特性,而且可以直接控制异步电动机转矩的变化,因而它已在许多需要精密或快速控制的领域得到应用。

8.2.4 按调压方式分

根据输出电压调节方式的不同,变频器又可分脉幅调制和脉宽调制两种。

1. 脉幅调制(PAM)

脉幅调制(Pulse Amplitude Modulation,PAM)方式,是一种改变电压源的电压 E_d 或电流源的电流 I_d 的幅值进行输出控制的方式。因此,在逆变器部分只控制频率,整流器部分只控制输出电压或电流。由于这种控制方式必须同时对整流电路和逆变电路进行控制,控制电路比较复杂,而且低速运行时转速波动较大,因而现在主要采用 PWM 方式。

2. 脉宽调制(PWM)

脉宽调制(Pulse Width Modulation,PWM)方式,是在逆变电路部分同时对输出电压(电流)的幅值和频率进行控制的控制方式。在 PWM 方式中,以较高频率对逆变电路的半导体开关元器件进行开闭,并通过改变输出脉冲的宽度来达到控制电压(电流)的目的。

为了使异步电动机在进行调速运转时能够更加平滑,目前在变频器中多采用正弦波 PWM 控制方式(SPWM 控制),即通过改变 PWM 输出的脉冲宽度,使输出电压的平均值接近正弦波。

8.2.5 按用途分

根据用途的不同,变频器可分为通用变频器和专用变频器。

1. 通用变频器

通用变频器是近 20 年来发展起来的交流电动机新型变频调速装置。它的特点是具有通用性,即一方面可以驱动普通的交流电动机,另一方面它本身能提供较多的可供选择的控制功能,能适应许多不同性质的负载,达到不同的控制目的。

随着变频技术的发展和市场需求的不断扩大,通用变频器沿着两个方向发展:简易型通用变频器和高性能多功能通用变频器。

简易型通用变频器是一种以节能为主要目的而简化了一些系统功能的通用变频器,它具有节能显著、过载能力强、使用维护方便、体积小和价格低等优点,主要应用于水泵、风扇及鼓风机等对系统调速性能要求不高的场合。

高性能多功能通用变频器在设计过程中充分考虑了在变频器应用中可能出现的各种需求,并为满足这些需求在系统硬件和软件方面都作了相应的准备。在使用时,用户可以根据负载特性选择算法并对变频器的各种参数进行设定,也可以根据系统的需要选择厂家所提供的各种备用选件来满足系统的特殊需要。

2. 专用变频器

专用变频器又可分为高性能专用变频器、高频变频器和高压变频器。高性能专用变频器大多数采用矢量控制,驱动对象通常是变频器厂家指定的专用电动机。为了满足高速电动机的驱动要求,目前出现了采用 PAM 控制的高频变频器,其输出频率可达 3kHz。高压变频器一般是大容量的变频器,最高功率可做到 5000kW,电压等级为 3kV、6kV 和 10kV。

8.3 交-交变频器

8.3.1 单相输出交-交变频器

单相交-交变频器的主电路如图 8-5 所示。电路由两组反并联的晶闸管变流电路构成,输出供给单相负载。两组变流器都是相控电路,正组工作时,负载电流自上而下,设为正向;反组工作时,负载电流自下而上,设为负向。让两组变流器按一定的频率交替工作,负载就得到该频率的交流电,如图 8-6 所示。

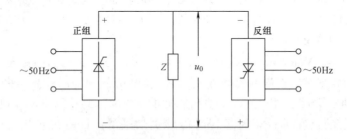

图 8-5 单相交-交变频器的主电路

图 8-6 单相交-交变频器输出的方波

改变两组变流器的切换频率，就可以改变输出到负载上的交流电频率，改变交流电路工作时的触发延迟角 α，就可以改变交流输出电压的幅值。

交-交变频电路的运行方式就是整流装置中可逆整流电路的运行方式，它可分为无环流和有环流两种。在任何时刻只有一组整流器工作，另一组整流器被封锁，这样的运行方式为无环流运行方式。

交-交变频电路在有环流运行方式时，两组整流器可同时工作，只是一组处于工作状态，另一组处于待逆变状态，对它们的控制应能满足 $\alpha_{正}+\alpha_{反}=180°$。对于这种运行方式，由于两组整流器整流电压波形不同，在变流器回路中将出现纹波电压而产生环流。为了限制纹波电压产生的环流，必须在变流器回路中设置环流电抗。

8.3.2 三相输出交-交变频器

交-交变频器主要用于交流调速系统中，因此实际使用的主要是三相交-交变频器。三相交-交变频器电路是由三组输出电压相位互差120°的单相交-交变频电路组成的。主电路主要有两种连接方式，即公共交流母线进线方式和输出丫联结方式。

1. 公共交流母线进线方式

图8-7所示是公共交流母线进线方式的三相输出交-交变频器，它由三组彼此独立的、输出电压相位相差120°的单相交-交变频电路组成，它们的电源进线通过电抗器接在电网的公共母线上，但三组单相变频电路的输出端必须隔离。为此，交流电动机的三个绕组必须拆开，引出六根线。这种连接方式的变频器主要用于中等容量的交流调速系统。

2. 输出丫联结方式

图8-8所示是输出丫联结方式的三相输出交-交变频器，三组单相交-交变频电路的输出端丫联结，交流电动机的三个绕组也是丫联结，电动机的中点不与变频器的中点接在一起，电动机只引出三根线。这时三组单相变频器的电源进线必须相互隔离，所以三组单相变频器分别用三个变压器供电。这种接线方式的变频器主要用于大容量的交流调速系统。

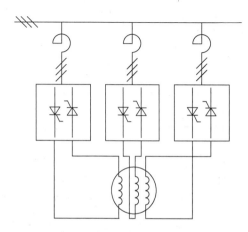

图8-7 公共交流母线进线方式的
三相输出交-交变频器

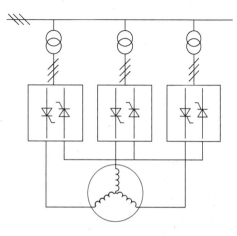

图8-8 输出丫联结方式的
三相输出交-交变频器

8.3.3 交-交变频器的特点

交-交变频器属于直接变换，没有中间环节，所以比一般的变频器效率要高。由于其交流输出电压是直接由交流输入电压波的某些部分包络所构成的，因而其输出频率比输入交流电源的频率低得多，约为交流输入电压频率的 1/3，但输出波形较好。另外，交-交变频电路功率因数较低，特别是在低速运行时更低，因此需要进行适当补偿。鉴于以上特点，交-交变频器特别适合于球磨机、矿井提升机、电动车辆和大型轧钢设备等低速大容量拖动场合。

8.4 交-直-交变频器

8.4.1 交-直-交电压型变频器

1. 电压型变频器主电路的组成

图 8-9 所示是三相串联电感式电压型变频器的主电路，它由晶闸管整流器、中间滤波电容及晶闸管逆变器组成。图中，$VT_1 \sim VT_6$ 为逆变器的晶闸管；$VD_1 \sim VD_6$ 为反馈二极管，给感性电流提供续流回路；R_U、R_V、R_W 为衰减电阻；$L_1 \sim L_6$ 为换相电感；电感 L_d 电感量很小，仅起限流作用；$C_1 \sim C_6$ 为换相电容；C_d 为滤波电容；M 为变频器的三相对称负载。

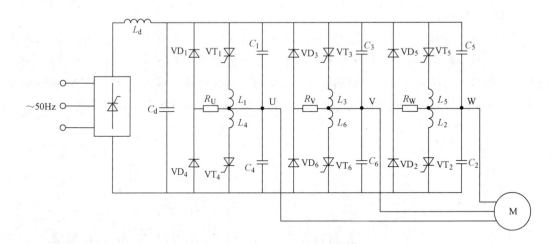

图 8-9　三相串联电感式电压型变频器的主电路

滤波电容 C_d 容量较大，输出的直流电压比较平稳，具有电压源的特性，内阻很小，使逆变器的交流输出电压波形被钳位为矩形波，与负载性质无关。交流输出电流的波形和相位由负载功率因数决定。在异步电动机变频调速系统中，这个大电容同时又是缓冲负载无功功率的储能元件。

2. 电压型变频器的特点

电压型变频器因中间直流电路并联着一个大电容，直流电源极性无法改变，如果由它供电的电动机工作在再生制动状态下，要改变电流的方向，把电能反馈到电网，就需要再加一套反并联的整流器，这就大大增加了电路的复杂性，实用性不强，所以这种变频器适应于不需经常起动、制动和反转的场合。另外，这种变频器还有如下特点：

1）主晶闸管承受的 du/dt 值较低。
2）主晶闸管除承担负载电流外，还承担换相电流，适用于中等功率负载。
3）当换相参数一定且负载电流一定时，晶闸管承受的反压时间随直流电压降低而减小，所以适用于调压范围不太大的场合。

8.4.2 交-直-交电流型变频器

1. 电流型变频器主电路的组成

图 8-10 所示为串联二极管式电流型变频器的主电路。在直流电源上串联了大电感 L_d 滤波。由于大电感的限流作用，为逆变器提供的直流电流波形平直，脉动很小，因此具有电流源特性。这使逆变器输出的交流电流为矩形波与负载性质无关，而输出的交流电压波形及相位随负载的变化而变化。对于异步电动机变频调速系统而言，这个大电感又是缓冲负载无功能量的储能元件。

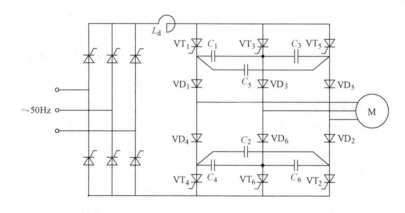

图 8-10　串联二极管式电流型变频器的主电路

图中，直流平波电感 L_d 为整流和逆变两部分电路的中间滤波环节；$VT_1 \sim VT_6$ 为逆变电路中的晶闸管；$C_1 \sim C_6$ 为换相电容；$VD_1 \sim VD_6$ 为隔离二极管。

2. 电流型变频器的特点

电流型变频器在电动机制动发电时，逆变器运行在整流状态，触发延迟角 $\alpha>90°$，整流电压极性改变，电流方向不变，整流器运行在逆变状态，再生电能由电动机反馈到交流电网。电流型变频器的主要特点如下：

1）主电路简单。
2）快速响应性好。
3）限流能力强，电流保护可靠。
4）调速范围宽，静态性能好。
5）主晶闸管利用率和运行效率高。
6）主晶闸管耐压要求高，调试困难。

8.4.3 矢量控制型变频器

变频调速控制方式是建立在异步电动机静态数学模型基础上的，因此动态性能指标都不高。为了适应高动态性能的需要，常采用矢量控制方式。矢量变换控制是20世纪70年代联邦德国Blaschke等人首先提出来的，其基本思想是把交流异步电动机模拟成直流电动机，仿照直流电动机的调速控制方式，将定子电流的磁场分量和转矩分量解耦，分别加以控制。这实际上是借助坐标变换将异步电动机的物理模型等效地变换为类似于直流电动机的模式。等效的原则是在不同的坐标系下使电动机模型产生的磁动势相同，如图8-11所示。

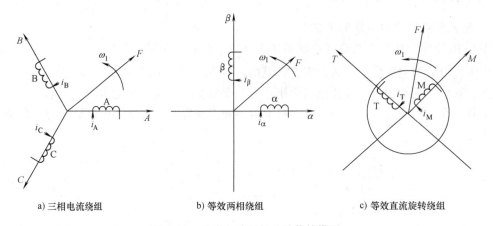

a) 三相电流绕组　　　b) 等效两相绕组　　　c) 等效直流旋转绕组

图 8-11　异步电动机的几种等效模型

1. 等效变换的基本原理

直流电动机动态性能好的优点会影响电磁转矩的控制量，即励磁电流 I_f 和电枢电流 I_a 的自然解耦。因此，直流电动机的磁通 Φ 和电枢电流 I_a 可以独立进行控制；而异步电动机三相绕组间存在互感耦合。

异步电动机三相对称的静止绕组A、B、C通入三相平衡的正弦电流 i_A、i_B、i_C 时，所产生的合成磁动势是旋转磁动势 F，它在空间呈正弦分布，并以同步转速 ω_1 按 A→B→C 相序旋转，其等效模型如图8-11a所示。

若在图8-11b所示的两相互垂直静止绕组 α、β 通以两相对称电流 i_α、i_β，同样产生合成旋转磁动势 F，那么 i_α、i_β 和 i_A、i_B、i_C 存在某种确定的函数关系。依据这种关系可以完成三相静止坐标系到两相静止坐标系的变换；同样，可以完成两相静止坐标系到三相静止坐标系的反变换，即利用对这两相对称电流 i_α 和 i_β 的控制去实现 F 的控制。由于此两相对称电流 i_α 和 i_β 是正交的，因此两者之间是相对独立的。

在图8-11c给出的两个匝数相等且互相垂直的绕组M和T中，分别通以直流电流 i_M 和 i_T，在空间会产生合成磁动势 F。如果让包含两个绕组在内的铁心（图中以圆表示）以同步转速 ω_1 旋转，则磁动势 F 也随之旋转成为旋转磁动势。如果能把这个旋转磁动势的大小和转速也控制成A、B、C和α、β坐标系中的磁动势一样，那么这套旋转的直流绕组也就和这两套交流绕组等效了。当观察者站到铁心上和绕组一起旋转时，会看到M和T是两个通以直流电流而相互垂直的静止绕组，如果使磁通 Φ 的方向在 M 轴上，就和一台直流电动机模型没有本质上的区别。可以认为：绕组M相当于直流电动机的励磁绕组，T相当于电枢绕组。

在进行异步电动机的数学模型变换时，定子三相绕组和转子三相绕组都需要变换到等效的两相绕组上去。等效的两相模型之间之所以相对简单，主要是由于两轴相互垂直，它们之间没有互感的耦合。

采用两相旋转坐标系模型的一个突出优点是，当三相变量是正弦函数时，等效的两相模型中的变量是直流量。这样，在坐标系中异步电动机的转矩方程可以简化成与直流电动机的转矩方程十分相似的形式。

2. 变频器矢量控制的基本思想

如图 8-11 所示三种绕组所形成的旋转磁场中，旋转的直流绕组磁场无论是在绕组的结构上，还是在控制方式上都和直流电动机最相似。可设想有两个相互垂直的直流绕组同处一个旋转体上，通入的是直流电流 i_M^* 和 i_T^*，其中 i_M^* 为励磁电流分量，i_T^* 为转矩电流分量，它们都是由变频器的给定信号分解而来的（*表示变频器中的控制信号）。经过直/交变换，将 i_M^* 和 i_T^* 变换成两相交流信号 i_α^* 和 i_β^*，再经二相/三相变换得到三相交流控制信号 i_A^*、i_B^*、i_C^* 去控制三相逆变器，如图 8-12 所示。因此控制 i_M^* 和 i_T^* 中的任意一个，就可以控制 i_A^*、i_B^*、i_C^*，也就控制了变频器的交流输出。

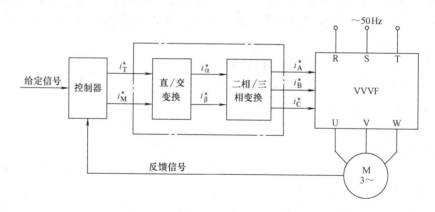

图 8-12　矢量控制示意图

目前在变频器中得到实际应用的矢量控制方式主要有两种：基于转差频率控制的矢量控制方式和无速度传感器的矢量控制方式。

3. 矢量控制系统的特点

异步电动机矢量控制变频调速系统的开发，使异步电动机的调速可获得和直流电动机相媲美的高精度和快速响应性能。异步电动机的机械结构又比直流电动机简单、坚固，且转子无电刷、集电环等电气接触点，所以应用前景十分广泛，其主要优点如下：

（1）动态的高速响应

直流电动机受整流的限制，过高的 di/dt 是不容许的。异步电动机只受逆变器容量的限制，强迫电流的倍数可取得很高，故速度响应快，一般可达到毫秒级，在快速性方面已超过直流电动机。

（2）低频转矩大

一般通用变频器（VVVF 控制）在低频时的转矩常低于额定转矩，所以在 5Hz 以下不能满负载工作。而矢量控制变频器由于能保持磁通恒定，转矩与 i_T 呈线性关系，所以在极低频时也能使电动机的转矩高于额定转矩。

（3）控制灵活

直流电动机常根据不同的负载对象，选用他励、串励和复励等形式，它们各有不同的控制特点和机械特性。而在异步电动机矢量控制系统中，可使同一台电动机输出不同的特性。在系统内用不同的函数发生器作为磁通调节器，即可获得他励或串励直流电动机的机械特性。

因此，矢量控制系统特别适用于要求高速响应的工作机械、恶劣的工作环境、要求四象限运行和高精度的电力拖动等几个方面。

8.5 通用变频器

8.5.1 通用变频器的基本结构

变频器的内部结构相当复杂，除了由电力电子器件组成的主电路外，还有以微处理器为核心的运算、检测、保护、驱动和隔离等控制电路。对大多数用户来说，变频器是作为整体设备使用的，因此仅需了解其基本组成。通用变频器的基本结构框图如图8-13所示，它一般由以下几部分组成：

1）整流环节，由二极管组成的三相桥式整流电路。

2）逆变环节，由六个大功率开关管组成的三相桥式电路。

3）滤波单元，主要由电解电容或大电感组成。

4）微机控制单元，用于控制整个系统的运行，是变频器的核心。

5）主电路接线端子，包括交流电源输入端子（R、S、T）：连接工频电源；变频器输出端子（U、V、W）：接三相笼型异步电动机；连接改善功率因数直流电抗端子 P1 与 P（+）；制动单元和制动电阻接线端子 P（+）与 N（-）。

6）控制电路端子，用于控制变频器的起动与停止、外部频率信号的给定、故障报警输出等。

7）功能单元，是指变频器上有数字和画面的显示窗口以及有按键的部分，其主要功能是：显示频率、电流和电压；设定操作模式、操作命令和功能码；读出变频器运行信息和故障报警信息；监视变频器运行；故障报警状态的复位等。

8）通信接口，如 RS-232C 通信接口、RS-485 串行接口等。

9）用于变频器通风降温的风扇。

8.5.2 通用变频器的接线

通用变频器的外部接线端子分为主电路接线端子和控制电路接线端子。下面以森兰 SB70G 变频器为例介绍主电路、控制电路的接线方法。

1. 主电路接线

图8-14 和图8-15 分别是森兰 SB70G 变频器的连接端子图和 SB70G 2.2~15 机型主电路接线端子图。变频器通过主电路端子与外部进行连接，主电路端子及其功能见表8-1。

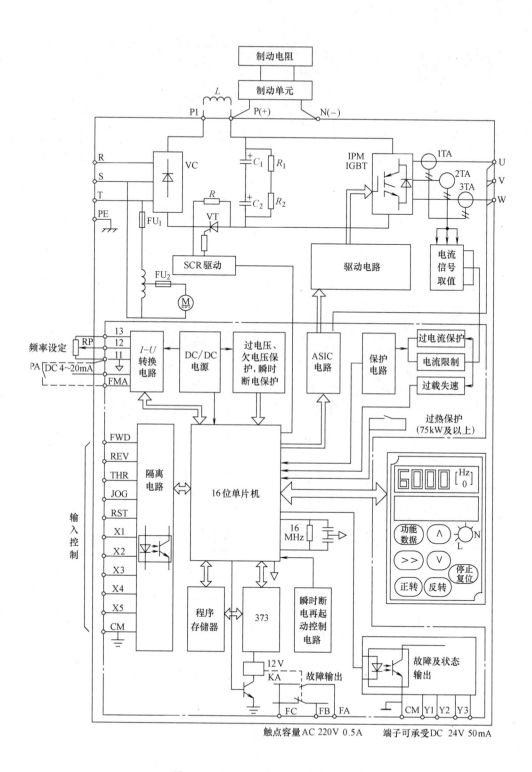

图 8-13 通用变频器的基本结构框图

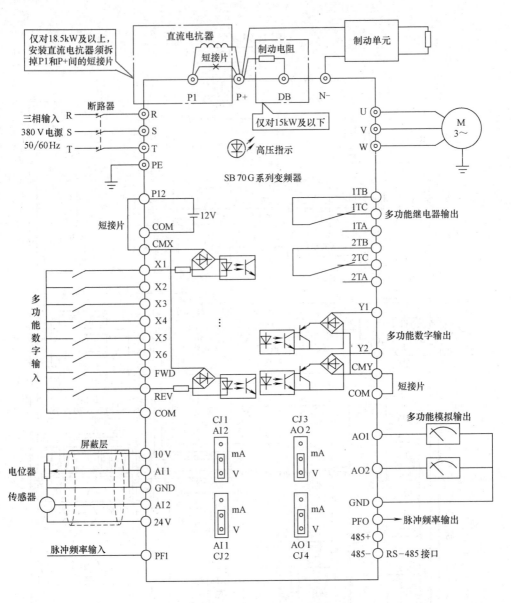

图 8-14 森兰 SB70G 变频器的连接端子图

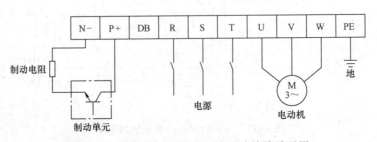

图 8-15 SB70G 2.2~15 机型主电路接线端子图

表 8-1　变频器的主电路端子及其功能

端子符号	端子名称	功能说明
R、S、T	交流电源输入端子	交流电源通过断路器或剩余电流断路器接至主电路电源端子(R、S、T),电源的连接不需要考虑相序。不要将三相变频器连接至单相电源上
U、V、W	变频器输出端子	变频器输出端子连接三相电动机。如果电动机的旋转方向与运行命令的要求不一致,除更改 U、V、W 三相中任意两相接线外,还可以将控制电路端子 FWD/REV 更换一下。使用时不要将功率因数校正电容或浪涌吸收器连接至变频器的输出端
P1、P+	直流电抗连接用端子	这两个端子用于连接改善功率因数直流电抗选件。当不用直流电抗时,应将 P1 和 P+ 之间牢固连接
P+、DB	外部制动电阻连接用端子	连接外部制动电阻。额定容量比较小的变频器有内装的制动单元和制动电阻,故才有 DB 端子。如果内装制动电阻的容量不够,则需要将较大容量的外部制动电阻选件连接至 P+、DB
P+、N-	制动单元和制动电阻连接端子	连接外部制动单元。15kW 或更大功率的变频器没有内装制动电阻,为了增加制动能力,必须外接制动单元选件。制动单元与制动电阻间若采用双绞线,其间距应小于 10m
PE	变频器接地端子	为了安全和减小噪声,接地端子必须接地。接地导线应尽量粗,距离应尽量短,并应采用变频器系统的专用接地方式

2. 控制电路接线

森兰 SB70G 375kW 及以下机型变频器各控制端子及其功能见表 8-2。

表 8-2　变频器控制端子及其功能

端子符号	端子名称	功能说明
AI1	模拟输入 1	0:0~10V 或 0~20mA,对应 0~100%;1:10~0V 或 20~0mA,对应 0~100%;2:2~10V 或 4~20mA,对应 0~100%;3:10~2V 或 20~4mA,对应 0~100%;4:-10~10V 或-20~20mA,对应-100%~100%;5:10~-10V 或 20~-20mA,对应-100%~100%;6:0~10V 或 0~20mA,对应-100%~100%;7:10~0V 或 20~0mA,对应-100%~100%
AI2	模拟输入 2	
PFI	脉冲频率输入	100%对应 PFI 频率:0~50000Hz;0 对应 PFI 频率:0~50000Hz;PFI 滤波时间:0.000~10.000s
X1	X1 数字输入端子	见附录 C:表 C-1 F4-00~F4-07 的说明
X2	X2 数字输入端子	
X3	X3 数字输入端子	
X4	X4 数字输入端子	
X5	X5 数字输入端子	
X6	X6 数字输入端子	
REV	REV 数字输入端子	
FWD	FWD 数字输入端子	
CMX	数字输入公共端	X1~X6、FWD、REV 端子的公共端
AO1	多功能模拟输出 1	见附录 C:表 C-3 F6-14 及 F6-18 的说明
AO2	多功能模拟输出 2	
PFO	脉冲频率输出	见附录 C:表 C-3 F6-25 的说明

(续)

端子符号	端子名称	功能说明
Y1	Y1 数字输出端子	见附录 C：表 C-2 F5-00 及 F5-01 的说明
Y2	Y2 数字输出端子	
CMY	Y1、Y2 公共端	Y1、Y2 数字输出公共端
1TA	继电器 1 输出端子	见附录 C：表 C-2 F5-02 及 F5-03 的说明
1TB		
1TC		
2TA	继电器 2 输出端子	
2TB		
2TC		
485+	485 差分信号正端	RS-485 通信接口
485-	485 差分信号负端	
10V	10V 基准电源	提供给用户的 10V 电源
24V	24V 电源端子	提供给用户的 24V 电源
P12	12V 电源端子	提供给用户的 12V 电源
COM		12V 电源地
GND	地	模拟 I/O、PFI、PFO、通信和 10V、24V 电源的接地端子

8.5.3 变频器的功能参数预置

变频器在运行前需要进行功能参数预置和运行模式的选择。

1. 功能参数预置

（1）功能参数预置的目的

变频器运行时基本参数和功能参数是通过功能预置得到的，功能参数预置的目的是使变频调速过程尽可能地与生产机械的特性和要求相吻合，使拖动系统运行在最佳状态。基本参数是指变频器运行所必须具有的参数，主要包括转矩补偿、上下限频率、基本频率和加减速时间等。基本参数可以在变频器的功能码表中查到。功能参数是根据选用的功能而需要预置的参数，如 PID 调节的功能参数等。

（2）功能参数的预置过程

功能参数的预置过程一般包括以下几个步骤：

1）查功能码表，找出需要预置参数的功能码。

2）在参数设定模式下，读出该功能码中原有的数据。

3）修改数据，送入新数据。

变频器如果不预置参数，则按出厂时的设定选取。

（3）功能码和数据码

现代变频器可设定的功能有数十种甚至上百种，为了区分这些功能，各变频器生产厂家都以一定的方式对各种功能进行了编码，这种表示各种功能的代码，称为功能码。不同厂家生产的变频器，相同的功能码表示的功能不一定相同，例如，在森兰 BT40 系列变频器中，功能码"F10"表示频率给定方式,而在富士 FRN-G9S/P9S 变频器中,功能码"10"表示瞬间断电后再起动方式等。

各种功能所需设定的数据或代码称为数据码。有直接数据、间接数据和赋值代码等几种情形。

直接数据:如最高频率为 50Hz、升速时间为 20s 等。

间接数据:如第五档 U/f 线等。

赋值代码:如在森兰 BT40 系列变频器的功能码"F01"(给定方式)中,可以预置的数据有:代码 0 表示频率由"F00"功能或 ∧/∨ 键来给定,代码 1 表示由外接 0~5V 电压信号给定,代码 2 表示由外接 4~20mA 电流信号给定等。

(4) 功能参数预置的一般步骤

1)按模式转换键(FUNC、MODE 或 PRG),使变频器处于程序设定状态。

2)按数字键或数字增减(∧ 和 ∨)键,找出需要预置的功能码。

3)按读出键或设定键(READ 或 SET),读出该功能中原有的数据码。

4)如果需要修改,则按数字键或数字增减键来修改数据码。

5)按写入键或设定键(WRT 或 SET),将修改后的数据码写入存储器中。

6)判断预置是否结束,若未结束,则转入第二步继续预置其他功能;若已结束,则按模式转换键,使变频器进入运行状态。上述各步骤的流程图如图 8-16 所示。

变频器预置完成后,可先在输出端不接电动机的情况下,就几个较易观察的项目如升速和降速时间、点动频率等检查变频器的执行情况是否与预置相符合,并检查三相输出电压是否平衡。

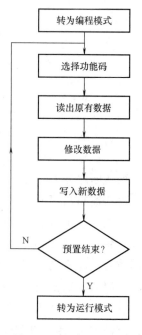

图 8-16 程序预置流程

2. 运行模式的选择

运行模式是指变频器运行时,给定频率和起动信号从哪里给出。根据给出地方的不同,运行模式主要可分为:面板操作、外部操作(端子操作)、通信控制(上位机给定)。

通信控制的给定信号来自变频器的控制机(上位机),如可编程序控制器(PLC)、单片机和计算机(PC)等。

选择运行模式,大多采用功能预置的方法,如森兰 SB70 系列的功能码 F0-01 的参数:设置为 0,F0-00 数字给定;设置为 1,通信给定;设置为 2,UP/DOWN 调节值;设置为 3,AI1;设置为 4,AI2;设置为 5,PFI;设置为 6,算术单元 1;设置为 7,算术单元 2;设置为 8,算术单元 3;设置为 9,算术单元 10,面板电位器给定。

经过以上两步以后,变频器已做好了运行的准备,只要起动信号一到,变频器就按照预置的参数运行。

8.6 变频调速系统

8.6.1 变频调速系统的主电路

变频调速系统的主电路是指从交流电源到负载之间的电路，各种不同型号变频器的主电路端子差别不大，通常用 R、S、T 表示交流电源的输入端，U、V、W 表示变频器的输出端。在实际应用中，需要和许多外接的配件一起使用，图 8-17 是一个比较完整的变频调速系统主电路。

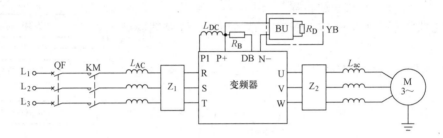

图 8-17 变频调速系统主电路

低压断路器 QF 和交流接触器 KM 用于控制变频器电源的接通和关断。在变频器不使用时，可将断路器断开，起电源隔离作用；当电路出现短路故障时，断路器起保护作用，以免事故扩大。在正常工作情况下，不要使用断路器起动和停止电动机，因为这时工作电压处在非稳定状态，逆变晶体管可能脱离开关状态进入放大状态，而负载感性电流维持导通，使逆变晶体管功耗剧增，容易烧毁逆变晶体管。输入交流电抗 L_{AC} 和直流电抗 L_{DC} 用于改善变频器功率因数。输出交流电抗 L_{ac} 用于减小变频器输出谐波，抑制变频器的辐射干扰和感性干扰，以及抑制电动机的振动。输入滤波器 Z_1 用于抑制变频器传导到主电源线上的电磁干扰。输出滤波器 Z_2 用于抑制变频器产生的浪涌电压的谐波干扰，减小输出的共模干扰和电动机轴承电流。制动电阻 R_B 和制动单元 YB 的作用是当电动机因频率下降或重物下降（如起重机械）而处于再生制动状态时，避免在直流回路中产生过高的泵生电压。

8.6.2 变频调速系统的控制电路

1. 变频器控制电路的基本构成

控制电路是通用变频器中最复杂、最关键的部分。控制电路的主要功能是接收各种信息和指令，然后根据这些指令和设定的信息，按内建的控制规律形成驱动逆变器工作的 PWM 信号，同时，将变频器系统的各种参数送到显示屏显示。控制电路主要由以下几部分组成：决定控制特性的主控制电路；对电流、电压和电动机转速进行检测的信号检测电路；根据运算电路的结果生成相应的脉冲进行隔离和放大的基极驱动电路；变频器和电动机的保护电路；外部接口电路和数字操作器及其控制电路。

（1）主控制电路

变频器主控制电路的核心是一个高性能的微处理器，并配有专用 ASIC、PROM、RAM

芯片和其他必要的周边电路。它通过 A/D、D/A 等接口电路接收检测电路和外部接口电路送来的各种检测信号及参数设定值，利用事先编好的软件进行必要的处理计算，并为变频器提供必要的控制信号或显示信息。一个通用变频器中，主控制电路主要完成输入信号的处理、加减速率调节功能、运算处理和 PWM 波形演算等，给主驱动电路提供控制信号。

大多数通用变频器的基本运行方式是频率开环控制。必要时可引入若干信号的反馈，实现转差闭环控制或矢量变换控制，以适应高精度调速的需要。

（2）信号检测电路

检测电路的主要作用是将变频器和电动机的工作状态反馈至微处理器，并由微处理器按照事先确定的算法进行处理后，为各部分电路提供所需的控制信号或保护信号，以达到控制变频器输出和为变频器及电动机提供必要保护的目的。

在通用变频器中，检测电路主要包括直流电压检测电路、电流检测电路、输出电压检测电路、给变频器和电动机提供电子热保护所需要的温度检测电路。而在矢量控制变频器中，还包括速度检测电路和磁通检测电路等。

（3）保护电路

保护电路的作用是由微处理器对检测电路得到的各种信号进行算法处理，以判断变频器本身或系统是否出现了异常，以便进行各种必要的处理，包括停止变频器的输出，以对变频器各系统提供保护。

变频器保护电路通常具有过电流保护、电动机过载保护、过电压保护、欠电压保护和瞬间断电的处理等功能。

（4）数字操作器

数字操作器的作用主要是给用户提供一个良好的人机界面，使变频器控制系统的操作和故障检测工作变得更加简单。用户可以利用数字操作器对系统进行各种运行、停止操作，监测变频器的运行状态，显示故障内容及发生顺序，以及根据系统运行的需要进行各种参数的设定。

（5）控制电源与驱动电源

现代通用变频器大多采用开关稳压电源作控制及驱动电源。使用开关稳压电源有许多好处，它不但体积小，而且可在输入电源、电压大幅度变化情况下，使输出电压仍然稳定，变频器运行可靠。

另外，变频器中间直流环节的直流电压也可为开关电源供电，这样可避免因交流电源瞬时断电而引起控制系统功能紊乱的现象。

以上变频器的各种控制电路，有些是由变频器内部的微处理器和控制单元完成的；有些是由外接的控制电路与内部电路配合实现的。由外接的控制电路来控制其运行的工作方式称为外控运行方式。本节介绍外控运行方式。

2. 正转运行的控制电路

（1）正转运行的基本电路

如图 8-18 所示，首先将变频器的正转接线端"FWD"与公共端"CM"之间用一个短路片连接，然后接通电源（令接触器 KM 吸合），电动机即可通过键盘控制开始正转运行。

如果电动机的旋转方向反了，可以不必更换电动机的接线，而通过以下方法来更正：

1)将"FWD"接线端与"CM"公共端相连改为"REV"接线端与"CM"公共端相连。

2)保持"FWD"接线端与"CM"公共端的连接,通过功能参数预置来改变旋转方向。

如图 8-18 所示电路,虽然也可以使变频器调速系统开始运行,但一般不推荐由接触器 KM 直接控制电动机的起动和停止。主要原因有以下三点:

1)控制电路的电源在还没有充电到正常电压之前,其工作状态可能会出现紊乱。尽管现代的变频器对此已经作了相应的处理,但所作的处理仍需由控制电路来完成。因此,其准确性和可靠性难以得到充分的保证。

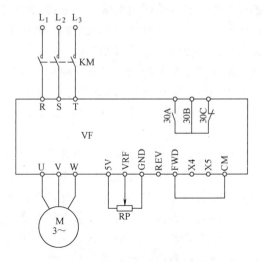

图 8-18　正转运行的基本电路

2)当接触器 KM 切断电源时,变频器就已经不工作了,电动机将处于自由制动状态,不能按预置的降速时间来停机。

3)变频器在刚接通电源的瞬间,充电电流很大,对电网会造成干扰。因此,应将变频器接通电源的次数降低到最少。

(2)开关控制电路

开关控制电路是在正转运行基本电路的基础上,把正转接线端"FWD"与公共端"CM"之间的短路片改为开关 SA,如图 8-19 所示。电动机的起动和停止由开关 SA 控制,接触器 KM 仅用于接通变频器的电源。

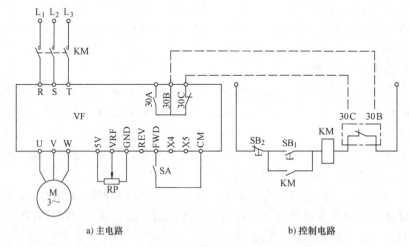

a)主电路　　　　　　　　　　b)控制电路

图 8-19　开关控制电路

图中的"30B"和"30C"是变频器的跳闸信号。该电路的优点是简单明了,缺点是 KM 和 SA 之间无互锁环节,难以防止先合上 SA,再接通 KM,或在 SA 尚未断开(电动机未停机)的情况下,通过 KM 切断电源的误动作。

(3)继电-接触器控制电路

图 8-20 所示为继电-接触器控制的正转运行电路,电动机的起动与停止是由继电器 KA

来完成的。继电器 KA 的接通必须在接触器 KM 接通之后,防止了继电器 KA 先接通而引起的误动作。另外,当 KA 线圈接通时,其常开触点短接了常闭按钮 SB$_2$,因而要停机时,只有先按下电动机的停止按钮 SB$_3$,在继电器 KA 线圈失电后,接触器 KM 线圈才可能断电,从而保证了变频器控制电动机运行的停机要求,即先停电动机,后断变频器电源。

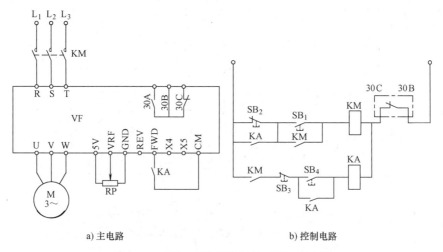

图 8-20 继电-接触器控制的正转运行电路

3. 正反转运行的控制电路

(1) 三位旋转开关控制电路

将图 8-19 所示开关控制电路中的开关 SA 改为三位开关,即可得到三位旋转开关正反转控制电路,如图 8-21 所示。它包括"正转""停止""反转"三个位置。

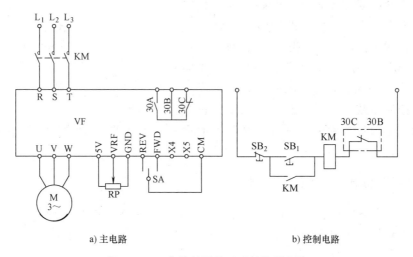

图 8-21 三位旋转开关正反转控制电路

(2) 继电-接触器控制的正反转电路

继电-接触器控制的正反转电路如图 8-22 所示。变频器电源的接通或切断由 SB$_1$、SB$_2$ 控制接触器 KM 来实现。电动机的正转运行与停止由按钮 SB$_3$、SB$_4$ 控制正转继电器 KA$_1$ 来实现。电动机的反转运行与停止由按钮 SB$_5$、SB$_6$ 控制反转继电器 KA$_2$ 来实现。只有当接触器 KM 接通后，变频器处于通电状态时，电动机才能实行正反转运行。并联在按钮 SB_2 常闭触点上的常开触点 KA_1、KA_2 避免了电动机在运行状态下通过 KM 直接停机的误动作。

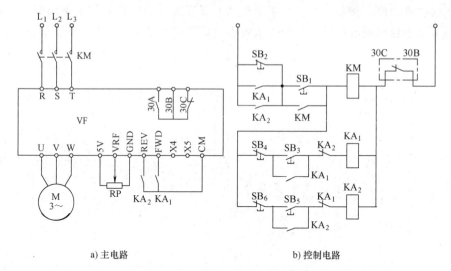

图 8-22　继电-接触器控制的正反转电路

4. 升速与降速控制

在通用变频器的输入控制端子中，有两个端子是供升速和降速之用的，升速或降速通过功能设定来实现。

如图 8-23 所示，端子 X4、X5 是升速和降速控制端子。当 SA_2 触点闭合时，"X5" 与 "CM" 接通，频率上升；当 SA_2 触点断开时，"X5" 与 "CM" 断开，频率保持不变。当 SA_1 触点闭合时，"X4" 与 "CM" 接通，频率下降；当 SA_1 触点断开时，"X4" 与 "CM" 断开，频率保持不变。

在自动控制系统中，常常利用这两个升速和降速控制端子，通过按钮来实现升速和降速的远程控制。

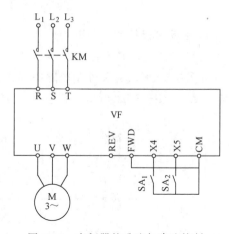

图 8-23　变频器的升速与降速控制

8.6.3　通用变频器与 PLC 的连接

当利用通用变频器构成自动控制系统进行控制时，许多情况是采用和 PLC 配合使用。PLC 可提供控制信号（如速度）和指令通断信号（起动、停止及反向）。下面介绍 PLC 和通用变频器配合使用时的一些注意事项。

1. 开关指令信号的输入

变频器的输入信号中包括对运行/停止、正转/反转和点动等运行状态进行操作的开关型指令信号（数字输入信号）。变频器通常利用继电器触点或具有继电器触点开关特性的元器件（如晶体管）与 PLC 连接，获取运行状态指令，如图 8-24 所示。

使用继电器触点进行连接时，经常因接触不良而引起误动作；使用晶体管连接时，则需

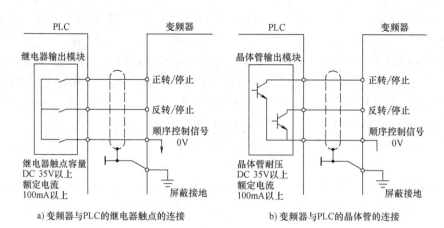

图 8-24 变频器与 PLC 的连接

要考虑晶体管本身的电压、电流容量等因素，以保证系统的可靠性。

技术人员在设计变频器的输入信号电路时还应注意到，如果输入信号电路连接不当，也可能造成变频器的误动作。例如，当输入信号电路采用继电器等感性负载时，继电器开闭时产生的浪涌电流带来的噪声有可能引起变频器的误动作，因此应当尽量避免。

2. 数值指令信号的输入

变频器的输入信号中也存在一些数值型指令信号（如频率、电压等），它们可分为模拟输入和数字输入两种。模拟输入通过接线端子由外部给定，通常是通过（0~10）V/5V 的电压信号或 4~20mA 的电流信号输入；数字输入则多采用变频器面板上的键盘操作和串行接口来设定。由于接口电路因输入信号而异，所以必须根据变频器的输入阻抗来选择 PLC 的输出模块。图 8-25 为 PLC 与通用变频器之间的信号连接图。

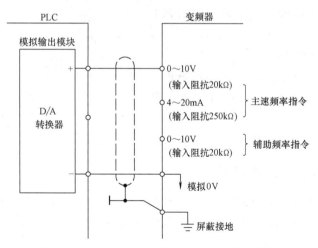

图 8-25 PLC 与通用变频器之间的信号连接图

当 PLC 的输出电压信号范围为 0~5V，而变频器的输入信号范围为 0~10V，或者 PLC 的输出电压信号范围为 0~10V，而变频器的输入信号电压范围为 0~5V 时，变频器和 PLC 的电压信号范围出现了不相同的情况，这时，为保证进行开关时不超过 PLC 和变频器相应部分的容量，且又能满足变频器和晶体管的容许电压、电流等因素的要求，电路中必须串联电阻进行限流和分压。此外，为保证主电路一侧的噪声不传至控制电路，在连线时还应注意将布线分开。

通常变频器也通过接线端子向外部输出相应的监测模拟信号，电压信号通常为0~5V(10V)、电流信号为0（或4）~20mA。为保证电路中的电压和电流不超过电路中的容许值，以提高系统的可靠性并减小误差，PLC一侧的输入阻抗的大小必须引起注意。此外，由于这些监测系统的组成都不相同，当有不清楚的地方时，应当向生产厂家咨询。

在使用PLC进行顺序控制时，由于微处理器进行处理时需要时间，所以总是存在一定时间的延迟。

由于变频器在运行过程中会带来较强的电磁干扰，为了保证PLC不因变频器主电路的断路器和开关器件等产生的噪声而出现故障，在将变频器和PLC等上位机配合使用时还必须注意以下几点：

1）对PLC按照规定的标准和接地条件进行接地。此时，应避免和变频器使用共同的接地线，并在接地时尽可能使两者分开。变频器与PLC的接地方式如图8-26所示，应避免使用的接地方式如图8-27所示。

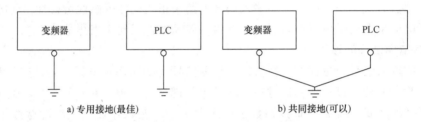

图8-26 变频器与PLC的接地方式

2）当电源条件不太好时，应在PLC的电源模块和I/O模块的电源线上接入噪声滤波器和降低噪声用的变压器等。此外，如有必要，在变频器一侧也应采取相应措施。

3）当变频器和PLC安装在同一控制柜中时，应尽可能使与变频器和PLC有关的电线分开。

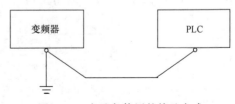

图8-27 应避免使用的接地方式

4）通过使用屏蔽线和双绞线达到提高抗噪声水平的目的。

8.6.4 异步电动机的变频调速系统

下面通过用PLC、变频器设计一个电动机的三速运行的控制系统。系统控制要求为：按下起动按钮，电动机以30Hz频率运行，5s后转为45Hz频率运行，再过5s转为20Hz频率运行，按下停止按钮，电动机即停止。

为实现电动机的三速运行控制要求，这里采用变频器的多段运行来控制；变频器的多段运行信号通过PLC的输出端子来提供，即通过PLC控制变频器的RL、RM、RH以及STR端子与SD端子的通和断。

1. 控制程序设计

根据系统的控制要求，该控制是一个典型的顺序控制，因此，采用顺序功能图来设计系统的控制程序，其顺序功能图如图 8-28 所示。其中 X000：停止按钮；X001：起动按钮；Y000：运行信号（STR）；Y001：第一种速度（RL）；Y002：第二种速度（RM）；Y003：第三种速度（RH）；Y004：复位（RES）。

2. 控制电路

根据控制要求，PLC 与变频器连接实现三档转速的控制电路如图 8-29 所示。

3. 系统调试

（1）设定参数

根据控制要求设定变频器的参数如下：

1）上限频率 $P_{r1} = 50\text{Hz}$。
2）下限频率 $P_{r2} = 0\text{Hz}$。
3）基底频率 $P_{r3} = 50\text{Hz}$。
4）加速时间 $P_{r7} = 2\text{s}$。
5）减速时间 $P_{r8} = 2\text{s}$。
6）电子过电流保护 P_{r9} = 电动机的额定电流。

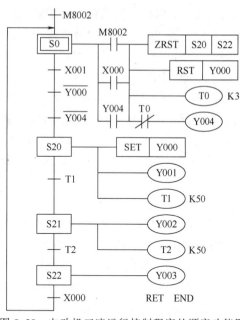

图 8-28 电动机三速运行控制程序的顺序功能图

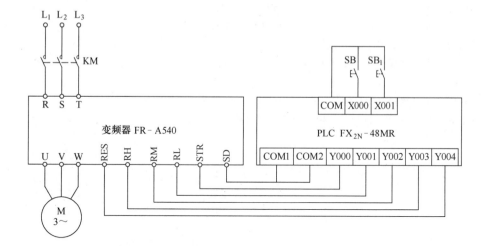

图 8-29 PLC 与变频器连接实现三档转速的控制电路

7）操作模式选择（组合）$P_{r79} = 3$。
8）多段速度设定（第一种速度）$P_{r4} = 30\text{Hz}$。
9）多段速度设定（第二种速度）$P_{r5} = 45\text{Hz}$。
10）多段速度设定（第三种速度）$P_{r6} = 20\text{Hz}$。

（2）程序输入

按图 8-28 所示的顺序功能图正确输入程序。

（3）PLC 模拟调试

按图 8-29 所示的控制电路正确连接好输入设备，并在输出侧接入指示灯，进行模拟调试，观察 PLC 的输出指示灯是否按要求指示，按下起动按钮 SB_1，PLC 输出指示灯 Y000、

Y001亮，5s后Y001灭、Y000和Y002亮，再过5s后Y002灭，Y000和Y003亮，任何时候按下停止按钮SB，Y000~Y003都熄灭，Y004闪一下。否则，检查并修改程序，直至指示正确。

（4）空载调试

按图8-29所示的控制电路，将PLC与变频器连接好（不接电动机），进行PLC、变频器的空载调试，通过变频器的操作面板观察变频器的输出频率是否符合要求，即按下起动按钮SB1，变频器输出30Hz，5s后输出45Hz，再过5s后输出20Hz，任何时候按下停止按钮SB，变频器减速至停止。否则，检查系统接线、变频器参数和PLC程序，直至变频器按要求运行。

（5）系统调试

空载调试成功后，接上电动机，进行系统调试，观察电动机能否按控制要求运行，即按下起动按钮SB_1，电动机以30Hz频率运行，5s后转为45Hz频率运行，再过5s后转为20Hz频率运行，任何时候按下停止按钮SB，电动机在2s内减速至停止。否则，检查系统接线、变频器参数、PLC程序，直至电动机按控制要求运行。

习　题

1. 变频器是如何分类的？
2. 电压型变频器和电流型变频器各有什么特点？
3. 矢量变换控制的基本思想是什么？矢量控制有什么优越性？
4. 通用变频器一般由哪几部分组成？
5. 变频器的主电路端子R、S、T和U、V、W接反了会出现什么情况？电源端子R、S、T连接时是否有相序要求？
6. 变频器功能参数预置的目的是什么？简述功能参数预置的一般步骤。
7. 画出PLC与通用变频器配合使用时的信号连接图。

第9章　计算机数控系统及PLC在数控机床中的应用

9.1　数控机床概述

9.1.1　数控机床的定义

数控是数字控制（Numerical Control，NC）的简称，是指用数字化信息对机床的运动及其加工过程进行控制的一种方法。

数控机床（NC Machine）是指采用了数字控制技术的机床。国际信息处理联盟（IFIP）第五技术委员会对数控机床的定义是：数控机床是一种装有程序控制系统的机床，该系统能够逻辑地处理具有特定代码或其他符号编码指令规定的程序。具体来说，数控机床是一种采用计算机技术，利用数字进行控制的高效的能自动化加工的机床，它能够按照国际或国家，甚至生产厂家所制造的数字和文字编码方式，把各种机械位移量、工艺参数（如主轴转速、切削速度）及辅助功能（如刀具变换、切削液自动供停等）用数字、文字符号表示出来，经过程序控制系统，即数控系统的逻辑处理与计算，发出各种控制指令，实现要求的机械动作，自动完成加工任务。在被加工零件或加工作业变换时，它只需改变控制的指令程序就可以实现新的控制。所以，数控机床是一种灵活性很强、技术密集度及自动化程度很高的机电一体化加工设备，它取代了普通机床的手工操作。

9.1.2　数控机床的工作原理

利用数控机床完成零件数控加工时，首先根据零件的加工图样进行工艺分析，将加工零件的几何形状和工艺信息编制成加工程序，然后通过数控机床的操作面板将程序输入到数控装置，数控装置将指令进行译码、寄存和插补运算后，向各坐标轴的伺服系统发出指令信号，驱动伺服电动机转动，并通过传动机构，使刀具与工件之间按加工零件的形状轨迹进行运动，并进行反馈控制，以确保其定位精度。同时通过PLC实现系统其他必要的辅助动作，如自动变速、冷却润滑液的自动开停、工件的自动夹紧、放松以及刀具的自动更换等，配合进给运动完成零件的自动加工。

9.1.3　数控机床的组成

数控机床一般由信息载体、数控系统、伺服系统、检测装置、辅助装置和机床本体六部分组成，如图9-1所示。

1. 信息载体

信息载体又称控制介质，是人与数控机床之间的中间媒介物质，反映了数控加工中的全部信息。信息载体可以是穿孔带，也可以是穿孔卡、磁带或其他可以存储代码的载体。

2. 数控系统

数控系统是数控机床实现自动加工控制的核心，是整个数控机床的灵魂所在。数控系统接收输入介质的信息，并将其代

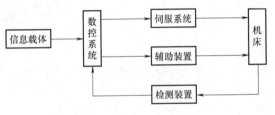

图 9-1　数控机床的组成

码加以识别、存储、运算和输出相应的指令脉冲以驱动伺服系统。它主要由输入装置、监视器、主控系统、PLC 和 I/O 接口等组成。

主控系统由 CPU、存储器和控制器等组成。数控系统的主要控制对象是位置、角度和速度等机械量以及温度、压力和流量等物理量，其控制方式又可分为数据运算处理控制和时序逻辑控制两大类。其中主控制器内的插补模块就是根据所读入的零件程序，通过译码、编译等处理后，进行相应的刀具轨迹插补运算，并通过与各坐标伺服系统的位置、速度反馈信号的比较，从而控制机床各坐标轴的位移。而时序逻辑控制通常由 PLC 来完成，它根据机床加工过程中的各个动作要求进行协调，按检测信号进行逻辑判别，从而控制机床各个部件有条不紊地按顺序工作。

3. 伺服系统

伺服系统以机械位置或角度作为控制对象，是数控系统和机床本体之间的电传动联系环节。它由伺服电动机、驱动控制系统和位置检测与反馈装置等组成。伺服电动机是系统的执行元件，驱动控制系统是伺服电动机的动力源。数控系统发出的指令信号与位置反馈信号比较后作为位移指令，再经过驱动系统的功率放大后，驱动电动机运转，通过机械传动装置拖动工作台或刀架运动。系统的执行元件常用的有步进电动机、直流伺服电动机和交流伺服电动机，同时交流伺服电动机正在取代直流伺服电动机。

4. 检测装置

检测装置是数控机床伺服系统的重要组成部分，它的作用是检测位移和速度，发送反馈信号，构成闭环控制。数控机床的加工精度主要由检测装置的精度决定。通常采用测速发电机或脉冲编码器作为电动机转速控制和位置控制的检测元件。根据不同的控制方式，常用的检测元件还有旋转变压器、感应同步器、光栅、磁性检测元件和霍尔检测元件等。

5. 辅助装置

辅助装置主要包括自动换刀装置（Automatic Tool Changer，ATC）、自动交换工作台（Automatic Pallet Changer，APC）、工件夹紧放松机构、回转工作台、润滑装置、切削液装置、过载和保护装置等。

6. 机床本体

数控机床的本体包括机床的主运动部件、进给运动部件、执行部件和基础部件，如床身、底座、立柱、工作台和导轨等。数控机床与普通机床不同，它的主运动和各个坐标轴的进给运动都由单独的伺服电动机驱动，因此它的传动链短，结构比较简单。普通机床上各个传动链之间有复杂的齿轮联系，在数控机床上则由计算机来协调控制各个坐标轴之间的运动关系。为了保证数控机床的快速响应特性，在数控机床上普遍采用精密滚珠丝杠和直线滚动导轨副。为了保证数控机床的高精度、高效率和高自动化加工，机床的机械结构通常具有较

高的动态特性、动态刚度、阻尼精度、耐磨性以及抗热变形性能。数控机床还具有完善的刀具自动交换和管理系统，在加工中心具备刀库和自动交换刀具的机构。数控机床对零件的加工是自动完成的，为了操作安全，一般采用移动门结构的全封闭罩壳，对机床的加工部件进行全封闭操作。

9.2 计算机数控系统

9.2.1 计算机数控系统的定义

计算机数控（Computerized Numerical Control）系统，简称 CNC 系统，它是在硬件数控的基础上发展起来，由计算机代替先前的数控装置。因此，CNC 系统是一种包含计算机在内的数字控制系统，根据计算机存储的控制程序执行部分或全部数控功能。依照美国电子协会（EIA）所属的数控标准化委员会的定义，CNC 系统是用一个存储程序的计算机，按照存储在计算机内的读写存储器中的控制程序去执行数控装置的一部分或全部功能，并配有接口电路、伺服驱动的一种专用计算机系统。在 CNC 系统中计算机主要用来进行数值和逻辑运算，对机床进行实时控制，只要改变计算机中的控制软件就能实现一种新的控制方式。

9.2.2 CNC 系统的组成

数控机床在数字控制系统的控制下，自动按给定的程序进行产品零件加工。CNC 系统由程序、I/O 设备、CNC 装置（计算机数控装置）、PLC（可编程序控制器）、主轴和进给伺服单元、位置检测装置等几部分组成，其框图如图 9-2 所示。CNC 系统的核心是 CNC 装置。

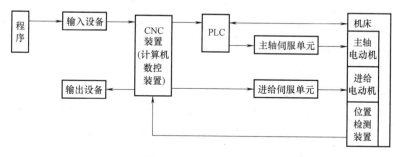

图 9-2 CNC 系统框图

CNC 系统不同于以前的数控 NC 装置。NC 装置由各种逻辑元件、记忆元件等组成数字逻辑电路，由硬件来实现数控功能，是固定接线的硬件结构。现代 CNC 装置都采用微型计算机，由软件来实现部分或全部功能，具有良好的柔性，容易通过改变软件来更改或扩展系统的控制功能。CNC 装置由硬件和软件组成，软件在硬件的支持下运行，离开软件硬件便无法工作，两者缺一不可。

9.2.3 CNC 装置的工作过程

CNC 装置以存储程序的方式工作，它的工作是在硬件支持下，执行软件的全过程，一一般情况下 CNC 装置的工作过程如图 9-3 所示。它的主要任务是进行刀具和工件之间相对运动的控制。

1. 信息输入

通过机床面板上的键盘或磁盘、光盘、纸带阅读机等将零件程序、控制参数和补偿数据等信息输入和存入在 CNC 装置的内部存储器中。

2. 译码处理

译码处理是在输入的零件加工程序中，CNC 装置以一个程序段为单位，将零件的轮廓信息（线型、半径、起终点坐标）、加工速度（F 代码）和其他的辅助信息（M、S、T 代码等），根据一定的语言规则，解释成计算机能够识别的数据形式，并以一定的数据格式存放在指定的内存专用区间。

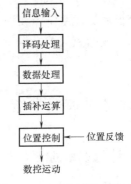

图 9-3 CNC 装置的工作过程

3. 数据处理

数据处理包括刀具补偿、速度计算以及辅助功能的处理等。通常，CNC 装置的零件程序是以零件轮廓轨迹来编程的。刀具补偿的作用是把零件轮廓轨迹转换成刀具中心轨迹。

速度计算是按编程所给的合成进给速度计算出各坐标轴运动方向的分速度。此外，对机床允许的最低速度和最高速度的限制进行判别并处理。辅助功能如换刀、主轴起停、冷却液开停等大部分都是开关量信号。辅助功能处理的主要工作是识别、存储设置标志，在程序执行时发出信号，让机床相应部件执行相应的动作。

4. 插补运算

数控机床上所加工的大部分工件的轮廓是由直线和圆弧构成的，若轮廓由其他二次或高次曲线构成，可采用小段直线或圆弧来逐段拟合，这种拟合的方法就称为插补。因此，所谓的插补就是在一个线段的起点和终点之间进行数据密化。

插补程序在每个插补周期运行一次，在每个插补周期内，根据指令进给速度计算出一个微小的直线数据段。通常经过若干个插补周期后，插补加工完一个程序段，即完成从程序段起点到终点的"数据密化"工作。

插补可以由硬件实现，也可以用软件完成。早期的 NC 系统采用数字电路来完成插补，即硬件插补。而 CNC 系统主要采用软件插补。插补的精度和速度将直接决定数控系统的加工精度和加工速度，因此插补算法的优劣，将直接影响数控系统的性能。

5. 位置控制

位置控制处在伺服回路的位置环上，位置控制可以由软件实现，也可以由硬件完成。它的主要任务是在每个采样周期内，将插补计算的理论位置与实际反馈位置相比较，用其差值去控制伺服电动机，进而控制机床工作台（或刀具）的位移。这样，机床就自动地按照零件加工程序的要求进行切削加工。

9.2.4 CNC 装置的功能

CNC 装置采用了微型计算机，通过软件可以实现很多功能。CNC 装置的功能通常包括基本功能和选择功能。基本功能是数控系统必备的功能，选择功能是可供用户根据机床特点和工作用途进行选择的功能。CNC 装置的主要功能包括：

1）控制轴功能。CNC 装置能控制的轴数及能同时控制（联动）的轴数是主要性能之一。控制轴有移动轴、回转轴、基本轴和附加轴。联动轴可以完成轮廓轨迹加工。一般数控车床只需二轴控制，二轴联动；铣床需要三轴控制，两轴半联动；加工中心为三轴联动，多轴控制。

2）准备功能（G 功能）。用来指定机床的运动方式。

3）插补功能。指 CNC 装置可以实现各种曲线轨迹插补加工的能力，一般数控装置有直线和圆弧插补功能，高档数控装置还有高次曲线插补功能。现代 CNC 装置一般通过软件进行插补，特别是数据采样插补是当前的主要方法。

4）进给功能。进给功能反映刀具进给速度。它用 F 指令直接指定各轴的进给速度或进给率。

5）刀具功能。包括能选取的刀具数量和种类、刀具的编码方式、自动换刀的方式，即固定刀位换刀还是随机换刀。

6）主轴功能。用来指定主轴转速。

7）辅助功能。用来规定主轴的起、停、转向，冷却泵的接通和断开等。

8）字符显示功能。CNC 装置可配置单色或彩色 CRT，通过软件和接口实现字符和图形显示。它可以显示程序、参数、各种补偿量、人机对话编程菜单、零件图形和动态模拟刀具轨迹等。

9）CNC 装置用于补偿刀具磨损或更换、丝杠螺距误差及反向间隙引起的误差。

10）固定循环加工功能。将一些典型的循环加工过程，如钻孔、攻螺纹、镗孔和切螺纹等，预先编制好程序并存放在存储器中，用 G 代码进行指定，从而简化零件的加工编程。

11）联网及通信功能。CNC 装置一般装有 RS-232C 和分布式计算机数控（DNC）接口，可以进行高速传输，有的 CNC 装置还能与制造自动化协议（Manufacturing Automation Protocol，MAP）相连，进入工厂通信网络，以适应柔性制造系统（FMS）和计算机集成制造系统（CIMS）的要求。

12）人机对话编程功能。包括数据及加工程序的输入、编辑及修改。

总之，CNC 数控装置的功能多种多样，而且随着技术的发展，功能越来越丰富。

9.2.5 CNC 装置的硬件组成

CNC 装置是在硬件的支持下执行软件来进行工作的，其控制功能在很大程度上取决于硬件结构。CNC 装置的硬件结构根据控制功能的复杂程度可分为单处理器结构和多处理器结构。经济型数控机床采用单微处理器结构，高档型数控机床通常采用多微处理器结构，以实现机床的复杂功能，满足高进给速度和高加工精度的要求。以下对单微处理器硬件结构进行介绍。

单微处理器 CNC 装置的硬件组成如图 9-4 所示。

1. CPU 和总线

CPU（微处理器）是 CNC 装置的核心，主要由运算器和控制器两部分组成。运算器包括算术逻辑运算、寄存器和堆栈等部件，对数据进行算术和逻辑运算。控制器则从存储器中依次取出组成程序的指令，经过译码，向 CNC 装置各部分按顺序发出执行操作的控制信号，使指令得以执行。同时接收执行部件发回来的反馈信号，决定下一步命令操作。

总线是 CPU 与各组成部件、接口等之间的信息公共传输线，一般可分为数据总线、地

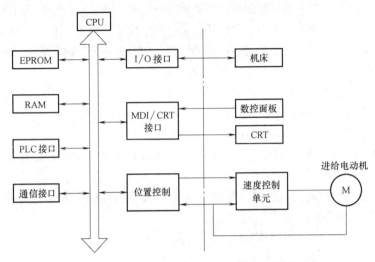

图 9-4 单微处理器 CNC 装置的硬件组成

址总线和控制总线。

2. 存储器

存储器用于存放数据、参数和程序等。CNC 装置的存储器包括只读存储器 EPROM 和随机存储器 RAM 两类。

3. PLC

PLC 用来代替传统机床的继电-接触控制器，利用 PLC 逻辑运算功能实现各种开关量的控制。数控机床中使用的 PLC 分为两类：一类是内装型，它是为实现机床的顺序控制而专门设计制造的，数控机床多采用内装型 PLC；另一类是独立型，它是在技术规范、功能和参数上均可满足数控机床要求的独立部件。

4. I/O 接口

CNC 装置和机床之间的信号一般不直接连接，而是通过 I/O 接口电路来传送。接口电路的作用有两个：一是进行电平转换和功率放大；二是进行必要的电气隔离，防止干扰信号引起误动作。

5. MDI/CRT 接口

MDI 接口是手动数据输入接口，数据通过面板上的键盘输入。CRT 接口是在 CNC 软件配合下，用来在显示器上实现字符和图形显示的接口。

6. 位置控制模块

位置控制模块将插补运算后的坐标位置给定值与位置检测装置测得的实际位置值进行比较，得到速度控制指令，去控制速度控制单元并驱动进给电动机。

7. 通信接口

通信接口用来与外设进行信息传输，如上级计算机、纸带阅读机等。

9.2.6 CNC 装置的软件组成

CNC 装置的软件是为完成 CNC 系统各项功能而编制的专用软件，称为系统软件。CNC 装置的系统软件由管理软件和控制软件两部分组成。管理软件用来管理零件程序的输入、输出；显示零件程序、刀具位置、系统参数、机床状态及报警；诊断 CNC 装置是否正常并检查出现故障的原因。而控制软件由译码、刀具补偿、速度控制、插补运算和位置控制等组成。CNC 装置的软件组成如图 9-5 所示。

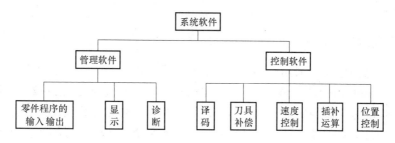

图 9-5　CNC 装置的软件组成

CNC 系统是一个实时计算机控制系统。数控系统的基本数控功能是由各种功能子程序实现的。不同的系统软件结构对这些子程序的安排方式不同，管理方式亦不同，也就构成了不同的软件结构。

CNC 装置有两种类型的软件结构，如图 9-6 所示。CNC 装置的软件结构特点是多任务并行处理。所谓并行处理是指计算机在同一时刻或同一时间间隔内完成两种或两种以上性质相同或不同的工作。并行处理的优点是提高了运行速度。

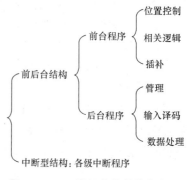

图 9-6　CNC 装置的软件结构类型

9.3　PLC 在数控机床中的应用

9.3.1　数控机床控制信息的分类

在数控机床上有两类控制信息：一类是对坐标轴运动进行的"数字控制"信息，另一类是"顺序控制"信息。前者主要是对数控机床进给运动的坐标轴位置进行控制，如数控机床工作台的前、后、左、右移动，主轴箱的上、下移动和围绕某一直线轴的旋转运动位移量等。对于数控车床是控制 z 轴和 x 轴的移动量；对于三坐标数控机床是控制 x、y、z 轴的移动距离；同时还有各轴运动之间的关系，插补、补偿等的控制。这些控制是用插补计算出的理论位置与实际反馈位置比较后得到的差值，对伺服进给电动机进行控制而实现的。这种控制的核心作用就是保证实现加工零件的轮廓轨迹，除点位加工外，各个轴的运动之间随时都必须保持严格的比例关系，这一类数字量信息是由 CNC 系统（专用计算机）进行处理的。顺序控制就是在数控机床运行过程中，以 CNC 系统内部和机床上各行程开关、传感器、按钮和继电器等的开关量信号的状态为条件，并按照预先规定的逻辑顺序，对诸如主轴的开停、换向，刀具的更换，工件的夹紧、松开，液压、冷却和润滑系统的运行等进行的控制。这一类控制信息主要是开关量信号的顺序控制，一般由 PLC 来完成。

PLC 控制的虽然是动作的先后逻辑顺序，可它处理的信息是数字量"0"和"1"。所以，不管是 PLC 本身带的 CPU，还是 CNC 系统的 CPU 来处理这些信号，一台数控机床都是通过计算机将第一类数字量信息和第二类开关量信息很好地协调起来,实现正常的运转和工作。因此,PLC 控制技术同样是数控技术的一个重要方面。对数控机床的工作情况分析理解得越透彻,设计的逻辑顺序也就越合理。PLC 控制也是数控机床上数控系统(计算机)与机床之间的接口。

9.3.2　PLC 在数控机床中的应用形式

过去机床中的顺序控制采用传统的继电-接触器逻辑电路来完成,体积庞大,功耗高,可靠性差。由于 PLC 的响应比继电-接触器逻辑快,可靠性比继电-接触器逻辑高得多,并且易于使用、编程和修改的成本不高,而与计算机相比,虽然其数值计算能力差,但逻辑运算功能强,可处理大量的开关量,而且能直接输出到每个具体的执行部件,因此在数控机床中,除了一些经济型数控机床仍采用继电-接触器逻辑控制电路外,现代全功能型数控机床均采用 PLC 作为机床控制器。从图 9-2 可知,PLC 是数控装置与机床主体之间连接的关键中间环节,它与机床主体以及数控装置之间的信号往来十分密切。

PLC 在数控机床中的应用,通常分为两种类型,即内装型(Built-in Type)PLC 和独立型(Stand-alone Type)PLC。

1. 内装型 PLC

内装型 PLC 也称集成式 PLC,它是为实现数控机床顺序控制而专门设计制造的,它从属于 CNC 装置,PLC 与数控装置 NC 间的信号传送在 CNC 装置内部即可实现。PLC 与数控机床之间的信号则通过 CNC 的 I/O 接口电路实现传送。内装型 PLC 的结构如图 9-7 所示。

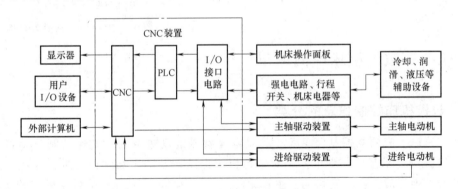

图 9-7　内装型 PLC 的结构

内装型 PLC 的功能是 CNC 装置带有的 PLC 功能,其 I/O 点数、程序存储容量、每步执行时间、程序扫描周期、功能指令及条数等,都从属于 CNC 装置,并与 CNC 系统其他功能一起统一设计、制造,故硬件和软件整体结构紧凑,且功能针对性强,技术指标也较合理、实用,特别适用于单机数控设备。在系统结构上,内装型 PLC 可与 CNC 共用 CPU,也可以单独使用一个 CPU;硬件电路可与 CNC 及其他电路制作在同一印制电路板上,也可单独制成一块附加印制电路板。当 CNC 装置需要附加 PLC 功能时,再将此附加板插装到 CNC 装置上。此外,内装型 PLC 的电源和 I/O 接口电路与 CNC 装置也是共用的。

带有内装型 PLC 的常见系统有:FANUC 公司的 FS-0(PMC-L/M 内装型 PLC)、FS-6(PLC-A/B 内装型 PLC)、FS-10/11(PMC-1 内装型 PLC);西门子公司的 SINUMERIK 820(S5-135W 内装型 PLC);A-B 公司的 8200、8400 和 8600 等。

2. 独立型 PLC

独立型 PLC 也称外装式 PLC。它可以是通用型 PLC，也可以是专门为数控机床设计的独立 PLC。这种 PLC 独立于 CNC 装置，具有完备的硬件和软件功能，能够独立完成规定控制任务的装置。独立型 PLC 的结构如图 9-8 所示。

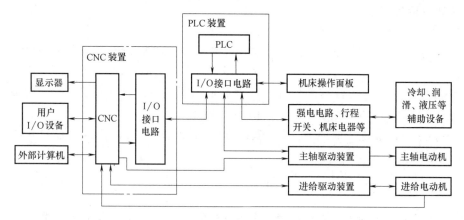

图 9-8　独立型 PLC 的结构

独立型 PLC 一般采用积木式结构或笼型插板式结构，具有 I/O 点数可灵活配置，功能易于扩展和变更等优点。例如，采用通信模块，可与外部 I/O 设备、编程设备、上位机和下位机等进行数据交换；采用 D/A 模块，可以对外部伺服装置直接进行控制；采用计数模块可以对加工工件数量、刀具使用次数和回转体回转分度数等进行检测和控制；采用定位模块，可直接对刀库、转台和直线运动轴等机械运动部件或装置进行控制。

用于 FMS、FMC、FA 中的独立型 PLC，具有较强的数据处理、通信和诊断功能，是 CNC 与上级计算机联网的重要设备。

PLC 采用独立应用方式时，可根据用户自己的特点，选用不同专业 PLC 厂商的产品，并且可以更方便地对控制规模进行调整。

另外，独立型 PLC 与内装型 PLC 相比，独立型 PLC 可以扩展 CNC 的控制功能，可以形成两个以上的附加轴控制，内装型 PLC 则不可以。但在性价比上独立型 PLC 不如内装型 PLC。

9.3.3　PLC 与 CNC、机床之间的信号处理

在数控机床上用 PLC 代替传统的机床强电顺序控制的继电-接触逻辑控制，利用逻辑运算实现各种开关量控制。PLC 处于数控装置与机床之间，主要起信息处理和桥梁的作用，它们之间的关系可以表示为

$$CNC(数控装置侧) \longleftrightarrow PLC \longleftrightarrow MT(机床侧)$$

即可以使数控装置对机床的控制信号，通过 PLC 去控制机床的动作；也可以把机床的状态信号送还给数控装置，便于数控装置对机床进行自动控制。因此，CNC 装置和机床之间的信号传送处理包括 CNC 装置传送给机床和机床传送给 CNC 装置两个过程。

1. CNC 装置传送给机床

CNC 装置控制程序将输出数据写到 CNC 装置的 RAM 中，并传送给 PLC 的 RAM 中，由

PLC 软件对 PLC 的 RAM 中的数据进行逻辑运算处理，处理后的数据仍在 PLC 的 RAM 中。对内装型 PLC，存在 PLC 存储器 RAM 中已处理好的数据再传回 CNC 装置的 RAM 中，通过 CNC 装置的输出接口送至机床；对独立型 PLC，其 RAM 中已处理好的数据通过 PLC 的输出接口送至机床。

2. 机床传送给 CNC 装置

对于内装型 PLC，信号传送处理如下：

1) 从机床输入开关量数据，送到 CNC 装置的 RAM，再从 CNC 装置的 RAM 传送给 PLC 的 RAM。

2) PLC 的软件进行逻辑运算处理，处理后的数据仍在 PLC 的 RAM 中，并被传送到 CNC 装置的 RAM 中，CNC 装置软件读取 RAM 中数据。

对于独立型 PLC，输入的第 1) 步，数据通过 PLC 的输入接口送到 PLC 的 RAM 中，然后进行上述的第 2) 步。

9.3.4 PLC 在数控机床中的工作流程

PLC 在数控机床中的工作流程和第 3 章中阐述的 PLC 的一般工作流程基本上是一致的，分为输入采样、用户程序执行和输出刷新三个阶段。具体内容见第 3 章 3.2 节。

9.3.5 PLC 在数控机床中的控制功能

数控机床中 PLC 有如下功能：

1. 操作面板的控制

操作面板分为系统操作面板和机床操作面板。系统操作面板的控制信号先是进入 NC，然后再由 NC 送到 PLC，控制数控机床的运行。而对于机床操作面板的控制信号，是直接进入 PLC，控制数控机床的运行。

2. 机床外部开关输入信号控制

将机床侧的开关信号送入 PLC，经逻辑运算后，输出给控制对象。这些开关信号包括很多检测元件信号，如行程开关、接近开关、压力开关和温控开关等开关信号。

3. 输出信号控制

PLC 输出信号经外围控制电路中的继电器、接触器和电磁阀等输出给控制对象。

4. 伺服控制

控制主轴和伺服进给驱动装置的使能信号，以满足伺服驱动的条件，通过驱动装置，驱动主轴电动机、伺服进给电动机和刀库电动机等进行控制。

5. 报警处理控制

PLC 收集强电柜、机床侧和伺服驱动装置的故障信号，将报警标志区中的相应报警标志位置位进行信息处理，数控系统便显示报警信号及报警文本以方便故障诊断。

6. 软盘驱动装置控制

有些数控机床用计算机软盘取代以往的光电阅读机。通过控制软盘驱动装置，实现与数控系统进行零件程序、机床参数、零点偏置和刀具补偿等数据的传输。

7. 转换控制

有些加工中心的主轴可以进行立/卧转换。当进行立/卧转换时，下面这些工作是由 PLC

来完成的。

1) 切换主轴控制接触器。
2) 在线自动修改有关机床数据位。
3) 切换伺服系统进给模块,并切换用于坐标轴控制的各种开关、按钮等。

9.3.6 M、S、T 功能的实现

在数控系统中,M、S、T 功能贯穿了计算机数控装置、可编程序控制器、伺服系统和机床等几个极其重要的组成环节,而它们功能的实现是非常重要的。

1. M 功能的实现

M 功能也称为辅助功能,主要用于机床加工操作时,控制主轴转向与起停、冷却液系统开、关,工作台的夹紧与松开,以及自动换刀装置的取刀和换刀等。在 M 功能实现方式上,大致可以分为两种:一种是寄存器方式,CNC 将 M 功能代码直接传送到 PLC 的相应寄存器中,然后由 PLC 进行逻辑处理,并输出控制有关执行元件动作,这种方法主要用于内装型 PLC;另一种是开关量方式,CNC 将 M 功能代码以开关量的方式送到 PLC 输入接口,然后由 PLC 进行逻辑处理,并输出控制有关执行元件动作。

2. S 功能的实现

S 功能用于完成机床主轴转速的控制,分为 S2 位代码和 S4 位代码两种编程形式。S2 功能处理框图如图 9-9 所示。

(1) S2 位代码

S2 位代码表示 S 后面跟两位数字,表示机床主轴转速数列的序号,它不直接表示主轴转速的大小。速度范围为 S00~S99,共 100 级。

对于分档有级调速的主轴,采用开关量方式或寄存器方式,由 CNC 将 S 代码传送到 PLC,然后由 PLC 进行逻辑处理,输出控制有关执行机构换档。对于无级调速的主轴,将整个速度范围按(500~599)100 级分度,各级按等比级数递增,其公式为 $\sqrt[20]{10} = 1.2$,即相邻分度的后一级速度比前一级速度增加约 12%。这样根据主轴转速的上、下限和上述等比关系就可以获得一个 S2 位代码与主轴转速(BCD 码)的对应表格,它用于 S2 位代码的译码。图 9-9 中,译 S 代码和数据转换实际上就是针对 S2 位代码查出主轴转速的大小,然后将其转换成二进制数,并经上、下限幅处理后,将得到的数字量进行 D/A 转换,输出一个 0~5V、0~10V 或 -10~10V 的直流控制电压给主轴驱动系统或主轴变频器,从而保证了主轴按要求的速度旋转。

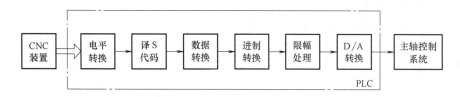

图 9-9 S2 功能处理框图

(2) S4 位代码

S4 位代码表示 S 后面跟四位数字,直接表示机床主轴转速的大小。例如,S1000 直接表

示了主轴的转速为 1000r/min。S4 位代码表示的转速范围为 0~9999 r/min。可见，它的处理过程相对于 S2 位代码形式要简单一些，即它不需要图 9-9 中"译 S 代码"和"数据转换"两个环节。另外，图 9-9 中上、下限幅处理的目的是为了保证主轴转速处于一个安全范围内，例如将其限制在 20~3000r/min 范围内，这样一旦给定值超过上、下限，则取相应边界值作为输出即可。

3. T 功能的实现

T 功能即刀具功能，用于选择刀具号和刀具补号。T 代码后跟 2~5 位数字表示要求的刀具号和刀具补号。根据取刀/换刀位置是否固定可将换刀功能分为随机存取换刀控制和固定存取换刀控制。

在随机存取换刀控制中，取刀和换刀与刀具座编号无关，换刀位置是随机变动的。在执行换刀的过程中，当取出所需的刀具后，刀库不转动，而是在原地立即存入换下来的刀具。这时，取刀、换刀和存刀一次完成，缩短了换刀时间，提高了生产效率，但刀具控制和处理要复杂一些。

在固定存取换刀控制中，被取刀具和被换刀具的位置都是固定的，或者说换下的刀具必须放回预先安排好的固定位置。后者虽然增加了换刀时间，但其控制要简单一些。

图 9-10 为采用固定存取换刀控制方式的 T 功能处理框图。数控加工程序中有关 T 代码的指令经译码处理后，由 CNC 将有关信息传送给 PLC，在 PLC 中进一步经过译码并在刀具数据表内检索，找到 T 代码指定刀号对应的刀具编号（地址），然后与当前使用的刀号相比较。若相同，则说明 T 代码所指定的刀具就是现在正在使用的刀具，不必再进行换刀操作，而返回原入口处；如果不相同，则必须进行更换刀具操作，即先将主轴上的现行刀具归还到它自己的固定刀座号上，然后回转刀库，直至新的刀具位置为止，最后取出所需刀具装在刀架上，至此整个换刀过程结束。

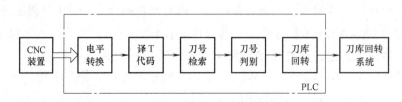

图 9-10 T 功能处理框图

9.3.7 数控机床 PLC 系统的设计及调试

1. PLC 系统设计的基本内容

数控机床 PLC 系统设计通常包括以下基本内容：

1）分析控制要求，确定系统控制方式。PLC 可构成各种各样的控制系统，如单机控制系统、集中控制系统等。在进行应用系统设计时，须确定系统的控制方式。

2）确定用户 I/O 设备。输入设备包括按钮、操作开关、行程开关和传感器等；输出设备有接触器、继电器和信号灯等。

3）PLC 的选择。PLC 是控制系统的核心部件，正确选择 PLC 对于保证整个控制系统的性能指标起着重要的作用。PLC 的选择包括型号的选择、容量的选择和硬件配置（I/O 模块）的选择等。

4) I/O 点数的分配，绘制 I/O 接线图。

5) 数控机床用户程序的设计与调试。用户程序是控制系统工作的软件，是保证整个系统正常、安全和可靠的关键。编制好的数控机床用户程序需要经过运行调试，以确认是否满足数控机床控制的要求。通常用户程序要经过模拟调试和联机调试合格后，并制作成程序的控制介质，才算编制完成。

6) 编制控制系统的技术文件，包括说明书、电气原理图和电气元件明细表等。

2. PLC 系统的设计步骤

(1) 工艺分析

分析被控数控机床的工艺过程、工作特点以及控制系统的控制过程、功能和特性，估算 I/O 开关量的点数、I/O 模拟量的接口数量和精度要求，从而对 PLC 提出整体要求。

(2) 系统调研

根据设备的要求，对初步选定的数控系统进行调研，了解其所提供的 PLC 系统的功能和特点，如 PLC 的类型、接口性能、扩展性和 PLC 软件的编制方法等。

(3) 确定方案

根据前两步的工作，综合考虑数控系统和 PLC 系统的功能、性能和特点，本单位的需要，以及整机性价比，然后确定 PLC 系统的方案。

数控机床用 PLC 的两种类型中，内装型 PLC 一般用于功能较简单、控制轴数较少的数控系统；独立型 PLC 一般用于功能较强、控制轴数较多的数控系统。

在选择独立型 PLC 时，主要需考虑的因素有功能范围、I/O 点数、存储器容量和处理时间。

(4) 电气设计

PLC 控制系统的电气设计主要包括：电气原理图、元器件清单、电柜布置图和安装接线图等。通常，进行电气设计时，应注意以下几点：

1) PLC 输出接口的类型。输出接口类型有继电器输出、晶体管输出和双向晶闸管输出。

2) PLC 输出接口的驱动能力。一般继电器输出为 2A，其他为 500mA。

3) 模拟量接口的类型和极性要求。一般有电流型输出（-20~20mA）和电压型输出（-10~10V）两种可选。

4) 采用多直流电源时的共地要求。

5) 输出端接不同负载类型时的保护电路。对于电感性负载，电源若为直流，则加续流二极管，若为交流，则加阻容吸收电路。

6) 若电网电压波动较大或附近有大的电磁干扰源，应在电源与 PLC 之间加设隔离变压器、稳压电源或电源滤波器。

7) 注意 PLC 的散热条件。当 PLC 的环境温度大于 55℃ 时，需用风扇强制冷却。

3. PLC 程序设计

PLC 程序设计的基本思路是按照系统的要求设计输入和输出信号的逻辑关系，在输入某些信号时得到预期的输出信号，从而实现预期的工作过程。若控制系统比较复杂，可采用"化整为零"的方法，当一个个控制功能的 PLC 程序设计出来后，再"积零为整"完善相互关系，使设计出的程序实现其根据控制任务所确定的顺序的全部功能。

（1）PLC 程序设计的方法

常用的 PLC 程序设计方法有经验设计法、逻辑设计法、顺序设计法和流程图法等。

1）经验设计法是设计者在一些典型电路的基础上，根据被控对象的具体要求，不断地调试、修改和完善梯形图的方法，它没有规律可循，具有很大的试探性和随意性，最后结果因人而异。设计所用的时间、设计的质量与设计者的经验有很大的关系，这种设计方法一般用于一些较简单的梯形图的设计。

2）逻辑设计法就是应用逻辑代数以逻辑组合的方法和形式设计梯形图。采用这种方法设计时，必须在逻辑函数表达式与梯形图之间建立一种一一对应关系。

3）顺序设计法是一种先进的设计方法。使用顺序设计法时首先根据系统的工艺过程，画出顺序功能图，然后根据顺序功能图画出梯形图或写出指令表。对于复杂的控制系统，特别是复杂的顺序控制系统，一般采用顺序设计法。

4）流程图法是熟悉计算机高级语言的设计者常用的程序设计方法。

（2）PLC 程序设计的一般步骤

1）全面了解 PLC 的硬件配置及指令系统。

2）编制接口信号文件。设计 PLC 程序必须制作的接口技术文件主要包括 I/O 信号电路原理图、地址表和 PLC 数据表。

3）绘制梯形图。

4）PLC 程序的调试与确认。通常，编制好的数控机床用户程序需要经过运行调试，以确认是否满足数控机床控制的要求。用户程序一般要经过"模拟调试"和"联机调试"，合格后，才能最终确认程序的正确性。

5）PLC 程序的固化。将经调试合格后的 PLC 程序用编程机或编程器写入 EPROM，称为程序的固化。

6）程序存储和文件整理。

必须指出的是，设计人员在设计时应注意以下几点：

1）若所采用的 PLC 自带程序，应详细了解程序已有的功能和对现有需求的满足程度和可修改性，尽量采用 PLC 自带的程序。

2）将所有与 PLC 相关的输入信号（按钮、行程开关及速度等传感器）和输出信号（接触器、电磁阀及信号灯等）分别列表，并按 PLC 内部接口范围，给每个信号分配一个确定的编号。

3）详细了解生产工艺和设备对控制系统的要求。画出系统各个功能过程的工作循环图或流程图、功能图及有关信号的时序图。

4）按照 PLC 程序语言的要求设计梯形图或编写程序清单。梯形图上的文字符号应按现场信号与 PLC 内部接口对照表的规定标注。

（3）PLC 程序设计的一般原则

1）保证人身与设备安全是程序设计的前提条件。

2）软件的安全设计不能代替硬件的安全保护，因此硬件保护措施不能省略。

3）不同厂家的 PLC 各具特点，选择时应了解 PLC 自身的特点。

4）选择合适的编程方式，尽量减少程序量。

5）尽量注释，以便于维修。

(4) PLC 程序调试

1) 输入程序。

2) 检查电气线路。

3) 仿真调试。仿真调试通常是在实验室条件下,采用仿真装置或模拟实验台进行调试;或者是在关闭系统强电的条件下在实际系统上进行模拟调试。例如当关闭主轴强电开关时,调试中即使 PLC 动作有误,由于主轴电动机不会实际运转,所以也不会引起事故。

4) 联机调试。若不满足要求,可用手持编程器在现场修改 PLC 程序,直到满足要求为止。

5) 非常规调试,验证安全保护和报警功能。这部分通常也分为仿真调试和运行调试,以防止保护功能失效而损坏器件和设备。

6) 进行安全检查并投入考验性试运行。

另外,上述 PLC 系统的设计内容若用流程图来表达的话,其相互约束关系将会更加直观、形象、具体,数控机床 PLC 系统设计的一般流程与图 6-56 相同。

9.3.8 PLC 在数控机床上的应用实例

PLC 在数控机床中,主要实现 M、S、T 的控制功能。M 功能主要用于机床加工操作时,控制主轴的转向与起停,冷却液系统的开、关,工作台的夹紧与松开,以及自动换刀装置的取刀和换刀等。S 功能主要用于完成机床主轴转速的控制。T 功能主要用于选择刀具号和刀具补号。下面通过两个实例来介绍 PLC 在数控机床中的应用。

1. 主轴的控制

(1) 控制要求

主轴控制主要包括正转、反转、停止、制动和冲动等。控制要求为:按正转按钮时电动机正转;按反转按钮时电动机反转;按停止按钮时电动机停止,并控制制动器制动 2s;按点动按钮时电动机正转 0.5s,然后停止;电动机过载报警后,正反转按钮、点动按钮无效。

(2) 主轴控制电气线路

数控机床的主轴电动机为三相异步电动机,由交流接触器控制正反转;继电器采用 DC24V 供电,自带续流二极管;交流接触器采用 AC110V 供电。因此,根据控制要求设计的主轴控制电气线路如图 9-11 所示,其中图 9-11a 为主轴强电电路,图 9-11b 为主轴控制电路,图中各元器件的含义见表 9-1。

表 9-1 主轴控制电气元器件的含义

序 号	名 称	含 义	序 号	名 称	含 义
1	QF_3	主轴带过载保护电源低压断路器	8	KA_9	刀具松夹继电器
2	KM_3	主轴正转交流接触器	9	SB_1	主轴正转按钮
3	KM_4	主轴反转交流接触器	10	SB_2	主轴反转按钮
4	KA_1	由急停控制的中间继电器	11	SB_3	主轴停止按钮
5	KA_4	主轴正转中间继电器	12	SB_4	主轴冲动按钮
6	KA_5	主轴反转中间继电器	13	RC_1	三相灭弧器
7	KA_6	主轴制动中间继电器	14	RC_7、RC_8	单相灭弧器

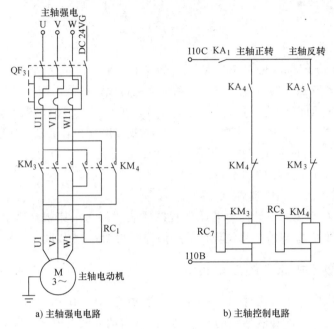

图 9-11 主轴控制电气线路

（3）主轴的 PLC 控制

1) 主轴 PLC 控制的 I/O 点分配见表 9-2。

表 9-2 主轴 PLC 控制的 I/O 点分配

输入信号			输出信号		
名称	代号	输入点编号	名称	代号	输出点编号
主轴正转按钮	SB_1	X000	主轴正转中间继电器	KA_4	Y000
主轴反转按钮	SB_2	X001	主轴反转中间继电器	KA_5	Y001
主轴停止按钮	SB_3	X002	主轴制动中间继电器	KA_6	Y002
主轴冲动按钮	SB_4	X003	刀具松夹继电器	KA_9	Y003
过载报警	FR	X004			

2) 主轴 PLC 控制 I/O 接线图如图 9-12 所示。

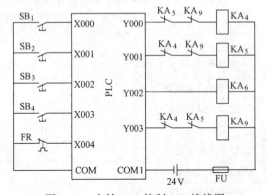

图 9-12 主轴 PLC 控制 I/O 接线图

3）根据主轴控制要求，设计出主轴 PLC 控制梯形图如图 9-13 所示，主轴控制指令表程序见表 9-3。

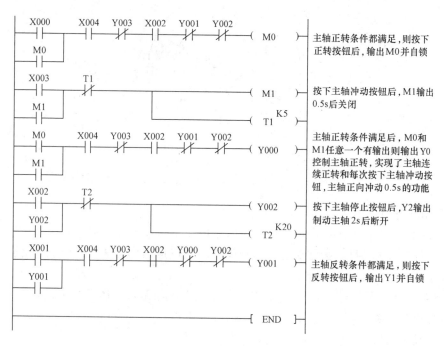

图 9-13 主轴 PLC 控制梯形图

表 9-3 主轴控制指令表程序

LD	X000	OUT	T1 K5	OUT	Y002
OR	M0	LD	M0	OUT	T2 K20
AND	X004	OR	M1	LD	X001
ANI	Y003	AND	X004	OR	Y001
AND	X002	ANI	Y003	AND	X004
ANI	Y001	AND	X002	ANI	Y003
ANI	Y002	ANI	Y001	AND	X002
OUT	M0	ANI	Y002	ANI	Y000
LD	X003	OUT	Y000	ANI	Y002
OR	M1	LD	X002	OUT	Y001
ANI	T1	OR	Y002	END	
OUT	M1	ANI	T2		

2. 数控加工中心刀具库选择的控制

（1）控制要求

数控加工中心刀具库由六种刀具组成，其选择转盘示意图如图 9-14 所示。$SB_1 \sim SB_6$ 分别为六种刀具选择按钮；$SQ_1 \sim SQ_6$ 为刀具到位行程开关，由霍尔元件构成。

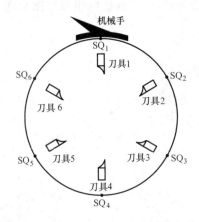

图 9-14 数控加工中心刀具库选择转盘示意图

1）初始状态时，PLC 记录当前刀号。

2）当按下按钮 $SB_1 \sim SB_6$ 中的任何一个时，PLC 记录该刀号，然后刀盘按照距离请求刀号最近的方向旋转。当转盘旋转到达刀具位置时，到位指示灯发亮，机械手开始换刀，并且换刀指示灯闪烁。5s 后换刀结束。

3）在换刀过程中，若有其他换刀请求，请求信号将无效。换刀结束，记录当前刀号，等待下一次换刀请求。

（2）刀具库选择的 PLC 控制

1）刀具库选择 PLC 控制 I/O 点分配见表 9-4。

2）数控加工中心刀具库选择 PLC 控制 I/O 接线图如图 9-15 所示。

表 9-4 数控加工中心刀具库选择 PLC 控制 I/O 点分配

输入信号			输出信号		
名称	代号	输入点编号	名称	代号	输出点编号
1号刀具选择按钮	SB_1	X001	到位指示灯	HL_1	Y000
2号刀具选择按钮	SB_2	X002	换刀指示灯	HL_2	Y001
3号刀具选择按钮	SB_3	X003	转盘顺转输出	OUT_1	Y002
4号刀具选择按钮	SB_4	X004	转盘逆转输出	OUT_2	Y003
5号刀具选择按钮	SB_5	X005			
6号刀具选择按钮	SB_6	X006			
1号刀具到位行程开关	SQ_1	X011			
2号刀具到位行程开关	SQ_2	X012			
3号刀具到位行程开关	SQ_3	X013			
4号刀具到位行程开关	SQ_4	X014			
5号刀具到位行程开关	SQ_5	X015			
6号刀具到位行程开关	SQ_6	X016			

3）根据控制要求，设计出数控加工中心刀具库选择 PLC 控制梯形图如图 9-16 所示。

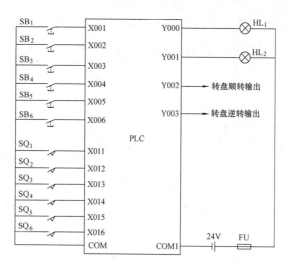

图 9-15 刀具库选择 PLC 控制 I/O 接线图

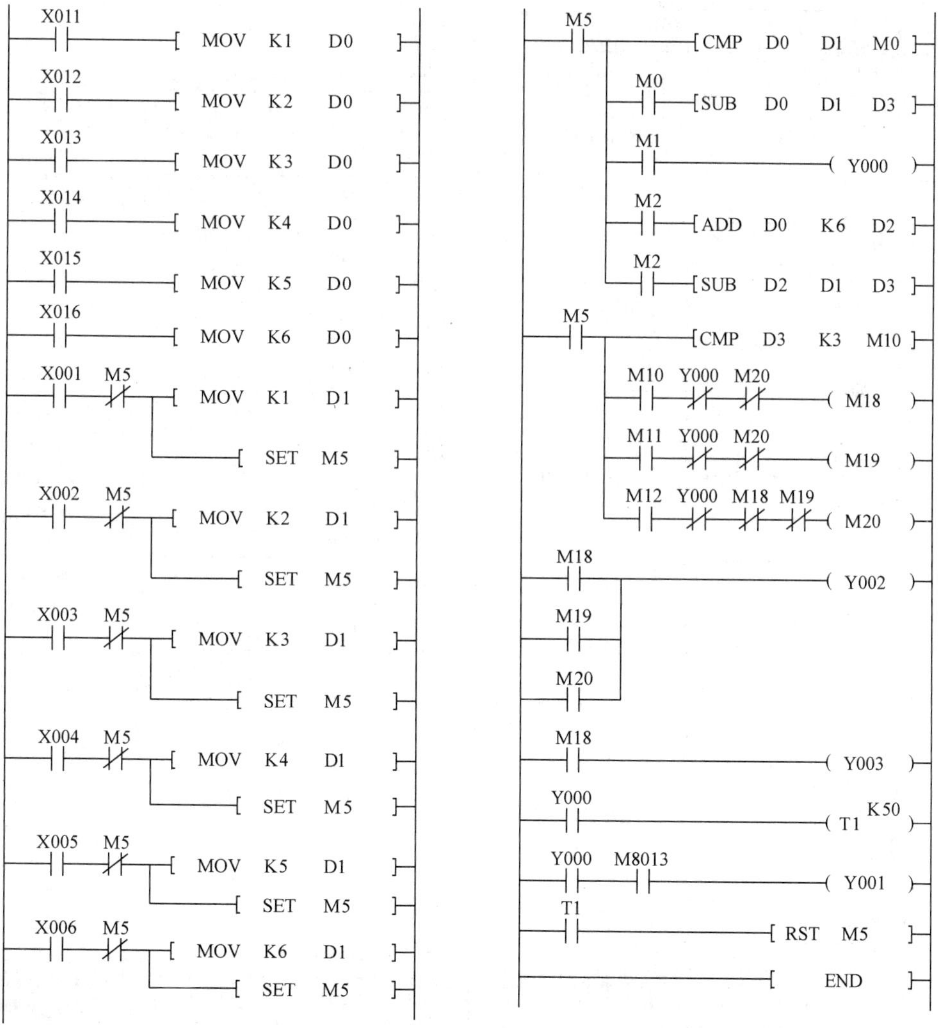

图 9-16 数控加工中心刀具库选择 PLC 控制梯形图

4) 数控加工中心刀具库选择 PLC 控制指令表程序见表 9-5。

表 9-5 刀具库选择 PLC 控制指令表程序

LD	X011		记录 1 号刀具位置	LD	M5			
MOV	K1	D0		CMP	D0	D1	M0	
LD	X012		记录 2 号刀具位置	MPS				
MOV	K2	D0		AND	M0			
LD	X013		记录 3 号刀具位置	SUB	D0	D1	D3	D0>D1, M0=ON; D0=D1, M1=ON; D0<D1, M2=ON
MOV	K3	D0		MRD				
LD	X014		记录 4 号刀具位置	AND	M1			
MOV	K4	D0		OUT	Y000			
LD	X015		记录 5 号刀具位置	MRD				
MOV	K5	D0		AND	M2			
LD	X016		记录 6 号刀具位置	ADD	D0	K6	D2	
MOV	K6	D0		MPP				
LD	X001		请求 1 号刀具	AND	M2			
ANI	M5			SUB	D2	D1	D3	
MOV	K1	D1		LD	M5			
SET	M5			CMP	D3	K3	M10	
LD	X002		请求 2 号刀具	MPS				
ANI	M5			AND	M10			
MOV	K2	D1		ANI	Y000			
SET	M5			ANI	M20			
LD	X003		请求 3 号刀具	OUT	M18			
ANI	M5			MRD				D3>K3, M10=ON; D3=K3, M11=ON; D3<K3, M12=ON
MOV	K3	D1		AND	M11			
SET	M5			ANI	Y000			
LD	X004		请求 4 号刀具	ANI	M20			
ANI	M5			OUT	M19			
MOV	K4	D1		MPP				
SET	M5			AND	M12			
LD	X005		请求 5 号刀具	ANI	Y000			
ANI	M5			ANI	M18			
MOV	K5	D1		ANI	M19			
SET	M5			OUT	M20			
LD	X006		请求 6 号刀具	LD	M18			Y002 闭合, 电动机顺转
ANI	M5			OR	M19			
MOV	K6	D1		OR	M20			
SET	M5							

(续)

OUT	Y002		Y002,Y003 同时闭合,电动机逆转	AND	M8013	换刀闪烁
LD	M18			OUT	Y001	
OUT	Y003			LD	T1	
LD	Y000		换刀闪烁	RST	M5	
OUT	T1	K50		END		
LD	Y000					

5) 程序说明。

在梯形图中,第 1~6 逻辑行是记录当前刀具号。当 1 号刀具处于机械手的位置时,霍尔元件动作,即刀具到位行程开关 SQ_1 动作,梯形图中的 X011 常开触点闭合,将 K1 传送到数据寄存器 D0 中;当 2 号刀具处于机械手的位置时,霍尔元件动作,即刀具到位行程开关 SQ_2 动作,梯形图中的 X012 常开触点闭合,将 K2 传送到数据寄存器 D0 中;当 3 号刀具处于机械手的位置时,霍尔元件动作,即刀具到位行程开关 SQ_3 动作,梯形图中的 X013 常开触点闭合,将 K3 传送到数据寄存器 D0 中。其余以此类推,记录当前的刀具号。

梯形图的第 7~12 逻辑行是记录当前请求选择的刀具号。如果请求选择 1 号刀具,则按下请求刀具按钮 SB_1,梯形图中的 X001 常开触点闭合,将 K1 传送到数据寄存器 D1 中,同时使辅助继电器 M5 置位,其他请求信号无效;如果请求选择 2 号刀具,则按下请求刀具按钮 SB_2,梯形图中的 X002 常开触点闭合,将 K2 传送到数据寄存器 D1 中,同时使辅助继电器 M5 置位,其他请求信号无效。其余以此类推,记录当前请求选择的刀具号。

梯形图的第 13~17 逻辑行是运算程序。辅助继电器 M5 置位后,其常开触点闭合,这时,由比较指令可分为三种情况:

1) 如果数据寄存器 D0>D1,则辅助继电器 M0 得电,其常开触点闭合,执行减法运算 D0-D1,运算结果存入 D3 中,然后将 D3 在第 18 逻辑行中进行比较。若 D3>K3,则刀具盘距离请求刀号逆转方向最近,辅助继电器 M10 闭合,使得 M18 线圈得电,M18 常开触点闭合,继而 Y002、Y003 闭合,电动机带动刀具盘逆时钟方向旋转;若 D3=K3,则刀具盘距离请求刀具号顺转方向最近,辅助继电器 M11 闭合,使得 M19 线圈得电,M19 常开触点闭合,继而 Y002 线圈接通,电动机带动刀具盘顺时钟方向旋转;同理,若 D3<K3,则电动机带动刀具盘顺时钟方向旋转。

2) 如果数据寄存器 D0=D1,则辅助继电器 M1 得电,其常开触点闭合,使得输出 Y000 线圈接通,到位指示灯亮,第 26、27 逻辑行中 Y000 的常开触点闭合,机械手开始换刀,并且 Y001 驱动换刀指示灯闪烁。经过 5s 延时后,T1 动作,复位指令使辅助继电器 M5 复位,换刀结束。

3) 如果 D0<D1,则辅助继电器 M2 得电,梯形图中的第 16、17 逻辑行中的 M2 常开触点闭合。由于 D0<D1,它们直接相减是一个负数,结果将出错,所以将 D0 加上刀具总数后再减去 D1,将得到的数据在第 18 逻辑行中进行比较。

习 题

1. 什么是数控机床？数控机床由哪几部分组成？
2. 简述 CNC 装置的组成及主要功能。
3. 数控机床中 PLC 的功能是什么？
4. 数控机床中的 PLC 有哪几种配置形式？各有什么特点？
5. 数控装置与 PLC 之间、PLC 和机床之间如何进行信息交换？

第10章　PLC编程软件的使用方法

三菱 PLC 编程软件有 FXGP/DOS、FXGP/WIN-C、GPP For Windows 和 GX Developer 等版本，其中 GX Developer 是最新版本。本章介绍 GX Developer Version 7。

10.1　编程软件概述

1. 软件简介

GX Developer Version 7 是日本三菱公司设计的 PLC 中文编程软件，可在 Windows 95/Windows 98/Windows 2000 以及 Windows XP 操作系统中运行，但在 Windows 98 操作系统中运行最稳定。它适用于三菱 Q 系列、Qn 系列、A 系列以及 FX 系列的所有 PLC，能够完成 PLC 梯形图、指令表和 SFC 等的编程。

GX Developer 简单易学，具有丰富的工具箱和直观形象的视窗界面。编程时，既可用键盘操作，也可以用鼠标操作。操作时，既可联机编程，也可脱机离线编程。该软件可直接设定以太网、MELSECNET/10（H）和 CC-Link 等网络的参数，具有完善的故障诊断功能，能方便地实现监控、程序的传送及程序的复制、删除和打印等功能。

2. 系统配置

（1）计算机

要求机型 IBM PC/AT（兼容）；CPU 486 以上；内存不小于 8MB，最好是 16MB 以上；显示器分辨率为 800×600 像素，16 色或更高。

（2）接口单元

采用 FX-232AWC 型 RS-232/RS-422 转换器（便携式）或 FX-232AW 型 RS-232C/RS-422 转换器（内置式），以及其他指定的转换器。

3. 软件的安装

运行安装盘中的"SETUP"，按照逐级提示即可完成 GX Developer 的安装。安装完成后，将在桌面上建立一个与"GX Developer"相对应的图标，同时在桌面的"开始"—"程序"中建立一个"MELSOFT 应用程序"选项。

4. 软件界面

双击桌面上的"GX Developer"的图标，或执行"开始"→"程序"→"MELSOFT 应用程序"→"GX Developer"命令，即可启动 GX Developer，其界面如图 10-1 所示。图 10-2 为 GX Developer Version 7 软件操作界面，它由标题栏、主菜单栏、工具栏、编辑窗口、工程参数列表和状态栏等部分组成。

1) 标题栏。显示工程名称、文件路径、编辑模式和程序步数等。

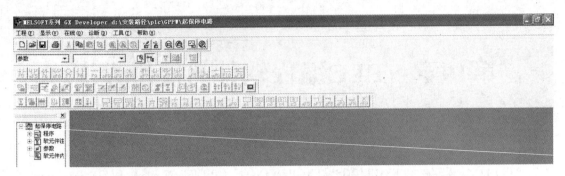

图 10-1 启动 GX Developer 后的界面

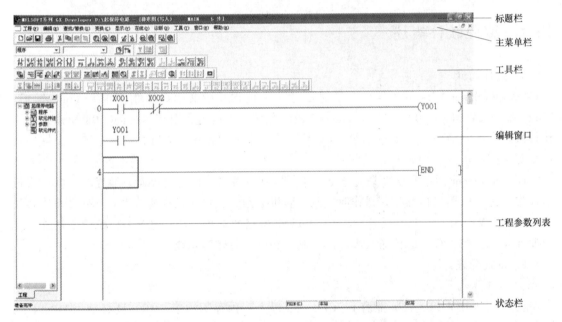

图 10-2 GX Developer Version 7 软件操作界面

2) 主菜单栏。包含工程、编辑、查找/替换、变换、显示、在线、诊断、工具、窗口和帮助，共 10 个菜单。

"工程"菜单项可执行工程的创建、打开、关闭、保存、删除和打印等；"编辑"菜单项提供剪切、复制、粘贴、行（列）插入、行（列）删除、划线写入和划线删除等图形程序（或指令）编辑的工具；"查找/替换"菜单项主要用于指令查找、步号查找、字符串查找、软元件替换、指令替换等；"变换"只在梯形图编程方式可见，程序编好后，需要将图形程序转化为系统可以识别的程序，变换后的图形程序才可存盘、传送等；"显示"菜单项用于注释、声明和注解的显示或关闭，梯形图显示与指令表显示之间的切换等；"在线"主要用于实现计算机与 PLC 之间的程序传送、监视、调试及检测等；"诊断"用于 PLC 诊断、网络诊断、CC-Link 诊断及系统监视等；"工具"菜单项用于程序检查、数据合并、参数检查、删除注释和清除参数等；"窗口"提供重叠显示、左右并列或上下并列显示等；"帮助"主要用于查阅各种错误代码等功能。

3）工具栏。分为主工具栏、图形编辑工具栏和视图工具栏等，它们在工具栏中的位置可以通过鼠标拖动改变。主工具栏提供创建新工程、打开和保存工程，以及剪切、复制和粘贴等功能；图形工具栏只在图形编程时才可见，提供各类触点、线圈和连接线等编程图形；视图工具栏可实现屏幕显示切换，以及屏幕放大/缩小、打印预览等功能。除此之外，工具栏还提供程序的读/写、监视、查找和检查等快捷执行按钮。

4）编辑窗口。用于完成程序的输入、编辑、修改和监控等的区域。

5）工程参数列表。显示程序、编程元件注释、参数和编程元件内存等内容，可实现这些项目的数据设定。

6）状态栏。显示当前的状态，如显示鼠标所指按钮的功能、显示 PLC 的型号等。

5. 系统退出

若要退出系统，则执行"工程"→"GX Developer 关闭"命令，或者执行"工程"→"关闭工程"命令，或者直接单击界面右上角的"关闭"按钮，即可退出 GX Developer 系统。

10.2 工程项目

1. 创建新工程

创建一个新工程可按以下步骤进行：

1）启动 GX Developer，进入图 10-1 所示界面。

2）选择"工程"→"创建新工程"菜单项，或者按<Ctrl+N>键，或者单击 按钮。

3）在弹出的如图 10-3 所示的"创建新工程"对话框中，可进行相应项的选择。

图 10-3 "创建新工程"对话框

PLC 系列：可以选择 QCPU（Qmode）、QCPU（Amode）、QnACPU、ACPU、MOTION（SCPU）和 FXCPU 等，图 10-3 中选择 FXCPU。

PLC 类型：根据所选择的 PLC 系列，确定相应的 PLC 类型。图 10-3 中选择 FX2N（C）。注意，在 Q 系列中创建远程 I/O 参数时，应在 PLC 系列中选择 QCPU（Qmode）后，在 PLC 类型中选择 "Remote I/O"。

程序类型：可选择梯形图逻辑或 SFC。当在 QCPU（Qmode）中选择 SFC 时，也可选择 MELSAP-L。在 A 系列中创建 SFC 时，需进行如下设置：在 PLC 参数的内存容量设置标签中设置微机容量；在 "工程" → "编辑数据" → "新建" 画面的工程类型中选择 SFC。

标号设置：当无需制作标号程序时，选择 "无标号"；制作标号程序时，选择 "标号程序"；制作标号+FB 程序时，选择 "标号+FB 程序"。

生成和程序同名的软元件内存数据。创建新工程时，将软元件内存创建为与程序名相同的名称时可选择此项。

工程名设置：工程名用作保存新建的数据，在生成工程前设定工程名，单击复选框选中；另外，工程名可以在生成工程前或生成后设定，若在生成工程后设定工程名，则需要通过 "另存工程为" 来完成。

驱动器/路径：在生成工程前可设定驱动器和路径名称。

工程名：在生成工程前可设定工程的名称。

标题：在生成工程前设定工程名时可设定。

确定：所有设定完毕后单击此按钮，退出对话框。

4) 所有设置结束后，单击 "确定" 按钮，退出对话框后，将出现图 10-4 所示的 "程序编辑" 窗口，可以开始编程。

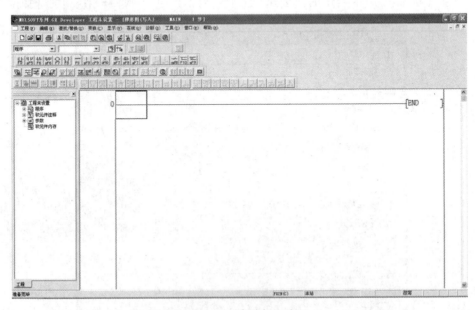

图 10-4 "程序编辑" 窗口

另外，在创建新工程时应注意以下几点：

1) 创建新工程后，各数据及数据名可进行相应规定。

程序：MAIN；注释：COMMENT（通用注释）；参数：PLC参数、网络参数（仅A系列、Q/QnA系列）。

2）当创建多个程序或启动了多个GX Developer，造成计算机资源不够用而导致画面不能正常显示时，应重新启动GX Developer，或关闭其他的应用程序。

3）保存工程时，若仅指定了工程名而未指定驱动器/路径（空白），则GX Developer将新建工程自动保存在默认的驱动器/路径下。

2. 打开工程

打开一个已有工程的操作方法是：选择"工程"→"打开工程"命令，或者按<Ctrl+O>键，或者单击 按钮，在弹出的"打开工程"对话框中选择已有工程，如交通信号灯控制，单击"打开"按钮，如图10-5所示。若单击"取消"按钮，则重新选择已有的工程。

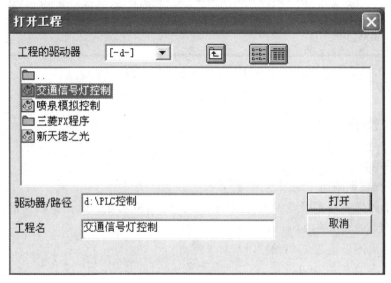

图10-5 "打开工程"对话框

3. 关闭工程

将一个已处于打开状态的PLC程序关闭的操作方法是：选择"工程"→"关闭工程"命令，弹出"关闭工程"对话框，选择"是"即可关闭工程。当未设定工程名或正在编辑时选择"关闭工程"，将会出现一个询问保存对话框，如果要保存当前工程，选择"是"按钮，否则单击"否"按钮。如果需要继续编辑工程，则单击"取消"按钮。

4. 保存工程

选择"保存工程"命令，将保存当前PLC程序、注释数据以及其他在同一文件名下的数据。操作方法是：选择"工程"→"保存工程"命令，或者按<Ctrl+S>键，或者单击 按钮，弹出"另存工程为"对话框，如图10-6所示。选择所存工程驱动器/路径和输入工程名，单击"保存"按钮，出现"新建工程"确认对话框，单击"是"，保存新建工程。

5. 删除工程

选择"删除工程"命令，可删除已保存在计算机中的不需要的工程文件，操作方法是：选择"工程"→"删除工程"命令，选择所要删除的工程，单击"删除"按钮。

图 10-6 "另存工程为" 对话框

10.3 编程操作

1. 梯形图编程

（1）梯形图显示画面中的限制事项

1）在一个画面中最多可显示 12 行梯形图（800×600 像素，画面显示比例为 50%）。

2）一个梯形图块应在 24 行以内制作，否则会出错。

3）一行梯形图最多为 11 个触点+1 个线圈。

4）注释文字数见表 10-1。

表 10-1 梯形图表示画面时的注释文字数

项 目	输入文字数	梯形图画面表示文字数
软元件注释	半角 32 文字（全角 16 文字）	8 文字×4 行
说明	半角 64 文字（全角 32 文字）	设定的文字部分全部表示
注解	半角 32 文字（全角 16 文字）	
机器名	半角 8 文字（全角 4 文字）	

（2）梯形图编辑画面中的限制事项

1）在一个梯形图块中最多可编辑 24 行。

2）一个梯形图块的编辑是 24 行，整个编辑画面最多为 48 行。

3）数据的剪切最多是 48 行，一个程序最多为 124K 步。

4）数据的复制最多是 48 行，一个程序最多为 124K 步。

5）在读取模式下不能进行剪切、复制和粘贴等编辑。

6）主控操作（MC）的符号不能进行编辑。在读取模式、监视模式下将显示 MC 符号，在写入模式下不能显示 MC 符号。

7) 在创建梯形图块时，一个梯形图块的步数必须限制在 4K 步以内。梯形图块中的 NOP 指令的步数也应包括在步数内。对于位于梯形图块与梯形图块之间的 NOP 指令则不被计算在内。

（3）梯形图程序的创建

梯形图程序的创建方法常用的有两种，一种方法是通过键盘输入完整的指令，输入完毕后单击"确定"按钮或按<Enter>键。下面以图 10-7 所示的梯形图为例，说明其创建步骤。

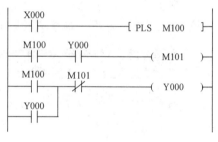

图 10-7　梯形图示例

1) 新建一个工程，在菜单栏中选择"编辑"→"写入模式"命令，或单击 按钮或按<F2>键，使其为写入模式。然后单击 按钮，选择梯形图显示，即程序在编辑区中以梯形图的形式显示。

2) 双击当前编辑区的蓝色方框，或直接按<Enter>键，出现图 10-8 所示的"梯形图输入"对话框。

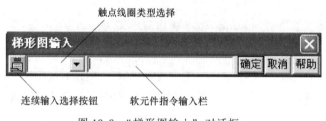

图 10-8　"梯形图输入"对话框一

3) 在"软元件指令输入栏"输入"LD X0"指令（LD 与 X0 之间需空格），单击"确定"按钮或按<Enter>键，则 X0 的常开触点就在编辑区域中显示出来，如图 10-9 所示。

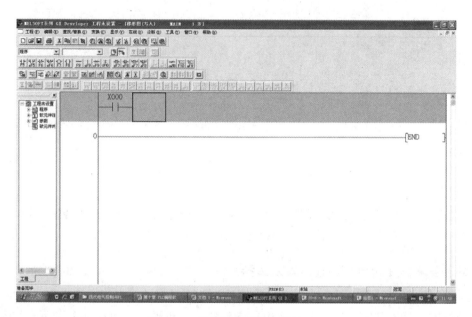

图 10-9　梯形图程序的编制画面一

4）重复第2）步，然后在"软元件指令输入栏"输入"PLS M100"指令，单击"确定"按钮或按<Enter>键，则编辑区域中显示出"—[PLS M100]—"，如图10-10所示。

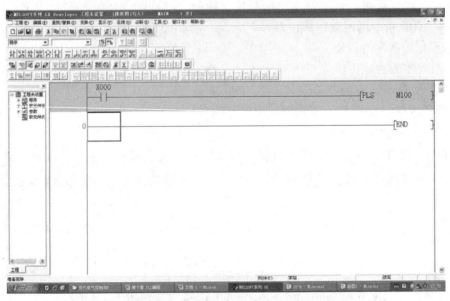

图10-10　梯形图程序的编制画面二

5）用上述类似方法输入"LD M100""AND Y0""OUT M101""LD M100""ANI M101""OUT Y0""OR Y0"指令后，即绘制出所要求创建的梯形图，如图10-11所示。

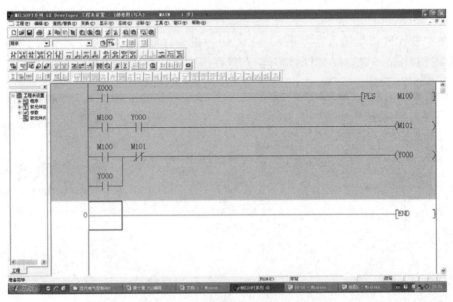

图10-11　梯形图程序的编制画面三

另外，若单击图10-8中的连续输入选择按钮，使其变为 ，如图10-12所示。此时，在梯形图编制的整个过程中不会关闭"梯形图输入"对话框，可以连续输入软元件指令。

另一种方法是通过鼠标选择工具栏中的图形符号，再通过键盘输入其软元件和软元件

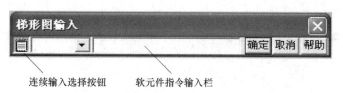

图 10-12 "梯形图输入"对话框二

号,输入完毕后单击"确定"按钮或按<Enter>键。下面以图 10-13 所示的起保停电路为例,说明其创建过程。

图 10-13 起保停电路

1)同第一种方法的第 1)点。

2)在工具栏中单击 工具图标,显示如图 10-14 所示的"梯形图输入"对话框。这个窗口也可以通过在图 10-8 中的"触点线圈类型选择"的下拉列表框中选择常开触点"⊢⊢"得到。

图 10-14 "梯形图输入"对话框三

3)在"软元件指令输入栏"输入"X1",单击"确定"按钮或按<Enter>键,X1 的常开触点就在编辑区域中显示出来,如图 10-15 所示。

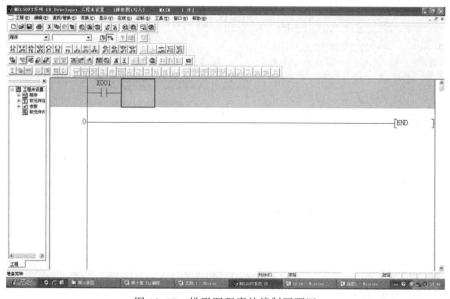

图 10-15 梯形图程序的编制画面四

4)用上述类似方法输入"X2""X1""Y1"后,即绘制出所要求创建的梯形图,如图

10-16所示。

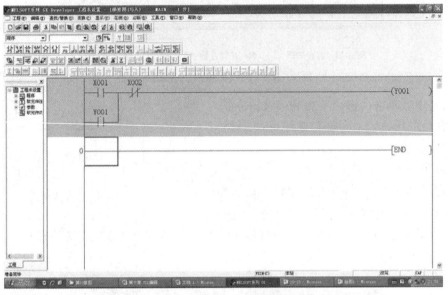

图10-16 梯形图程序的编制画面五

(4) 梯形图的变换及保存操作

梯形图程序编制完后，在写入PLC之前必须进行变换，在菜单栏中选择"变换"→"变换"命令，或直接按<F4>键完成变换，变换后的梯形图才能保存，如图10-17所示。在变换过程中将显示梯形图变换的信息。如果在没有完成变换的情况下关闭梯形图窗口，则新创建的梯形图不被保存。完成变换后，编辑区域的底色由灰色状态变为白色状态，如图10-18所示。

图10-17 梯形图的变换操作

2. 指令方式编程

指令方式编程即通过直接输入指令并以指令的形式显示的编程方式。同样以图10-7所示的梯形图为例，说明指令表程序的编制过程。

1) 新建一个工程，在菜单栏中选择"编辑"→"写入模式"命令，或单击 按钮，或按<F2>键，使其为写入模式。然后单击 按钮或按<Alt+F1>键，选择列表显示，即程序在编辑区中以指令列表的形式显示。

2) 双击当前编辑区的蓝色长条方框，或直接按<Enter>键，出现图10-19所示的"列表输入"对话框。

第10章　PLC编程软件的使用方法

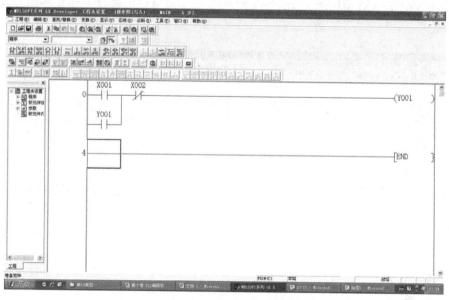

图 10-18　变换后的梯形图

图 10-19　"列表输入"对话框

3) 在"列表输入"对话框的文本输入框中输入"LD X0"指令（LD 与 X0 之间需空格），单击"确定"按钮或按<Enter>键，从左母线开始取用常开触点 X0 的指令语句就在编辑区域中显示出来，如图 10-20 所示。

4) 用上述类似方法输入"PLS M100""LD M100""AND Y0""OUT M101""LD

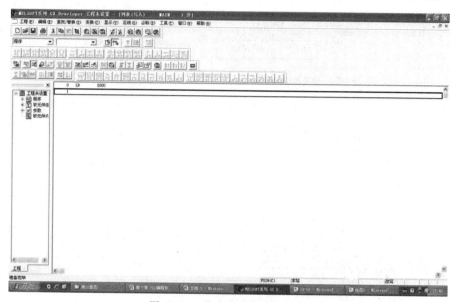

图 10-20　指令方式编程画面一

235

M100""OR Y0""ANI M101""OUT Y0"指令后,即编制出所要求的指令表程序,如图 10-21 所示。

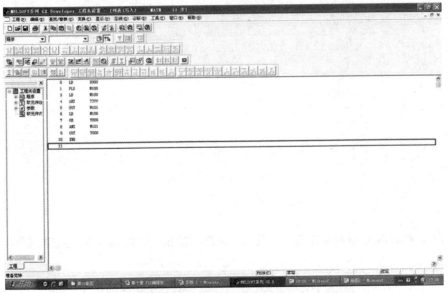

图 10-21 指令方式编程画面二

3. SFC 编程

SFC 是一种位于其他编程语言之上的图形语言,它是用功能图来描述程序的一种程序设计语言。下面以图 10-22 所示送料小车的控制为例介绍 SFC 编程方法。其中,图 10-22a 为根据小车控制要求并按第 4 章 4.4 节所述方法绘制的顺序功能图,这种形式在编程软件上不能创建。图 10-22b 为通过编程软件所创建的 SFC 图。注意,两者在形式上是不一样的。

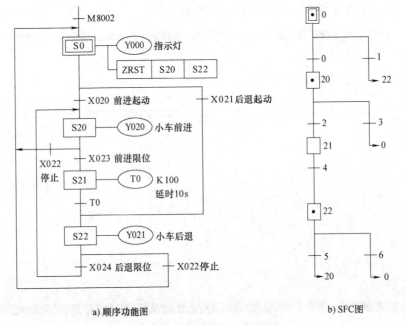

a) 顺序功能图　　　　　　　　　　　　　　b) SFC图

图 10-22 送料小车顺序控制图

SFC 图的绘制步骤和方法如下：

1）启动 GX Developer，创建新工程，在弹出的对话框中进行相应项的选择。其中程序类型选择"SFC"，如图 10-23 所示。全部选项设置完成后单击"确定"按钮，进入 SFC 编程窗口的块列表号界面，如图 10-24 所示。

图 10-23　"创建新工程"对话框

图 10-24　SFC 块列表号界面

2）在块列表号"0"中登记一个梯形图块，用于驱动（激活）初始状态。双击块号"0"，弹出"块信息设置"对话框，在块标题栏中，填写该块的说明标题，如为"初始状态"，也可以不填写。块类型选择"梯形图块"，如图 10-25 所示。单击"执行"按钮，进入梯形图块编辑窗口，如图 10-26 所示。

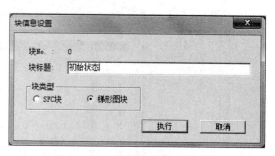

图 10-25　"块信息设置"对话框

3）在图 10-26 的右侧编辑窗口中编写驱动初始块的梯形图程序（一般采用 M8002 来驱动），如图 10-26a 所示。然后单击"变换"菜单选择"变换"项或按 F4 快捷键，进行变换，如图 10-26b 所示。

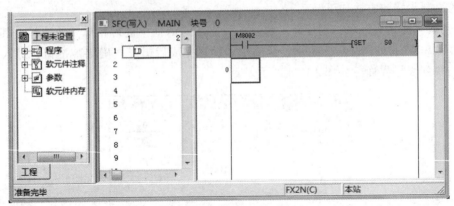

a) 变换前

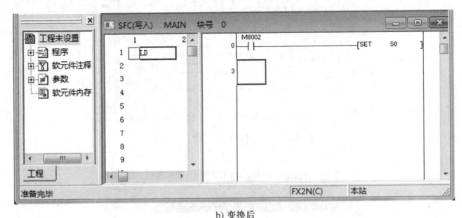

b) 变换后

图 10-26 梯形图块编辑窗口

4) 将光标移至图 10-26b 左侧工程列表窗口中的"程序\MAIN"处并双击,在出现的块列表号界面中再双击块号"1",弹出"块信息设置"对话框,如图 10-27 所示。在块类型一栏选择 SFC 块,而块标题一栏也可以不填写或填写相应的标题。然后单击"执行"按钮,进入 SFC 程序编辑窗口,如图 10-28 所示。

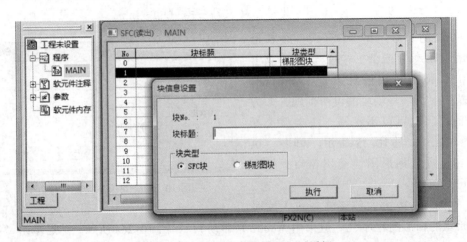

图 10-27 "块号 1 信息设置"对话框

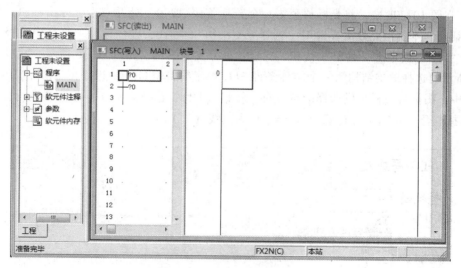

图 10-28　SFC 程序编辑窗口

5) 选择初始步 "0"，在右边梯形图编辑区中编写初始步的输出程序，如图 10-29a 所示，然后单击 "变换" 菜单选择 "变换" 项或按 F4 快捷键，完成初始步的编辑，如图 10-29b 所示。

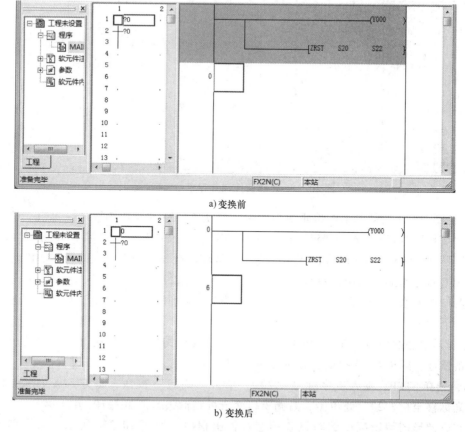

a) 变换前

b) 变换后

图 10-29　初始步 SFC 程序的编辑

6) 在图 10-29b 中，将光标移至第一个转移条件"？0"处并双击，弹出"SFC 符号输入"对话框。本例中此处需要选用"选择分支结构"，因此，在图标号一栏选中选择分支开始符号"--D"后单击"确定"按钮，完成选择分支的编辑，如图 10-30 所示。同时进入图 10-31 所示的选择分支结构第一个转移条件 SFC 程序编辑窗口。注意，在"SFC 符号输入"对话框中，图标号一栏可供选择的符号有：转移（TR）、选择分支（--D）、并行分支（==D）、选择汇合（--C）、并行汇合（==C）和直线（│）。

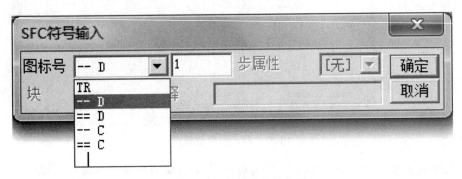

图 10-30　选择性分支的编辑

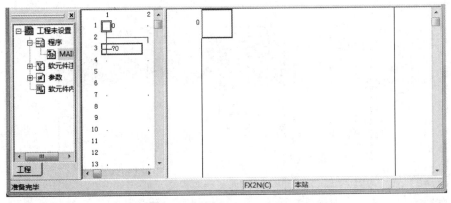

图 10-31　转移条件 SFC 程序编辑窗口

7) 在图 10-31 右侧梯形图编辑窗口中输入使状态转移的梯形图程序，单击"变换"菜单选择"变换"项或按 F4 快捷键，即可完成转移条件 SFC 程序的编辑，如图 10-32 所示。注意，符号"TRAN"表示转移的意思，它是虚拟输出指令，用于每次的转移输出。

在 SFC 程序编制过程中，对每一步或每一个转移条件进行编辑时，若在其右边的梯形图编辑窗口中未输入"运行输出程序"或"状态转移条件"，则在其对应的步和转换旁边将会出现一个"？"。

8) 普通状态的编辑。在图 10-32b 左边的 SFC 程序编辑窗口中把光标移到方向线的底端，双击鼠标，或按 F5 快捷键，在弹出的"SFC 符号输入"对话框中进行设置。如图 10-33 所示，选择 STEP，输入步序标号"20"，单击"确定"按钮，将进入普通状态编辑窗口，把光标移至"？20"处单击，右侧窗口变成可编辑状态，如图 10-34 所示。

在右边梯形图编辑区中编写该步的运行输出程序，如图 10-35a 所示，然后单击"变换"菜单选择"变换"项或按 F4 快捷键，完成这一步的编辑，如图 10-35b 所示。

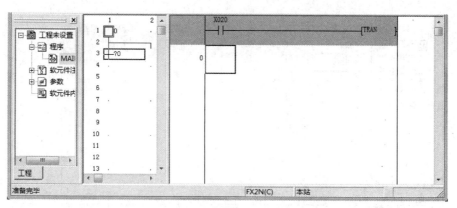

a) 变换前

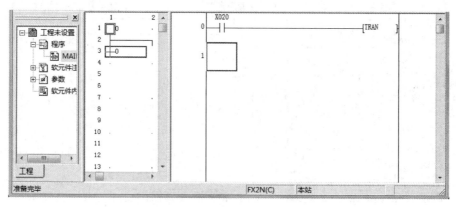

b) 变换后

图 10-32　转移条件 SFC 程序的编辑

图 10-33　SFC 符号输入

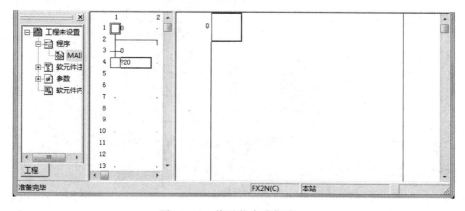

图 10-34　普通状态编辑窗口

241

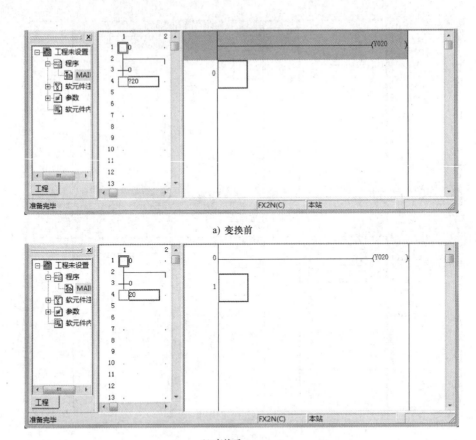

a）变换前

b）变换后

图 10-35　普通状态 SFC 程序的编辑

9）循环或跳转的编辑。如图 10-36a 所示，把光标移至第 4 个转移条件所在分支线的最下端，双击鼠标，或按 F8 快捷键，在弹出的对话框中选择 JUMP，并输入跳转目标步序号"0"。单击"确定"按钮后，出现一个小黑点的方框处，就是跳转返回的目标步，如图 10-36b 所示。

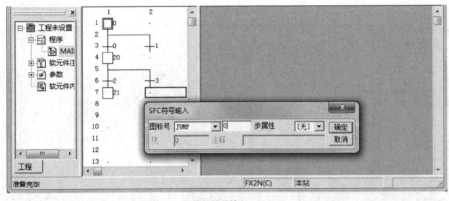

a）跳转符号输入

图 10-36　跳转的编辑

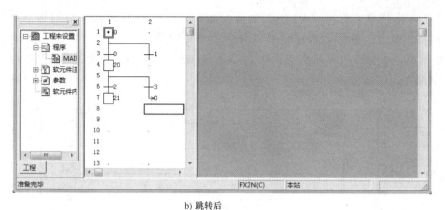

b) 跳转后

图 10-36 跳转的编辑（续）

10) 类似地，编辑剩余的步和转移条件。

11) 完成送料小车 SFC 的编程，如图 10-37 所示。

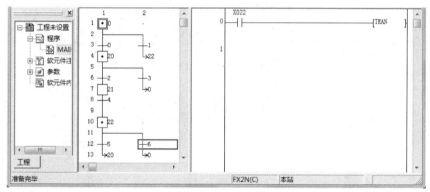

图 10-37 送料小车的 SFC 程序

另外，SFC 与梯形图和指令表之间有一一对应关系，能够相互转换。操作方法如下：

1) 将光标移至图 10-37 左侧工程列表窗口中的"程序\MAIN"处，用鼠标右键单击，此时将会出现图 10-38 所示的子菜单。再将光标移至"改变程序类型"处，用鼠标左键单击，在弹出的对话框中，程序类型选择"梯形图"，单击"确定"按钮，完成从 SFC 程序更改为梯形图程序的操作，如图 10-39 所示。

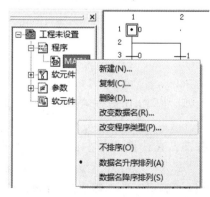

图 10-38 "改变程序类型"子菜单

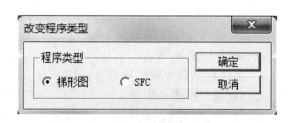

图 10-39 "改变程序类型"对话框

2) 再把光标移至"程序 \ MAIN"处并左键双击，即可得到转换后的梯形图程序，如图 10-40 所示。反之，梯形图程序也可以变换成 SFC 程序。

3) 在图 10-40 所示的梯形图界面中，单击菜单栏"显示 \ 列表显示"，即可得到指令表程序，如图 10-41 所示。

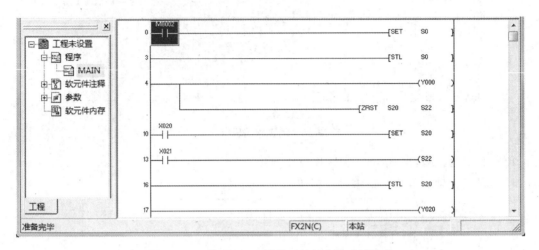

图 10-40　由 SFC 程序转换后的部分梯形图程序

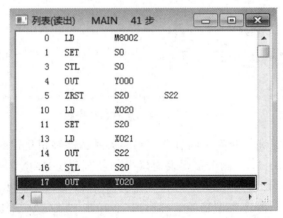

图 10-41　由梯形图程序转换后的部分指令表程序

10.4　编辑操作

1. 程序的删除、插入

删除、插入操作可以是一个图形符号，或是一行、一列，但 END 指令不能被删除。具体的操作有以下几种方法：

1) 将光标移到要删除或插入的图形处，单击鼠标右键，在快捷菜单中选择需要的操作，如行删除或行插入等。

2) 将光标移到要删除或插入的图形处，在菜单栏中选择"编辑"→"需要执行的命令"。

3) 将光标移到要删除的图形处，然后按键盘上的<Delete>键，即可删除被指定图形。

4) 如果要删除的是一段程序，则可通过鼠标选中这段程序，然后按键盘上的<Delete>键，或执行"编辑"菜单中的"行删除"或"列删除"命令。

5) 按键盘上的<Insert>键，使屏幕右下角显示"插入"，然后将光标移到要插入的图形处，输入要插入的指令即可。

2. 程序的修改

如果梯形图在编制完成进行检查时发现有错误，可进行修改操作，如要将图 10-7 中第二行的 Y000 常开改为常闭，操作方法如下：首先按键盘上的<Insert>键，使屏幕右下角显示"改写"，然后将光标移到要修改的图形处，输入"ANI Y0"指令即可。

3. 删除、绘制连线

如果要将图 10-7 中 M100 右边的竖线删除，在 M101 的右边加一条竖线，操作方法如下：

1) 将光标移到要删除的竖线右上侧，单击 按钮，会显示图 10-42 所示的"竖线删除"对话框。然后直接单击"确定"按钮或按<Enter>键，即可删除所选竖线。

图 10-42 "竖线删除"对话框

2) 将光标移到图 10-7 中 M101 常闭触点的右侧，单击 按钮，弹出图 10-43 所示的"竖线输入"对话框。再单击"确定"按钮或按<Enter>键，即在 M101 触点的右侧添加了一条竖线。

图 10-43 "竖线输入"对话框

3) 将光标移到图 10-7 中 Y000 触点的右侧（M101 常闭触点的下方），然后单击 按钮，再单击"确定"按钮或按<Enter>键，即在 Y000 触点的右侧添加了一条横线。

4. 复制、粘贴

拖动鼠标选中需要复制的区域，在菜单栏中选择"编辑"→"复制"，或单击鼠标右键执行复制命令，或单击 按钮，再将光标移到要粘贴的区域，执行粘贴命令即可。

5. 打印

对已编制好的程序进行打印，可按以下步骤进行：

1) 在菜单栏中选择"工程"→"打印机设置"，根据对话框选择打印机。

2) 在菜单栏中选择"工程"→"打印"。

3) 在弹出的选项卡中选择打印"梯形图"或"列表"。

4) 选择要打印的内容，如主程序、软元件注释、声明和注释等。

5) 设置好后，进行打印预览，如果符合打印要求，则执行"打印"命令。

10.5 软元件注释

为了更好地分析一个工程，通常会对一个工程创建软元件注释来加以描述。软元件注释分为两种,即通用注释和程序注释。通用注释是指对在一个工程中所创建的多个程序都有效的注释;程序注释是指在一个特定程序内有效的注释。

1. 创建软元件注释

创建软元件注释的具体操作如下:

1)单击"工程数据列表"中的"软元件注释"前的"+"标记,再双击"树"下的"COMMENT"(通用注释),弹出注释编辑窗口,如图10-44所示。

图10-44 创建软元件注释画面一

2)在注释编辑窗口中的"软元件名"的文本框中输入需要创建注释的软元件名,如X000,再按<Enter>键或单击"显示"按钮,则显示出所有"X"软元件名。在注释栏X000的"注释"中输入"起动"。注意,每个注释内容不能超过32个字符。

3)在注释输入完毕后,双击"工程数据列表"中的"MAIN"命令,将显示梯形图编辑窗口,再在菜单栏中选择"显示"→"注释显示",或按<Ctrl+F5>键。这时,在梯形图窗口中可以看到"X000"软元件下面有"起动"注释显示,如图10-45所示。

另外,也可以直接在梯形图编辑画面中编辑软元件注释,具体操作步骤如下:

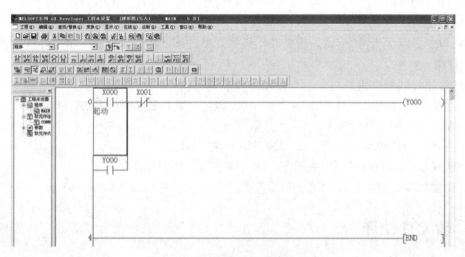

图10-45 创建软元件注释画面二

1) 在菜单栏中选择"编辑"→"写入模式",或直接按<F2>键,把 PLC 切换到写入模式。如果在读出模式下,则不能进行软元件注释的编辑。

2) 在菜单栏中选择"编辑"→"文档生成"→"注释编辑"。

3) 将光标移到要创建软元件注释的位置,如图 10-46 所示。

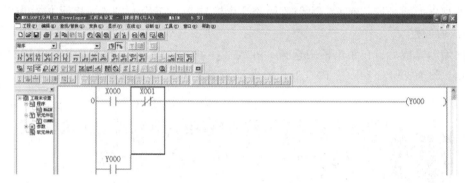

图 10-46 在梯形图中编辑软元件注释窗口

4) 按<Enter>键,则显示图 10-47 所示的"输入注释"对话框。

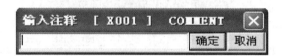

图 10-47 "输入注释"对话框

5) 在对话框中输入软元件注释内容,按<Enter>键或单击"确定"按钮,即在梯形图中显示注释内容,如图 10-48 所示。

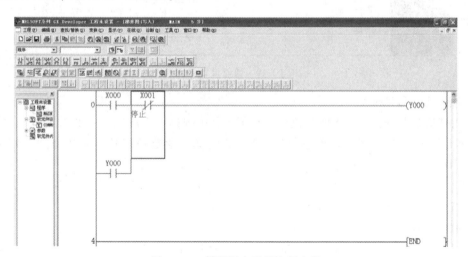

图 10-48 梯形图中显示注释内容

2. 删除软元件注释

若要删除软元件注释,则选择"工程数据列表"→"软元件注释"→"COMMENT",然后再在菜单栏中选择"编辑"→"全清除(全软元件)"或"全清除(显示中的软元件)"命令。

10.6 在线操作

1. PLC 与计算机连接
用专用电缆将已安装有 GX 编程软件的计算机与 PLC 正确连接，并接通 PLC 电源。

2. 通信设置
程序编制完成后，在菜单栏中选择"在线"→"传输设置"，出现图 10-49 所示的通信设置画面，设置好 PC I/F 和 PLC I/F 的各项设置，其他项保持默认状态，单击"确定"按钮。

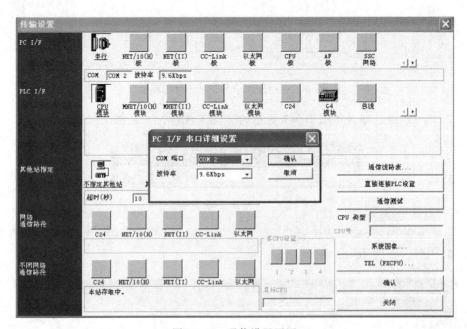

图 10-49　通信设置画面

3. 程序写入和读取
将 PLC 的运行开关置于 STOP 位置，在菜单栏中选择"在线"→"PLC 写入"，将计算机中的程序发送到 PLC 中。在出现的对话框中，选择"参数+程序"，再单击"开始执行"，即完成程序写入 PLC 的操作。

同样，将 PLC 的运行开关置于 STOP 位置，在菜单栏中选择"在线"→"PLC 读取"，即可将 PLC 中的程序发送到计算机中。

4. 程序的运行及监控
将 PLC 的运行开关置于 RUN 位置，在菜单栏中选择"在线"→"远程操作"，运行程序。执行程序运行后，再执行"在线"→"监视"命令，即可对 PLC 的运行过程进行监控。

第11章 西门子S7-200系列PLC

目前，西门子 S7 系列 PLC 主要有 S7-200、S7-300、S7-400、S7-1200 和 S7-1500 五个系列。S7-200、S7-300 和 S7-400 分别是小型机、中型机和大型机。S7-1200 系列 PLC 是西门子公司于 2009 年推出的新一代 PLC 产品，主要面向简单而高精度的自动化任务，是一款低端控制器，也属于小型机。S7-1500 PLC 属于大型机。本章介绍 S7-200 系列 PLC 的基础知识和基本指令系统。

S7-200 系列 PLC 属于紧凑型 PLC，配有 RS-485 通信接口、内置电源系统和 I/O 接口，适用于各行各业、各种场合中的检测、监测及控制的自动化等。S7-200 系列 PLC 的强大功能使其在独立运行或相连成网络运行中，都能实现复杂的控制功能。

S7-200 系列 PLC 有两个系列，即早期的 CPU21X 系列和新一代产品 CPU22X 系列。每个系列均具有多种 CPU 型号，其中 CPU22X 系列有 CPU221、CPU222、CPU224、CPU224XP、CPU226 和 CPU226XM 六种规格，其性能依次提高。

11.1 S7-200 CPU22X 系列 PLC 的型号

CPU22X 系列 PLC 型号的含义为

1) 电源类型。DC 为直流输入（DC 24V），AC 为交流输入（AC 120~240V）。
2) 输入类型。是指输入端子的输入形式，通常为直流，用 DC 表示。
3) 输出类型。是指输出端子的输出形式，常见的有晶体管输出和继电器输出，分别用 DC 和 Relay 表示。

例如，CPU222 DC/DC/DC 型表示 CPU 型号为 222、直流供电、直流数字量输入和晶体管输出。又如，CPU224 AC/DC/Relay 型表示 CPU 型号为 224、交流供电、直流数字量输入和继电器输出。

11.2 S7-200 CPU22X 系列 PLC 的主要技术指标

不同型号的 CPU 具有不同的规格参数，技术性能指标是衡量其功能的主要依据，

CPU22X 系列 PLC 的主要技术性能指标见表 11-1。

表 11-1 S7-200 CPU22X 系列 PLC 的主要性能指标

性能指标	CPU221	CPU222	CPU224	CPU224XP	CPU226	CPU226XM
外形尺寸（mm×mm×mm）	90×80×62	90×80×62	120.5×80×62	140×80×62	190×80×62	190×80×62
用户程序区存储容量/B	4096	4096	8192	12288	16384	32768
非在线程序存储空间/B	4096	4096	12288	16384	24576	49152
数据存储器/B	2048	2048	8192	10240	10240	20480
用户存储器类型	EEPROM					
掉电保持时间/h	50	50	100	100	100	100
数字量 I/O	6/4	8/6	14/10	14/10	24/16	24/16
模拟量 I/O				2/1		
扩展模块数量	2	2	7	7	7	7
脉冲捕捉输入/个	6	8	14	14	24	24
高速脉冲输出/个	2(20kHz)	2(20kHz)	2(20kHz)	2(100kHz)	2(20kHz)	2(20kHz)
数字量 I/O 映像区	128/128					
模拟量 I/O 映像区	16/16	16/16	32/32	32/32	32/32	32/32
模拟电位器/个	1(8bits)	1(8bits)	2(8bits)	2(8bits)	2(8bits)	2(8bits)
实时时钟	配时钟卡	配时钟卡	内置	内置	内置	内置
RS-485 通信接口/个	1	1	1	2	2	2
布尔指令执行速度	0.22μs/指令					
DC 5V 供电电流/mA	0	340	660	660	1000	1000
DC 24V 供电电流/mA	180	180	280	280	400	400
PID 控制器	有	有	有	自整定 PID 功能	有	有

11.3 S7-200 系列 PLC 的编程软元件及编址方式

11.3.1 数据类型

PLC 在运行时需要处理的数据类型有很多，不同的数据类型具有不同的数据长度和数值范围，S7-200 PLC 的基本数据类型见表 11-2。

表 11-2 S7-200 PLC 的数据类型及数值范围

数据类型	数据位数	无符号整数取值范围		有符号整数取值范围	
		十进制	十六进制	十进制	十六进制
字节类型 B	8	0~255	0~FF	−128~+127	80~7F
字类型 W	16	0~65535	0~FFFF	−32768~+32767	8000~7FFF

(续)

数据类型	数据位数	无符号整数取值范围		有符号整数取值范围	
		十进制	十六进制	十进制	十六进制
又字类型 D	32	0~4294967295	0~FFFFFFFF	−2147483648 ~ +2147483648	80000000 ~ 7FFFFFFF
布尔型 BOOL	1	0,1			
实数型 R	32		+1.175495E−38~+3.402823E+38(正数) −1.175495E−38~−3.402823E+38(负数)		

11.3.2 编程软元件及编址方式

在 PLC 中,不同类型的数据被存放在不同的存储空间,形成不同的数据区。这些数据区在系统软件的管理下,赋予了不同的功能,为用户编写程序提供各种灵活、快捷和方便的内部元件,这些内部元件就是 PLC 的编程软元件。S7-200 PLC 的编程软元件有输入映像寄存器(输入继电器)、输出映像寄存器(输出继电器)、通用辅助继电器、定时器、计数器和变量存储器等。

1. 输入继电器(I)

输入映像寄存器和 PLC 的输入端子相连,其每一位对应一个输入端子,外部输入设备开关信号的状态通过输入端子存入输入映像存储器中。这里沿用继电-接触器控制系统的传统叫法,把输入映像寄存器称为输入继电器,用 I 表示。输入继电器一般采用八进制编号,一个端子占用一个点。输入继电器的等效电路如图 11-1 所示,当外部按钮 SB 闭合时,输入继电器 I1.3 的线圈接通,在程序中其常开触点闭合,常闭触点断开。输入继电器只能由外部输入信号驱动,不能用程序驱动,因此程序中只有触点,没有线圈。

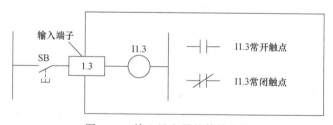

图 11-1 输入继电器的等效电路

PLC 编址是指对 PLC 内部的元件进行编码,以便程序执行时可以唯一地识别每个元件。PLC 的编址方式分为位、字节、字和双字编址。

输入继电器(I)的编址方式如下:

1)位编址。位编址格式:I[字节地址].[位地址],例如 I1.0 表示输入映像存储器中第 1 个字节的第 0 位;I5.4 表示输入映像存储器中第 5 个字节的第 4 位。

2)字节编址。字节编址格式:IB[字节地址],例如 IB4 表示输入映像存储器中编号为 4 的字节,它由 I4.0~I4.7 组成,I4.0 为最低位,I4.7 为最高位。

3)字编址。字编址格式:IW[起始字节地址],例如 IW2 表示输入映像存储器中编号为 2 的字,它由 IB2 和 IB3 这两个字节组成,也即由 I2.0~I2.7 和 I3.0~I3.7 这 16 位组成。相邻的两个字节组成一个字,低位字节在一个字中占高 8 位,高位字节在一个字中占低 8

位,如图 11-2 所示。

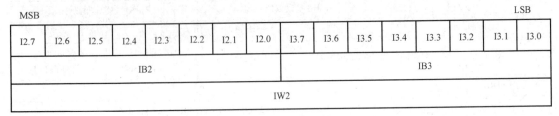

图 11-2 字类型数据的表示

4)双字编址。双字编址格式:ID[起始字节地址],例如 ID4 表示输入映像存储器中编号为 4 的双字,它由 IB4~IB7 这四个字节组成,也即由 I4.0~I4.7、……、I7.0~I7.7 这 32 位组成。相邻的 4 个字节组成一个双字,最低位字节在一个双字中占最高 8 位,最高位字节在一个双字中占最低 8 位。

2. 输出继电器(Q)

输出继电器是 PLC 向外部负载传送信号的接口,用 Q 表示。每一个输出继电器线圈在 PLC 上均有相应的输出端子与之对应,输出继电器的等效电路如图 11-3 所示。当程序使得输出继电器 Q0.3 接通时,PLC 上的输出端常开触点 Q0.3 闭合,它所连接的外部负载将被接通。与输入继电器一样,输出继电器可提供无数对常开和常闭触点供编程时使用。输出继电器线圈的通断只能由程序驱动。

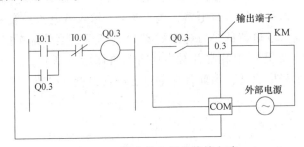

图 11-3 输出继电器的等效电路

输出继电器也是按八进制以字节为单位进行编址,编址方式如下:

1)位编址。位编址格式:Q[字节地址].[位地址],如 Q0.0、Q3.5。

2)字节编址。字节编址格式:QB[字节地址],如 QB3、QB5。

3)字编址。字编址格式:QW[起始字节地址],如 QW0,它由 QB0 和 QB1 组成的字,其中 QB0 占高 8 位,QB1 占低 8 位。

4)双字编址。双字编址格式:QD[起始字节地址],如 QD0,它由 QB0、QB1、QB2 和 QB3 这四个字节组成的双字,其中 QB0 占 32 位中的高 8 位,QB3 占 32 位中的低 8 位。

3. 辅助继电器(M)

辅助继电器也称为内部标志位存储器,相当于继电-接触器控制系统中的中间继电器,用于保存中间操作状态和控制信息,用 M 表示。它在 PLC 中没有外部的输入/输出端子与之对应,其线圈的通断状态只能在程序内部用指令驱动,它不能受外部输入设备开关信号的直接控制,触点也不能直接驱动外部负载。

辅助继电器的编址方式也分为位、字节、字和双字编址,例如 M0.1、M3.0、MB10、

MW23 和 MD7 等。

4. 特殊继电器（SM）

特殊继电器也称为特殊标志位存储器，它是用户程序与系统程序之间的接口，其标志位为用户提供大量的状态信息和控制功能，用 SM 表示。特殊继电器标志位区域分为只读区和可读/可写区两大部分，只读区特殊标志位的状态不能通过编程的方式改变，用户只能利用其触点，举例如下。

SM0.0：运行监控。当 PLC 在 RUN 状态时，该位始终为 1，这样可以利用其触点驱动输出继电器，在外部显示程序是否处于 RUN 状态。

SM0.1：初始化脉冲。首次扫描周期时，该位为 1，以后为 0，常用来对程序进行初始化。

SM0.2：当 RAM 中保存的数据丢失时，该位接通一个扫描周期。

SM0.3：PLC 上电进入 RUN 状态时，该位接通一个扫描周期。

SM0.4：分时钟脉冲。当 PLC 处于 RUN 状态时，SM0.4 产生周期为 1min，占空比为 50% 的时钟脉冲。如果把时钟脉冲信号送入计数器作为计数信号，可起到定时器的作用。

SM0.5：秒时钟脉冲。当 PLC 处于 RUN 状态时，该位产生周期为 1s，占空比为 50% 的时钟脉冲，其作用与 SM0.4 相同。

可读/可写特殊标志位用于特殊控制功能，例如，用于自由口 0 通信设置的 SMB30，用自由口 1 通信设置的 SMB130，用于定时中断间隔时间设置的 SMB34 和 SMB35 等。

特殊继电器可以按位、字节、字或双字类型编址。例如 SM0.5、SMB1、SMW0 和 SMD0 等。

5. 变量存储器（V）

变量存储器主要用于存储变量，既可以用于存储程序执行过程中控制逻辑操作的中间结果，也可以用来保存与工序或任务相关的其他数据。S7-200 PLC 提供了大量的变量存储器，且存储空间较大，如 CPU221/CPU222 的变量存储器区为 2KB，CPU224/CPU226 的变量存储器容量为 5KB。变量存储器用 V 表示，可按位、字节、字和双字类型编址，例如 V100.2、VB200、VW37 和 VD300 等。

6. 局部变量存储器（L）

局部变量存储器的功能是存放局部变量。局部是相对于全局而言，全局是指同一个寄存器可以被任何程序（包括主程序、子程序和中断程序）存取，局部是指该寄存器只与特定的程序有关。局部变量存储器用 L 表示，可以按位、字节、字和双字类型编址，例如 L4.3、LB10、LW15 和 LD20 等。

7. 定时器（T）

定时器是时间元件，用 T 表示，其作用是累计时间增量，相当于继电-接触器控制系统中的时间继电器。每个定时器有一个 16 位的当前值寄存器和一个定时状态位，当定时器的当前值大于或等于设定值时，定时器状态位被置 1，定时器的常开触点闭合，常闭触点断开。定时器的计时过程采用时间脉冲计数的方式，按定时时基（分辨率）分为 1ms、10ms 和 100ms 三种。

定时器的编址格式为：T［定时器号］，如 T0、T65 等。S7-200 系列 PLC 提供了 256 个定时器（T0~T255），共有三种类型，即通电延时定时器 TON、断电延时定时器 TOF、记忆型通电延时定时器 TONR。S7-200 PLC 定时器类型、分辨率及定时器号见表 11-3。定时器号决定了定时器的分辨率。

表 11-3 定时器类型、分辨率及定时器号

定时器类型	分辨率/ms	最长定时范围/s	定时器号
TONR	1	32.767	T0、T64
	10	327.67	T1~T4、T65~T68
	100	3276.7	T5~T31、T69~T95
TON、TOF	1	32.767	T32、T96
	10	327.67	T33~T36、T97~T100
	100	3276.7	T37~T63、T101~T255

8. 计数器（C）

计数器是对 PLC 输入端子或内部元件发送来的脉冲进行计数的元件，用 C 表示。每个计数器有一个 16 位的当前值寄存器和一个计数器状态位。当计数器当前值寄存器累计的计数值大于或等于设定值时，计数器的状态位被置 1，计数器的常开触点闭合，常闭触点断开。

计数器的编址格式为：C[计数器号]，如 C0、C255 等。

计数器具有加计数计数器、减计数计数器和加减计数计数器三种类型。S7-200 系列 PLC 计数器的地址编号范围为 C0~C255。

9. 高速计数器（HC）

普通计数器是对频率低于 CPU 扫描速率的信号进行计数，对于频率高于 CPU 扫描速率的机外高速脉冲信号的计数，应使用高速计数器。高速计数器的当前值和设定值为 32 位（双字）有符号整数。高速计数器用 HC 表示，其编址格式为：HC[高速计数器号]，如 HC0、HC5 等。CPU 型号不同，高速计数器的地址编号有所不同，CPU221/CPU222 各有 4 个高速计数器，编号为 HC0、HC3、HC4、HC5；CPU224/CPU226 各有 6 个高速计数器，编号为 HC0~HC5。

10. 顺序控制继电器（S）

顺序控制继电器主要在顺序控制或步进控制中与步进指令一起使用，以实现顺序控制功能流程图的编程。顺序控制继电器用 S 表示，可以按位、字节、字和双字类型编址，例如 S0.3、SB0、SW10 和 SD25 等。

11. 累加器（AC）

累加器是 PLC 内部使用较为灵活、可以进行读写的存储器，它可以用来存放数据，如运算数据、中间数据和结果数据，也可以用来向子程序传递参数，或从子程序返回参数。累加器用 AC 表示，累加器的编址格式为：AC[累加器号]，如 AC0、AC1 等。S7-200 PLC 共有 4 个 32 位的累加器，编号分别为 AC0、AC1、CA2 和 AC3。累加器的可用长度为 32 位，可以按字节、字或双字为单位存取累加器中的数据，按字节、字只能存取累加器的低 8 位或低 16 位数据，只有双字才可以存取累加器全部的 32 位数据。

12. 模拟量输入映像寄存器（AI）和模拟量输出映像寄存器（AQ）

模拟量输入映像寄存器用于存放经 A/D 转换后的数字量信息，而模拟量输出映像寄存

器是用于存放将要经D/A转换（即转换前）的数字量信息。在模拟量输入/输出映像寄存器中，数字量的长度为16位，一个字长，因此，它们的编址格式为：AIW/AQW [起始字节地址]，为避免访问数据发生混淆，必须用偶数号字节进行编址，如AIW0、AIW2、AQW0和AQW2等。

模拟量输入映像寄存器中的值为只读值，只能进行读取操作。模拟量输出映像寄存器中的值为只写值，只能进行写入操作。

为便于读者（技术人员）编写程序时使用，表11-4列出了S7-200 CPU22X系列PLC存储器范围，表11-5列出了S7-200 CPU22X系列PLC内部元件的地址范围。

表11-4 S7-200 CPU22X系列PLC存储器范围

描述			CPU221	CPU222	CPU224	CPU224XP	CPU226	CPU226XM
输入映像寄存器 I			I0.0~I15.7					
输出映像寄存器 Q			Q0.0~Q15.7					
模拟量输入映像寄存器 AI（只读）			AIW0~AIW30			AIW0~AIW62		
模拟量输出映像寄存器 AQ（只写）			AQW0~AQW30			AQW0~AQW62		
变量存储器 V			VB0~VB2047		VB0~VB8191		VB0~VB10239	
局部变量存储器 L			LB0~LB63					
位存储器 M			M0.0~M31.7					
特殊存储器 SM（其中只读）			SM0.0~SM179.7 SM0.0~SM29.7	SM0.0~SM299.7 SM0.0~SM29.7		SM0.0~SM549.7 SM0.0~SM29.7		
定时器	记忆通电延迟	1ms	T0,T64					
		10ms	T1~T4,T65~T68					
		100ms	T5~T31,T69~T95					
	通电/断电延迟	1ms	T32,T96					
		10ms	T33~T36,T97~T100					
		100ms	T37~T63,T101~T255					
计数器 C			C0~C255					
高速计数器 HC			HC0、HC3、HC4、HC5			HC0~HC5		
顺序控制继电器 S			S0.0~S31.7					
累加器 AC			AC0~AC3					
跳转/标号			0~255					
调用/子程序			0~63				0~127	
中断程序			0~127					
正/负跳变			256					
PID 回路			0~7					
通信端口			端口 0				端口 0,1	

表 11-5 S7-200 CPU22X 系列 PLC 内部元件地址范围

存取方式		CPU221	CPU222	CPU224	CPU224XP	CPU226	CPU226XM
位类型	I、Q	0.0~15.7					
	V	0.0~2047.7		0.0~8191.7		0.0~10239.7	
	M、S	0.0~31.7					
	SM	0.0~179.7	0.0~299.7	0~549.7			
	T、C	0~255					
	L	0.0~63.7					
字节类型	IB、QB	0~15					
	VB	0~2047		0~8191		0~10239	
	MB、SB	0~31					
	SMB	0~179	0~299	0~549			
	LB	0~63					
	AC	0~3					
字类型	IW、QW	0~14					
	VW	0~2046		0~8190		0~10238	
	MW、SW	0~30					
	SMW	0~178	0~298	0~548			
	T、C	0~255					
	LW	0~62					
	AC	0~3					
	AIW、AQW	0~30		0~62			
双字类型	ID、QD	0~12					
	VD	0~2044		0~8188		0~10236	
	MD、SD	0~28					
	SMD	0~176	0~296	0~546			
	LD	0~60					
	AC	0~3					
	HC	0,3,4,5		0~5			

11.3.3 S7-200 PLC 的寻址方式

S7-200 PLC 将信息存放在不同的存储单元，每个单元都有一个且唯一的地址。通过存储单元地址进行数据访问，访问数据的过程就是寻址。S7-200 PLC 对数据的寻址方式主要有直接寻址、间接寻址两种类型。

1. 直接寻址

直接寻址就是明确指出存储单元的地址，在指令中直接使用编程元件的名称和地址进行编号，根据这个地址可以立即找到该数据。直接寻址包括位寻址、字节寻址、字寻址和双字寻址等方式。

在 S7-200 PLC 中可以进行位寻址的存储区有 I、Q、M、SM、L、V 和 S；可以进行字节寻址的存储区有 I、Q、M、SM、L、V 和 AC（低 8 位）等；可以进行字寻址的存储区有 I、Q、M、SM、T、C、L、V 和 AC（低 16 位）等；可以进行双字寻址的存储区有 I、Q、M、SM、T、C、L、V 和 AC（32 位）等。存储单元的地址应按规定的格式表示，通常，要指定存储区域标识符（编程元件名称）、数据长度及起始地址，地址格式的表示方法见前面编址方式中的介绍。

2. 间接寻址

间接寻址是不直接使用编程元件的地址编号访问存储器中的数据，而是在存储器中放置一个地址指针，根据这一地址指针存取存储器中的数据。使用间接寻址方式的步骤如下：

1）建立地址指针。地址指针是存储单元在硬件系统中的物理地址，双字长度（32 位），可以使用 V、L 和 AC 作为地址指针。建立指针时，使用双字传送指令（MOVD）将需要间接寻址的存储单元的地址送入用来作为指针的存储区单元或寄存器，在程序中，地址标记为"&"，它与对应的单元编号组合表示该单元的物理地址。例如，执行指令"MOVD &VB205，VD303"，表示把"VB205"的物理地址送入 VD303 建立指针。

2）间接存取。在操作数前面加标记"*"，表示该操作数为一个指针。下列程序段中，AC0 为指针，用来存放要访问的操作数的地址，通过指针 AC0 将存放于 VB100、VB101 中的数据传送到 AC1 中去，而不是直接将 VB100 和 VB101 中的内容送到 AC1。

  MOVD &VB100，AC0   // 把 VB100 的地址（即 VW100 的起始地址）送入 AC0 建立
              指针

  MOVW   *AC0，AC1   // 把指针 AC0 所指的起始地址为 VB100 的字地址单元 VW100
              中的数据送到 AC1 的低 16 位中

在 S7-200 PLC 中，可以用地址指针进行间接寻址的存储器有 I、Q、M、V、S、T 和 C，其中 T 和 C 仅仅是当前值可以进行间接寻址。不能用间接寻址方式访问位地址，也不能访问 AI、AQ、HC、SM 及 L 存储区。

11.4 S7-200 PLC 的基本逻辑指令

基本逻辑指令是 PLC 应用系统中最基本的指令，S7-200 PLC 的基本逻辑指令主要包括输入/输出指令、触点串联指令、触点并联指令、置位/复位指令、边沿脉冲指令、逻辑堆栈指令、定时器指令和计数器指令等。

11.4.1 输入/输出指令

输入/输出指令见表 11-6。

表 11-6 输入/输出指令

指令名称	助记符	指令功能	操作元件
取指令	LD	从左母线开始连接常开触点	I、Q、M、SM、T、C、V、S、L
取反指令	LDN	从左母线开始连接常闭触点	I、Q、M、SM、T、C、V、S、L
输出指令	=	线圈输出	Q、M、SM、S、V、L

指令使用说明：

1) LD、LDN 指令也可以与 ALD、OLD（后面有介绍）指令配合使用，用于分支回路的开始。

2) = 指令不能用于输入映像寄存器 I。= 指令可以连续并联多次使用，但不能串联使用。

3) T 和 C 可以作为输出线圈，但在 S7-200 PLC 中输出时不用助记符"="指令形式出现。

输入/输出指令的用法如图 11-4 所示。

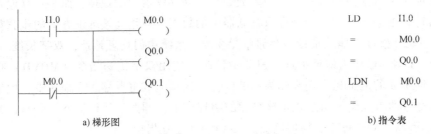

图 11-4 输入/输出指令的用法

11.4.2 触点串联指令

触点串联指令见表 11-7。

表 11-7 触点串联指令

指令名称	助记符	指令功能	操作元件
与指令	A	常开触点的串联	I、Q、M、SM、T、C、V、S、L
与反指令	AN	常闭触点的串联	I、Q、M、SM、T、C、V、S、L

指令使用说明：

A、AN 是单个触点串联连接指令，可以连续使用，但通常规定串联触点使用上限为 11 个。

触点串联指令的用法如图 11-5 所示

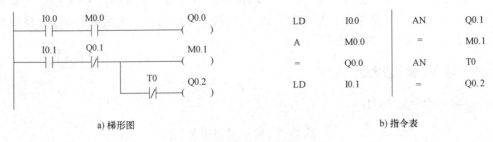

图 11-5 触点串联指令的用法

11.4.3 触点并联指令

触点并联指令见表 11-8。

表 11-8 触点并联指令

指令名称	助记符	指令功能	操作元件
或指令	O	常开触点的并联	I、Q、M、SM、T、C、V、S、L
或反指令	ON	常闭触点的并联	I、Q、M、SM、T、C、V、S、L

指令使用说明：

O、ON 是单个触点并联连接指令，可以连续使用，并联的触点个数没有限制。

触点并联指令的用法如图 11-6 所示。

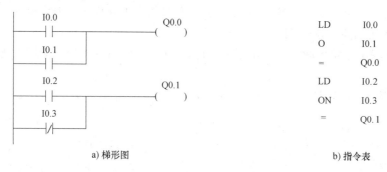

图 11-6 触点并联指令的用法

11.4.4 电路块并联指令

两个或两个以上触点相串联的电路称为串联电路块。电路块并联指令见表 11-9。

表 11-9 电路块并联指令

指令名称	助记符	指令功能	操作元件
电路块并联指令	OLD	串联电路块的并联连接	无

指令使用说明：

1）串联电路块与前面的电路并联连接时，分支的开始用 LD、LDN 指令，分支结束用 OLD，且其后面不带操作元件。

2）多个串联电路块并联时，每并联一个电路块用一个 OLD 指令，并联的电路块数没有限制。

电路块并联指令的用法如图 11-7 所示。

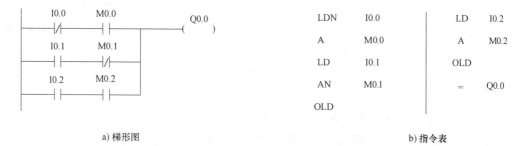

图 11-7 电路块并联指令的用法

11.4.5 电路块串联指令

两条或两条以上支路并联形成的电路称为并联电路块。电路块串联指令见表 11-10。

表 11-10 电路块串联指令

指令名称	助记符	指令功能	操作元件
电路块串联指令	ALD	并联电路块的串联连接	无

指令使用说明：

1) 并联电路块与前面的电路串联时，在块电路的开始用 LD、LDN 指令，块电路结束用 ALD，且其后面不带操作元件。

2) 多个并联电路块串联时，每串联一个电路块用一个 ALD 指令，串联的电路块数没有限制。

电路块串联指令的用法如图 11-8 所示。

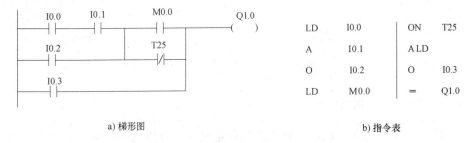

图 11-8 电路块串联指令的用法

11.4.6 置位与复位指令

置位、复位指令见表 11-11。

表 11-11 置位、复位指令

指令名称	助记符	指令功能	操作元件
置位指令	S	在该指令的执行条件满足时，从指定位地址 bit 开始的 N 个连续位都被置"1"，并保持，$N=1\sim255$	I、Q、M、SM、T、C、V、S、L
复位指令	R	在该指令的执行条件满足时，从指定位地址 bit 开始的 N 个连续位都被复位为"0"，并保持，$N=1\sim255$	I、Q、M、SM、T、C、V、S、L

指令使用说明：

1) 由于 PLC 是循环扫描工作方式，当 S、R 指令同时有效时，写在后面的指令具有优先权。

2) 置位、复位指令可成对使用，也可单独使用。

3) 如果对定时器和计数器复位，则其当前值被清零。

置位、复位指令的用法如图 11-9 所示。

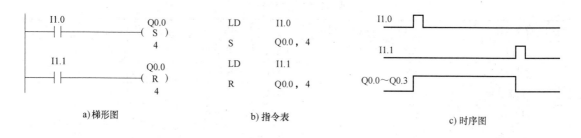

图 11-9 置位与复位指令的用法

11.4.7 边沿脉冲指令

边沿脉冲指令见表 11-12。

表 11-12 边沿脉冲指令

指令名称	助记符	指令功能	操作元件
上升沿脉冲指令	EU	在输入信号上升沿产生脉冲	无
下降沿脉冲指令	ED	在输入信号下降沿产生脉冲	无

指令使用说明：

1) EU 指令能在其之前的输入信号上升沿过程产生一个扫描周期宽度的脉冲。
2) ED 指令能在其之前的输入信号下降沿过程产生一个扫描周期宽度的脉冲。
3) 边沿脉冲指令常用来启动一个控制程序，启动一个运算过程，结束一个控制等。

边沿脉冲指令的用法如图 11-10 所示。

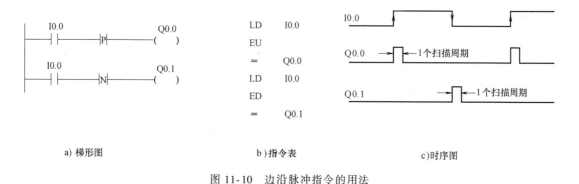

图 11-10 边沿脉冲指令的用法

11.4.8 立即指令

S7-200 PLC 通过立即指令来加速系统的输入/输出响应速度，它允许对物理输入点和输出点进行快速直接存取，不受 PLC 循环扫描工作方式的影响。立即指令包括立即取、立即取反、立即与和立即输出等，见表 11-13。

立即指令格式见表 11-14。

表 11-13 立即指令

指令名称	助记符	指令功能	操作元件
立即取	LDI	装载立即常开触点	I
立即取反	LDNI	装载立即常闭触点	I
立即与	AI	串联立即常开触点	I
立即与反	ANI	串联立即常闭触点	I
立即或	OI	并联立即常开触点	I
立即或反	ONI	并联立即常闭触点	I
立即输出	=I	立即输出	Q
立即置位	SI	从指定位地址 bit 开始的 N 个连续位立即被置位	Q
立即复位	RI	从指定位地址 bit 开始的 N 个连续位立即被复位	Q

表 11-14 立即指令格式

指令	梯形图	语句表
立即取	bit ─┤I├─	LDI bit
立即与		AI bit
立即或		OI bit
立即取反	bit ─┤/I├─	LDNI bit
立即与反		ANI bit
立即或反		ONI bit
立即输出	bit ─(I)	=I bit
立即置位	bit ─(SI) N	SI bit, N
立即复位	bit ─(RI) N	RI bit, N

指令使用说明:

1) LDI、LDNI、AI、ANI、OI、ONI 指令只能用于输入量 I。

2) =I、SI、RI 指令只能用于输出量 Q。

3) SI、RI 指令操作数 N 的范围是 1~128。

立即指令的用法如图 11-11 所示。在分析时序图时，需注意程序中哪些地方使用了立即指令，哪些地方没有使用立即指令。图 11-11 中，Q0.1 为普通输出，Q0.2、Q0.3 为立即输出，而对 Q0.5 来说，其输入逻辑是 I0.1 的立即触点。

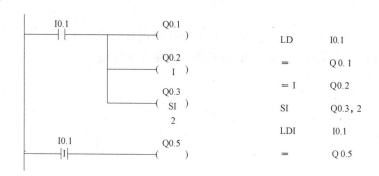

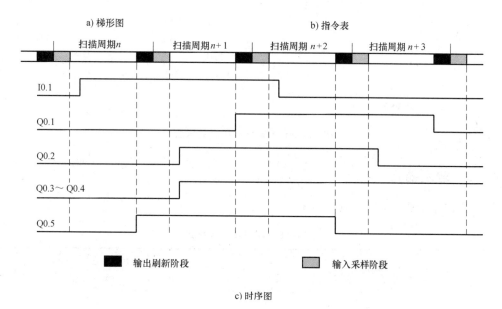

图 11-11 立即指令的用法

11.4.9 逻辑堆栈指令

逻辑堆栈指令见表 11-15。

表 11-15 逻辑堆栈指令

指令名称	助记符	指令功能	操作元件
入栈指令	LPS	将栈顶值复制后压入堆栈,栈顶中原先的值保持不变,栈中原来的数据依次下移一层,栈底值压出丢失	无
读栈指令	LRD	将堆栈第 2 层的值复制到栈顶,栈顶中原来的数据自然消失,堆栈 2~9 层中原先数据不变	无
出栈指令	LPP	将栈顶值弹出,堆栈内其他层的值依次向上移一层	无
装载堆栈指令	LDS	将堆栈中第 n 层的值复制到栈顶,栈内原先的数据依次向下移一层,栈底值推出丢失	$n = 1 \sim 8$

指令使用说明：

1) S7-200 PLC 提供的堆栈为 9 层，则 LPS、LPP 连续使用时应少于 9 次。

2) 为避免程序地址指针发生错误，LPS 和 LPP 指令必须成对使用。

逻辑堆栈指令的用法如图 11-12 所示。

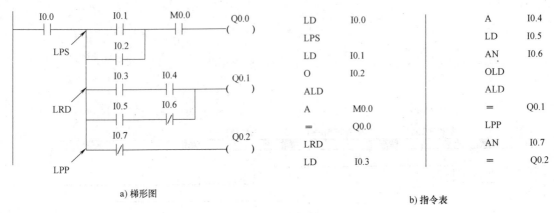

图 11-12　逻辑堆栈指令的用法

11.4.10　触发器指令

触发器指令格式见表 11-16。

表 11-16　触发器指令格式

指令名称	梯形图	指令功能	操作元件	
			输入/输出	bit
置位优先触发器指令（SR）	bit SI　OUT SR R	当置位输入端和复位输入端同时有效时，输出为 1	I、Q、V、M、SM、S、T、C	I、Q、V、M
复位优先触发器指令（RS）	bit S　OUT RS RI	当置位输入端和复位输入端同时有效时，输出为 0	I、Q、V、M、SM、S、T、C	I、Q、V、M

触发器指令的真值表见表 11-17。

表 11-17　触发器指令的真值表

指令名称	输入		输出
	SI	R	OUT（bit）
置位优先触发器指令（SR）	0	0	保持之前状态
	0	1	0
	1	0	1
	1	1	1

(续)

指令名称	输入		输出
	S	RI	OUT(bit)
复位优先触发器指令(RS)	0	0	保持之前状态
	0	1	0
	1	0	1
	1	1	0

指令使用说明：

1）触发器指令没有语句表 STL 形式。但通过编程软件可转换出 STL 形式，但不易理解。

2）触发器指令操作数数据类型均为 BOOL 型。

触发器指令的用法如图 11-13 所示。

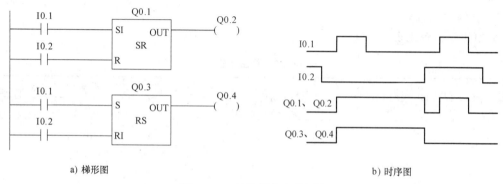

图 11-13 触发器指令的用法

11.4.11 取反指令

取反指令又称为取非指令。取反指令见表 11-18。

表 11-18 取反指令

指令名称	助记符	指令功能	操作元件
取反指令	NOT	对某一位的逻辑值取反	无

指令使用说明：

NOT 触点不能与左母线直接相连，也不能与单个触点或电路块并联使用。

取反指令的用法如图 11-14 所示。

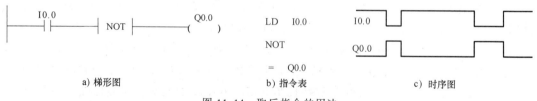

图 11-14 取反指令的用法

11.4.12 空操作指令

空操作指令见表11-19。

表 11-19 空操作指令

指令名称	助记符	指令功能	操作元件
空操作指令	NOP	无动作	0~255

指令使用说明：

空操作指令执行时不会产生任何操作。语句：NOP N 表示在一个扫描周期内执行 N 次 NOP 指令。

11.4.13 比较指令

比较指令又称为触点比较类指令，它分为数值比较指令和字符串比较指令两种。

1. 数值比较指令

数值比较指令见表11-20。

表 11-20 数值比较指令

指令名称	助记符	指令功能	操作元件 IN1、IN2
字节比较指令	LDBx ABx OBx	两个相同类型的数据（IN1，IN2）比较，若比较关系成立，则比较触点闭合，后面的电路被接通；否则比较触点断开，后面的电路不接通	IB、QB、VB、MB、SB、SMB、LB、AC、*VD、*AC、*LD、常数
整数比较指令	LDWx AWx OWx		IW、QW、VW、MW、SW、SMW、LW、AIW、T、C、AC、*VD、*AC、*LD、常数
双字整数 比较指令	LDDx ADx ODx		ID、QD、VD、MD、SD、SMD、LD、AC、*VD、*AC、*LD、常数
实数比较指令	LDRx ARx ORx		ID、QD、VD、MD、SD、SMD、LD、AC、*VD、*AC、*LD、常数

注：表中"x"代表"="">="<""<="">"或"<>"。

指令使用说明：

1) 字节比较指令用于比较两个整数字节 IN1 和 IN2 的大小，字节比较是无符号的，数据类型为字节型（BYTE）。

2) 整数比较指令用于比较两个一个字长整数 IN1 和 IN2 的大小，整数比较是有符号的，数据类型为整数型（INT）。整数范围为 16#8000~16#7FFF。

3) 双字整数比较指令用于比较两个双字长整数 IN1 和 IN2 的大小，双字整数比较是有符号的，数据类型为双字整数型（DINT），双字整数范围为 16#80000000~16#7FFFFFFF。

4) 实数比较指令用于比较两个双字长实数 IN1 和 IN2 的大小，实数比较是有符号的，数据类型为实数型（REAL）。负实数范围为 $-1.175495E-38 \sim -3.402823E+38$，正实数范围

$+1.175495E-38 \sim 3.402823E+38$。

比较指令的用法如图 11-15 所示。

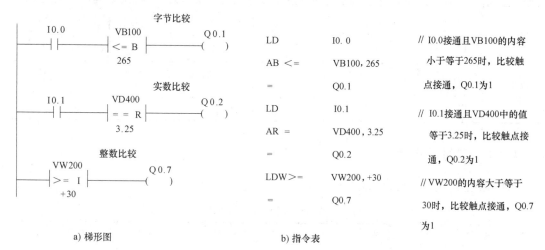

a) 梯形图   b) 指令表

图 11-15 比较指令的用法

2. 字符串比较指令

字符串比较指令见表 11-21。

表 11-21 字符串比较指令

指令名称	助记符	指令功能	操作元件	
			IN1	IN2
字符串比较指令	LDSx ASx OSx	两个字符串的 ASCII 码值(IN1,IN2)比较,若比较关系成立,则比较触点闭合;否则,比较触点断开	VB、LB、*VD、*LD、*AC	

注:表中"x"代表"="或"<>"。

指令使用说明:

字符串的长度≤254 个字符。

在梯形图中,比较指令格式汇总见表 11-22。

表 11-22 比较指令格式汇总表

类型	=	<	<=	>	>=	<>
字节比较	—| IN1 ==B IN2 |—	—| IN1 <B IN2 |—	—| IN1 <=B IN2 |—	—| IN1 >B IN2 |—	—| IN1 >=B IN2 |—	—| IN1 <>B IN2 |—
整数比较	—| IN1 ==I IN2 |—	—| IN1 <I IN2 |—	—| IN1 <=I IN2 |—	—| IN1 >I IN2 |—	—| IN1 >=I IN2 |—	—| IN1 <>I IN2 |—
双字整数比较	—| IN1 ==D IN2 |—	—| IN1 <D IN2 |—	—| IN1 <=D IN2 |—	—| IN1 >D IN2 |—	—| IN1 >=D IN2 |—	—| IN1 <>D IN2 |—

(续)

类型	=	<	<=	>	>=	<>
实数比较	─┤ IN1 = = R ├─ IN2	─┤ IN1 < R ├─ IN2	─┤ IN1 <= R ├─ IN2	─┤ IN1 > R ├─ IN2	─┤ IN1 >= R ├─ IN2	─┤ IN1 <> R ├─ IN2
字符串比较	─┤ IN1 = = S ├─ IN2	/	/	/	/	─┤ IN1 <> S ├─ IN2

11.4.14 定时器指令

定时器指令格式见表 11-23。

表 11-23 定时器指令格式

指令名称	指令格式	指令功能	操作元件
通电延时 定时器指令(TON)	Tn ─ IN TON ─ PT ???ms TON Tn, PT	用于单一时间间隔的定时。输入端 IN 为 ON 时,定时器开始计时,当前值≥设定值(PT)时,定时器被置位,其常开触点接通,常闭触点断开,当前值继续增大,直至 32767 为止。无论何时,只要 IN 变为 OFF,定时器立刻复位,当前值变为 0	Tn:T0~T255 IN:I、Q、M、SM、T、C、V、S、L PT:IW、QW、MW、SMW、VW、SW、LW、AC、AIW、T、C、*VD、*AC、*LD、常数
断电延时 定时器指令(TOF)	Tn ─ IN TOF ─ PT ???ms TOF Tn, PT	用于输入端断开后的单一间隔定时。输入端 IN 为 ON 时,定时器被置位,常开触点闭合,常闭触点断开,且当前值清 0。当 IN 端断开时,定时器开始计时,当前值等于设定值时,定时器被复位,停止计时	
记忆型 通电延时 定时器指令(TONR)	Tn ─ IN TONR ─ PT ???ms TONR Tn, PT	用于累计时间间隔的定时。输入端 IN 为 ON 时,当前值从 0 开始计时。输入端 IN 断开,当前值和定时器位保持不变。当 IN 再次接通时,当前值从原保持值开始继续计时,当前值达到设定值时,定时器被置位,其常开触点接通,常闭触点断开,当前值继续增大,直至 32767 为止	

指令使用说明:

1) 不能把一个定时器同时用作通电延时定时器 TON 和断电延时定时器 TOF, 如不能既有 "TON T25", 又有 "TOF T25"。

2) 使用复位指令 (R) 对定时器复位后,定时器位为 OFF,定时器的当前值为 0。

3) 记忆型通电延时定时器 (TONR) 只能通过复位指令进行复位。

通电延时定时器指令的用法如图 11-16 所示。

断电延时定时器指令的用法如图 11-17 所示。

记忆型通电延时定时器指令的用法如图 11-18 所示。

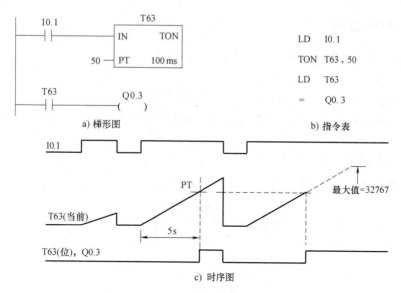

图 11-16 通电延时定时器指令的用法

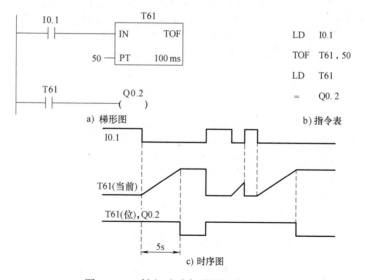

图 11-17 断电延时定时器指令的用法

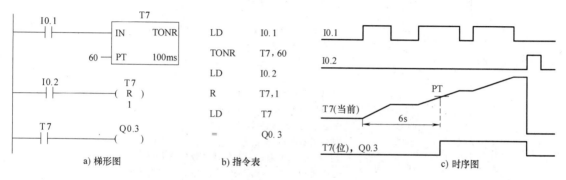

图 11-18 记忆型通电延时定时器指令的用法

11.4.15 计数器指令

计数器指令格式见表 11-24。

指令使用说明：

1）在语句表中，CU、CD、R、LD 的编程顺序不能错。

2）可以用复位指令来对三种计数器复位，执行后的结果是，计数器状态位置 0，当前值清 0。

3）在一个程序中，同一个计数器号码只能使用一次。

4）脉冲输入和复位输入同时有效时，优先执行复位操作。

表 11-24 计数器指令格式

指令名称	指令格式	指令功能	操作元件
加计数器指令（CTU）	Cn CU CTU R PV CTU Cn, PV	在 CU 端输入每个脉冲上升沿，计数器当前值加 1，当前值≥设定值（PV）时，计数器状态位置 1，其常开触点闭合，常闭触点断开。计数器动作后，其当前值会随计数脉冲的输入而继续增大，直至计数到最大值 32767 为止。复位输入（R）有效时，计数器状态位置 0，其当前值清 0	Cn： C0~C255 CU/CD/LD/R： I、Q、M、SM、T、C、V、S、L PT： IW、QW、MW、SMW、VW、SW、LW、AC、AIW、T、C、*AD、*AC、*LD、常数
减计数器指令（CTD）	Cn CD CTD LD PV CTD Cn, PV	在复位输入端口有效时，计数器复位并把设定值装入当前值寄存器中。在计数输入端 CD 输入的每个脉冲上升沿时，计数器当前值从设定值开始减 1 计数，当前值减到 0 时，计数器状态位置 1，其常开触点闭合，常闭触点断开	
加减计数器指令（CTUD）	Cn CU CTUD CD R PV CTUD Cn, PV	CU 输入端用于加计数，CD 输入端用于减计数。每当一个加计数输入脉冲上升沿来时，计数器的当前值加 1，当计数器的当前值≥设定值（PV）时，计数器状态位变为 1，这时加计数脉冲继续输入，当前值将不断增大直至计数到最大值 32767 后，下一个 CU 脉冲上升沿将使计数值跳变为最小值（-32768）停止计数。每当一个减计数输入脉冲上升沿到来时，计数器的当前值减 1，当计数器的当前值<设定值（PV）时，计数器状态位变为 0，再来减计数脉冲时，计数器的当前值仍不断减小，直至达到最小值 -32768 后，下一个 CD 脉冲上升沿使计数值跳变为最大值（32767）停止计数	

加计数器指令用法如图 11-19 所示。

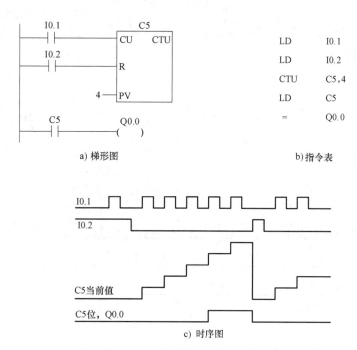

图 11-19 加计数器指令的用法

减计数器指令用法如图 11-20 所示。

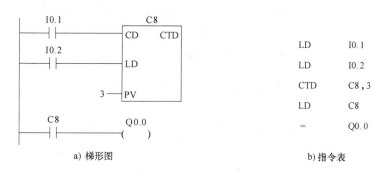

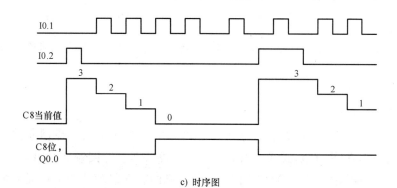

图 11-20 减计数器指令的用法

加减计数器指令用法如图 11-21 所示。

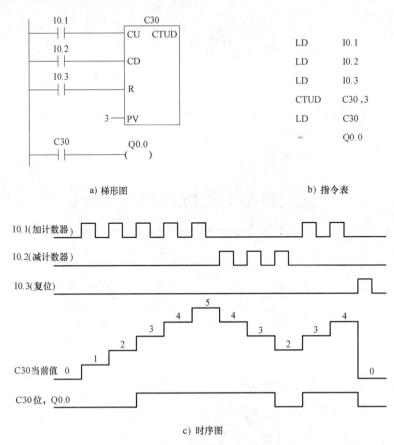

图 11-21 加减计数器指令的用法

限于篇幅，其他指令的用法可查阅西门子 S7-200 系统操作手册或其他相关书籍。

11.5 S7-200 PLC 基本指令应用举例

11.5.1 三相异步电动机Y-△减压起动控制

1. 控制要求

1) 按下起动按钮，电动机为Y联结减压起动，经过一定的延时时间后，自动转换为△联结全压运行。

2) 具有热保护和停止功能。

2. I/O 元件地址分配

根据控制要求，在电动机的Y-△减压起动控制中，有 3 个输入控制元件，即起动按钮 SB_1、停止按钮 SB_2 和热继电器 FR；有 3 个输出元件，即电源接触器线圈 KM_1、Y联结起动接触器 KM_3 和△联结运行接触器线圈 KM_2。电动机的Y-△起动控制 I/O 元件的地址分配见表 11-25。

表 11-25　电动机的Y-△起动控制 I/O 元件的地址分配

输入信号			输出信号		
名　称	代　号	输入点编号	名　称	代　号	输出点编号
起动按钮	SB_1	I0.0	电源接触器	KM_1	Q0.0
停止按钮	SB_2	I0.1	Y联结接触器	KM_3	Q0.1
过载保护	FR	I0.2	△联结接触器	KM_2	Q0.2

3. I/O 接线

三相电动机Y-△起动 PLC 控制的系统接线如图 11-22 所示，其中图 11-22b 为 PLC 的 I/O 接线图。

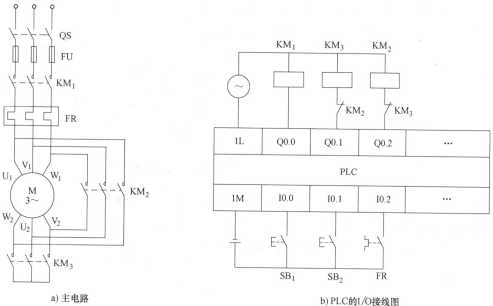

a) 主电路　　　　　　　　　　　　　b) PLC 的 I/O 接线图

图 11-22　三相电动机Y-△起动 PLC 控制的系统接线

4. 梯形图程序

根据控制要求，设计出三相电动机Y-△起动 PLC 控制的梯形图如图 11-23 所示。

在梯形图中，按下起动按钮 SB1，I0.0 的输入为 1，M1.0 线圈得电，M1.0 的动合触点闭合，Q0.1 线圈得电，即 KM3 的线圈得电，KM3 主触点闭合，为Y形起动作好了准备。同时定时器 T61、T62 开始定时，1s 后 T62 的动合触点闭合，Q0.0 线圈得电，即接触器 KM1 的线圈得电，KM1 主触点闭合，电动机开始Y形起动。6s 后 T61 的动断触点断开，Q0.1 线圈失电，接触器 KM3 断电，主触点释放，与此同时 T61 的动合触点闭合，定时器 T63 开始定时，0.5s 后 T63 动合触点闭合，Q0.2 线圈得电，即接触器 KM2 的线圈得电，KM2 主触点闭合，电动机接成△形，起动完毕进入全压运行。若按下停止按钮 SB2，I0.1 的动断触点断开，M1.0、Q0.0 失电，接触器 KM1 的线圈失电，KM1 主触点断开，电动机停止运行。

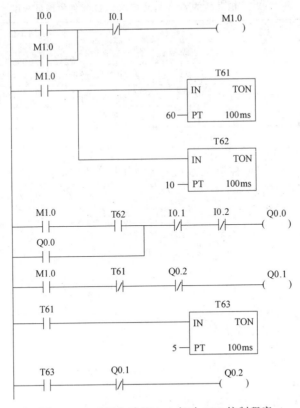

图 11-23 三相电动机Y-△起动 PLC 控制程序

若电动机过载，热继电器的动合触点闭合，I0.2 的输入为 1，其动断触点断开，Q0.0 失电，接触器 KM1 的线圈失电，KM1 主触点断开，电动机也断电停车。

梯形图中定时器 T63 的作用是使接触器 KM3 断开 0.5s 后，接触器 KM2 才得电，避免电源短路事故的发生。

11.5.2　智力抢答电路

1. 控制要求

主持人一个开关控制三个抢答桌。主持人说出题目后，谁先按按钮，谁的桌子上的灯即亮。这时主持人按按钮后灯才熄灭，否则一直亮着。三个抢答桌的按钮安排如下：抢答桌 1 上是两名小学生，桌上有两只按钮，是并联形式，无论按哪一只，桌上的灯都亮；抢答桌 2 上是两名中学老师，桌子上也有两只按钮，是串联形式，只有两只按钮都按下，桌上的灯才亮；抢答桌 3 上是一名中学生，桌子上只有一个按钮，一按灯即亮。当主持人将开关处于闭合状态时，10s 之内若有人抢答按按钮，电铃响。

2. I/O 元件地址分配

根据控制要求，在该系统中，有 7 个输入控制元件，即控制按钮 SB_1、SB_2、SB_3、SB_4、SB_5、SB_6 和 S；有 4 个输出元件，即指示灯 HL_1、HL_2、HL_3 和电铃 HA。智力抢答电路 I/O 元件的地址分配见表 11-26。

表 11-26　智力抢答电路 I/O 元件的地址分配

输入信号			输出信号		
名　称	代　号	输入点编号	名　称	代　号	输出点编号
小学生按钮	SB_1、SB_2	I0.1、I0.2	指示灯 1	HL_1	Q0.1
中学生按钮	SB_3	I0.3	指示灯 2	HL_2	Q0.2
中学老师按钮	SB_4、SB_5	I0.4、I0.5	指示灯 3	HL_3	Q0.3
主持人按钮	SB_6	I1.0	电铃	HA	Q0.4
控制开关	S	I1.1			

3. I/O 接线

智力抢答 PLC 控制的 I/O 接线如图 11-24 所示。

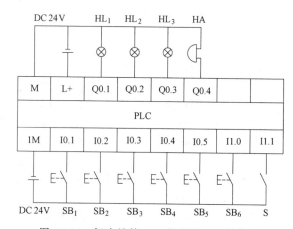

图 11-24　智力抢答 PLC 控制的 I/O 接线图

4. 指令表程序

根据控制要求，智力抢答 PLC 控制的指令表程序见表 11-27。

表 11-27　智力抢答 PLC 控制的指令表程序

LD	I0.1		AN	Q0.1		LD	I1.1	
O	I0.2		AN	Q0.3		TON	T56,100	
O	Q0.1		=	Q0.2		LD	Q0.1	
AN	I1.0		LD	I0.4		O	Q0.2	
AN	Q0.2		A	I0.5		O	Q0.3	
AN	Q0.3		O	Q0.3		AN	T56	
=	Q0.1		AN	I1.0		O	Q0.4	
LD	I0.3		AN	Q0.1		A	I1.1	
O	Q0.2		AN	Q0.2		AN	I1.0	
AN	I1.0		=	Q0.3		=	Q0.4	

习　题

1. S7-200 系列 PLC 有哪些编程软元件？并简述输入继电器和输出继电器的用途。
2. 什么是 PLC 的编址方式？PLC 有哪些编址方式？

3. S7-200 系列 PLC 中有哪些特殊标志位存储器？
4. S7-200 系列 PLC 提供了多少个定时器？共有多少种类型？
5. 什么是直接寻址？什么是间接寻址？间接寻址包括哪些步骤？
6. 写出图 11-25 所示梯形图的指令表程序。

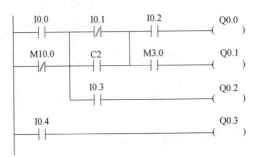

图 11-25　题 6 梯形图

7. 画出下列指令表程序对应的梯形图。

LD	I0.0	LD	I0.2	=	Q2.0
O	I1.0	LPS		LPP	
LD	I0.1	A	I0.3	LD	I2.0
LD	I1.1	=	Q1.0	O	I2.1
A	I1.2	LRD		ALD	
OLD		LD	I1.3	=	Q3.3
ALD		O	I1.4		
=	Q0.0	ALD			

8. 时序图如图 11-26 所示，当控制开关 I0.1 为 ON 时，用通电延时型定时器 T37 开始计时，延时 10s 后，输出 Q0.0 变为 1 状态；当控制开关 I0.1 为 OFF 时，通电延时型定时器 T38 开始计时，经 8s 延时后，输出 Q0.0 变为 0 状态。根据所述试设计出对应的梯形图程序。

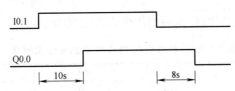

图 11-26　题 8 时序图

附　录

附录A　常用电气图形和文字符号

名　称	图形符号	文字符号	名　称	图形符号	文字符号
电阻器		R	PNP型晶体管		V
可变电阻器（可调电阻器）		R	单结晶体管		V
滑线式变阻器		R	N型场效应晶体管		V
滑动触点电阻器		RP	P型场效应晶体管		V
电容器		C	光电二极管		VD
极性电容器		C	发光二极管		VL
可变电容器（可调电容器）		C	光电池		B
电感器		L	三极晶体闸流管		VT
带磁心的电感器		L	运算放大器		N
半导体二极管		VD	旋转电机的绕组 (1)换向绕组或补偿绕组 (2)串励绕组 (3)并励或他励绕组	(1) (2) (3)	WE
普通晶闸管		VT			
稳压二极管		VS			
NPN型晶体管		V			

(续)

名　称	图形符号	文字符号	名　称	图形符号	文字符号
旋转电机一般符号，符号中的星号必须用下述字母代替： C 旋转变流机 G 发电机 GS 同步发电机 M 电动机 MS 同步电动机 SM 伺服电动机 TG 测速发电机	✱		电流互感器		T(TA)
			三相变压器Y-△联结		T
串励直流电动机		MD	原电池或蓄电池		GB
并励直流电动机		MD	单极刀开关		QS
他励直流电动机		MD	三极刀开关		QS
			三极隔离开关		QS
三相笼型异步电动机		M	三极断路器		QF
三相绕线转子异步电动机		M	熔断器		FU
电抗器、扼流圈		L	按钮 常开触点		SB
			按钮 常闭触点		
双绕组变压器		T	接触器触点 主常开触点		KM
			接触器触点 主常闭触点		
			接触器触点 辅助常开触点		
			接触器触点 辅助常闭触点		

名　称		图形符号	文字符号	名　称		图形符号	文字符号
继电器触点	常开触点		KA	速度继电器	常开触点		KS
	常闭触点				常闭触点		
热继电器触点	常开触点		FR	接触器线圈			KM
				继电器线圈			KA
	常闭触点			时间继电器通电延时线圈			KT
时间继电器触点	延时闭合常开触点		KT	时间继电器断电延时线圈			KT
	延时断开常闭触点			热继电器驱动器件			FR
				电磁阀			YV
	延时断开常开触点			信号灯			HL
	延时闭合常闭触点			照明灯			EL
				电铃			HA
位置开关	常开触点		SQ	电喇叭			HA
	常闭触点						

附录 B　FX$_{2N}$ 系列 PLC 的功能指令

指令类型	指令名称	功能编号	指令助记符	32位指令	脉冲指令
程序流控制	条件跳转	00	CJ	—	○
	子程序调用	01	CALL	—	○
	子程序返回	02	SRET	—	—
	中断返回	03	IRET	—	—
	允许中断	04	EI	—	—
	禁止中断	05	DI	—	—
	主程序结束	06	FEND	—	—
	监控定时器刷新	07	WDT	—	○
	循环开始	08	FOR	—	—
	循环结束	09	NEXT	—	—

（续）

指令类型	指令名称	功能编号	指令助记符	32位指令	脉冲指令
数据传送和比较	比较	10	CMP	○	○
	区间比较	11	ZCP	○	○
	传送	12	MOV	○	○
	BCD码移位传送	13	SMOV	—	○
	取反传送	14	CML	○	○
	数据块传送（n点→n点）	15	BMOV	—	○
	多点传送（1点→n点）	16	FMOV	○	○
	数据交换，(D1)→(D2)	17	XCH	○	○
	BCD变换，BIN→BCD	18	BCD	○	○
	BIN变换，BCD→BIN	19	BIN	○	○
四则运算和逻辑运算	BIN加法	20	ADD	○	○
	BIN减法	21	SUB	○	○
	BIN乘法	22	MUL	○	○
	BIN除法	23	DIV	○	○
	BIN加1	24	INC	○	○
	BIN减1	25	DEC	○	○
	字逻辑与	26	WAND	○	○
	字逻辑或	27	WOR	○	○
	字逻辑异或	28	WXOR	○	○
	求二进制补码	29	NEG	○	○
循环与移位	右循环	30	ROR	○	○
	左循环	31	ROL	○	○
	带进位右循环	32	RCR	○	○
	带进位左循环	33	RCL	○	○
	位右移	34	SFTR	—	○
	位左移	35	SFTL	—	○
	字右移	36	WSFR	—	○
	字左移	37	WSFL	—	○
	FIFO写入	38	SFWR	—	○
	FIFO读出	39	SFRD	—	○
数据处理	区间复位	40	ZRST	—	○
	解码	41	DECO	—	○
	编码	42	ENCO	—	○
	求置ON位总数	43	SUM	○	○
	ON位判别	44	BON	○	○
	平均值计算	45	MEAN	○	○

(续)

指令类型	指令名称	功能编号	指令助记符	32 位指令	脉冲指令
数据处理	信号报警器置位	46	ANS	—	—
	信号报警器复位	47	ANR	—	○
	BIN 开方运算	48	SQR	○	○
	BIN 整数→BIN 浮点数转换	49	FLT	○	○
高速处理	输入输出刷新	50	REF	—	○
	输入滤波时间常数调整	51	REFF	—	○
	矩阵输入	52	MTR	—	—
	高速计数器比较置位	53	HSCS	○	—
	高速计数器比较复位	54	HSCR	○	—
	高速计数器区间比较	55	HSZ	○	—
	速度检测	56	SPD	—	—
	脉冲输出	57	PLSY	○	—
	脉冲宽度调制	58	PWM	—	—
	带加减速功能的脉冲输出	59	PLSR	○	—
方便指令	状态初始化	60	IST	—	—
	数据搜索	61	SER	○	○
	绝对值式凸轮顺控	62	ABSD	○	—
	增量式凸轮顺控	63	INCD	—	—
	示教定时器	64	TTMR	—	—
	特殊定时器	65	STMR	—	—
	交替输出	66	ALT	—	○
	斜波信号输出	67	RAMP	—	—
	旋转工作台控制	68	ROTC	—	—
	数据排序	69	SORT	—	—
外部 I/O 设备	10 键输入	70	TKY	○	—
	16 键输入	71	HKY	○	—
	数字开关输入	72	DSW	—	—
	7 段译码	73	SEGD	—	○
	带锁存的 7 段显示	74	SEGL	—	—
	方向开关	75	ARWS	—	—
	ASCII 码转换	76	ASC	—	—
	打印输出	77	PR	—	—
	从特殊功能模块读出	78	FROM	○	○
	向特殊功能模块写入	79	TO	○	○
FX 系列外部设备	RS-232C 串行通信	80	RS	—	—
	并行运行	81	PRUN	○	○

（续）

指令类型	指令名称	功能编号	指令助记符	32位指令	脉冲指令
FX系列外部设备	HEX→ASCII码转换	82	ASCI	—	○
	ASCII码→HEX转换	83	HEX	—	○
	校验码	84	CCD	—	○
	模拟量功能扩充板读出	85	VRRD	—	○
	模拟量功能扩充板开关设定	86	VRSC	—	○
	PID回路运算	88	PID	—	—
浮点数	二进制浮点数比较	110	ECMP	○	○
	二进制浮点数区间比较	111	EZCP	○	○
	二进制浮点数→十进制浮点数	118	EBCD	○	○
	十进制浮点数→二进制浮点数	119	EBIN	○	○
	二进制浮点数加法	120	EADD	○	○
	二进制浮点数减法	121	ESUB	○	○
	二进制浮点数乘法	122	EMUL	○	○
	二进制浮点数除法	123	EDIV	○	○
	二进制浮点数开平方	127	ESQR	○	○
	二进制浮点数→二进制整数	129	INT	○	○
	二进制浮点数正弦函数（SIN）	130	SIN	○	○
	二进制浮点数余弦函数（COS）	131	COS	○	○
	二进制浮点数正切函数（TAN）	132	TAN	○	○
	高低字节交换	147	SWAP	○	○
时间运算	时钟数据比较	160	TCMP	—	○
	时钟数据区间比较	161	TZCP	—	○
	时钟数据加法	162	TADD	—	○
	时钟数据减法	163	TSUB	—	○
	时钟数据读出	166	TRD	—	○
	时钟数据写入	167	TWR	—	○
变换	二进制数→格雷码	170	GRY	○	○
	格雷码→二进制数	171	GBIN	○	○
比较触点	（S1）=（S2）时运算开始的触点接通	224	LD=	○	—
	（S1）>（S2）时运算开始的触点接通	225	LD>	○	—
	（S1）<（S2）时运算开始的触点接通	226	LD<	○	—
	（S1）≠（S2）时运算开始的触点接通	228	LD<>	○	—
	（S1）≤（S2）时运算开始的触点接通	229	LD≤	○	—
	（S1）≥（S2）时运算开始的触点接通	230	LD≥	○	—
	（S1）=（S2）时串联触点接通	232	AND=	○	—
	（S1）>（S2）时串联触点接通	233	AND>	○	—

（续）

指令类型	指令名称	功能编号	指令助记符	32 位指令	脉冲指令
比较触点	(S1)<(S2)时串联触点接通	234	AND<	○	—
	(S1)≠(S2)时串联触点接通	236	AND<>	○	—
	(S1)≤(S2)时串联触点接通	237	AND≤	○	—
	(S1)≥(S2)时串联触点接通	238	AND≥	○	—
	(S1)=(S2)时并联触点接通	240	OR=	○	—
	(S1)>(S2)时并联触点接通	241	OR>	○	—
	(S1)<(S2)时并联触点接通	242	OR<	○	—
	(S1)≠(S2)时并联触点接通	244	OR<>	○	—
	(S1)≤(S2)时并联触点接通	245	OR≤	○	—
	(S1)≥(S2)时并联触点接通	246	OR≥	○	—

注：表中"○"表示有相应的功能；"—"表示无相应的功能。

附录 C SB70G 系列变频器部分功能参数

SB70G 系列变频器的部分功能参数见表 C-1、表 C-2 和表 C-3。表中"○"表示待机和运行状态均可更改，"×"表示仅运行状态不可更改。

表 C-1 F4 数字输入端子及多段速

参数	名称	设定范围及说明	出厂值	更改
F4-00	X1 数字输入端子功能	0:不连接到下列的信号 1:多段频率选择 1	1	
F4-01	X2 数字输入端子功能	2:多段频率选择 2 3:多段频率选择 3 4:多段频率选择 4 5:多段频率选择 5	2	
F4-02	X3 数字输入端子功能	6:多段频率选择 6 7:多段频率选择 7 8:多段频率选择 8 9:加减速时间选择 1	3	
F4-03	X4 数字输入端子功能	10:加减速时间选择 2 11:加减速时间选择 3 12:外部故障输入 13:故障复位	4	
F4-04	X5 数字输入端子功能	14:正转点动运行 15:反转点动运行	12	
F4-05	X6 数字输入端子功能	16:紧急停机 17:变频运行禁止 18:自由停机 19:UP/DOWN 增	13	
F4-06	FWD 端子功能	20:UP/DOWN 减 21:UP/DOWN 清除 22:PLC 控制禁止 23:PLC 暂停运行	38	×
F4-07	REV 端子功能	24:PLC 待机状态复位 25:PLC 模式选择 1 26:PLC 模式选择 2 27:PLC 模式选择 3 28:PLC 模式选择 4 29:PLC 模式选择 5 30:PLC 模式选择 6 31:PLC 模式选择 7 32:辅助给定通道禁止 33:运行中断 34:停机直流制动 35:过程 PID 禁止 36:PID 参数 2 选择 37:三线式停机指令 38:内部虚拟 FWD 端子 39:内部虚拟 REV 端子 40:模拟量频率给定保持 41:加减速禁止 42:运行命令通道切换到端子或面板 43:给定频率切换至 AI1 44:给定频率切换至算术单元 1 45:速度/转矩控制选择 46:多段 PID 选择 1 47:多段 PID 选择 2 48:多段 PID 选择 3 49:零伺服指令 50:计数器预置 51:计数器清零 52:计数器及计数器 2 清零 53:摆频投入 54:摆频状态复位	39	

(续)

参数	名称	设定范围及说明	出厂值	更改
F4-08	FWD/REV 运转模式	0：单线式（起停） 1：两线式 1（正转、反转） 2：两线式 2（起停、方向） 3：两线式 3（起停） 4：三线式 1（正转、反转、停止） 5：三线式 2（运行、方向、停止）	1	×
F4-09	输入端子正反逻辑 1	万：X5；千：X4；百：X3；十：X2；个：X1	00000	×
F4-10	输入端子正反逻辑 2	百位：REV；十位：FWD；个：X6	000	×
F4-11	数字输入端子消抖时间	0～2000ms	10ms	○
F4-12	UP/DOWN 调节方式	0：端子电平式 1：端子脉冲式 2：操作面板电平式 3：操作面板脉冲式	0	○
F4-13	UP/DOWN 速率/步长	0.01%～100.00%，(0.01～100.00)%/s	1.00	○
F4-14	UP/DOWN 记忆选择	0：掉电存储；1：掉电清零；2：停机、掉电均清零	0	○
F4-15	UP/DOWN 上限	0.0%～100.0%	100.0%	○
F4-16	UP/DOWN 下限	−100.0%～0.0%	0.0%	○
F4-17	多段速度选择方式	0：编码选择 1：直接选择 2：叠加方式 3：个数选择	0	×
F4-18～ F4-65	多段频率 1～48	0.00～650.00Hz，多段频率 1～48 出厂值为各自的多段频率号，例，多段频率 3 的出厂值为 3.00Hz	n.00Hz (n=1～48)	○

表 C-2 F5 数字输出和继电器输出设置

参数	名称	设定范围及说明	出厂值	更改
F5-00	Y1 数字输出端子功能	0：变频器运行准备就绪 1：变频器运行中 2：频率到达 3：频率水平检测信号 1 4：频率水平检测信号 2 5：故障输出 6：抱闸制动信号 7：电动机负载过重 8：电动机过载 9：欠电压封锁 10：外部故障停机 11：故障自复位过程中 12：瞬时断电再上电动作中 13：报警输出 14：反转运行中 15：停机过程中 16：运行中断状态 17：操作面板控制中 18：转矩限制中 19：频率上限限制中 20：频率下限限制中 21：发电运行中 22：零速运行中 23：零伺服完毕 24：PLC 运行中 25：PLC 运行暂停 26：PLC 阶段运转完成 27：PLC 循环完成 28：上位机数字量 1 29：上位机数字量 2 30：摆频上下限制中 31：设定计数值到达 32：指定计数值到达 33：计数器设定长度到达 34：X1（正反逻辑后） 35：X2（正反逻辑后） 36：X3（正反逻辑后） 37：X4（正反逻辑后） 38：X5（正反逻辑后） 39：X6（正反逻辑后） 40：X7（扩展端子） 41：X8（扩展端子） 42：X9（扩展端子） 43：X10（扩展端子） 44：X11（扩展端子） 45：FWD（正反逻辑后） 46：REV（正反逻辑后） 47：比较器 1 输出 48：比较器 2 输出 49：逻辑单元 1 输出 50：逻辑单元 2 输出 51：逻辑单元 3 输出 52：逻辑单元 4 输出 53：定时器 1 输出 54：定时器 2 输出 55：定时器 3 输出 56：定时器 4 输出 57：编码器 A 通道 58：编码器 B 通道 59：PFI 端子状态 60：电动机虚拟计圈脉冲 61：PLC 模式 0 指示 62：PLC 模式 1 指示 63：PLC 模式 2 指示 64：PLC 模式 3 指示 65：PLC 模式 4 指示 66：PLC 模式 5 指示 67：PLC 模式 6 指示 68：PLC 模式 7 指示 69：指定计数值 2 到达 70：逻辑单元 5 输出 71：逻辑单元 6 输出	1	×
F5-01	Y2 数字输出端子功能		2	
F5-02	T1 继电器输出功能		5	
F5-03	T2 继电器输出功能		13	

（续）

参数	名称	设定范围及说明	出厂值	更改
F5-04	Y端子输出正反逻辑	十位：Y2　个位：Y1	00	×
F5-05	频率到达检出宽度	0.00~650.00Hz	2.50Hz	○
F5-06	频率水平检测值1	0.00~650.00Hz	50.00Hz	○
F5-07	频率水平检测后值1	0.00~650.00Hz	1.00Hz	○
F5-08	频率水平检测值2	0.00~650.00Hz	25.00Hz	○
F5-09	频率水平检测后值2	0.00~650.00Hz	1.00Hz	○
F5-10	Y1端子闭合延时	0.00~650.00s	0.00s	○
F5-11	Y1端子分断延时		0.00s	
F5-12	Y2端子闭合延时		0.00s	
F5-13	Y2端子分断延时		0.00s	
F5-14	T1端子闭合延时	0.00~650.00s	0.00s	○
F5-15	T1端子分断延时		0.00s	
F5-16	T2端子闭合延时		0.00s	
F5-17	T2端子分断延时		0.00s	

表 C-3　F6 模拟量及脉冲频率端子设置

参数	名称	设定范围及说明	出厂值	更改
F6-00	AI1输入类型	0：0~10V 或 0~20mA，对应 0%~100% 1：10~0V 或 20~0mA，对应 0%~100% 2：2~10V 或 4~20mA，对应 0%~100% 3：10~2V 或 20~4mA，对应 0%~100% 4：-10~10V 或 -20~20mA，对应 -100%~100% 5：10~-10V 或 20~-20mA，对应 -100%~100% 6：0~10V 或 0~20mA，对应 -100%~100% 7：10~0V 或 20~0mA，对应 -100%~100%	0	○
F6-01	AI1增益	0.0%~1000.0%	100.0%	○
F6-02	AI1偏置	-99.99%~99.99%，以 10V 或 20mA 为 100%	0.00%	○
F6-03	AI1滤波时间	0.000~10.000s	0.100s	○
F6-04	AI1零点阈值	0.0%~50.0%	0.0%	○
F6-05	AI1零点回差	0.0%~50.0%	0.0%	○
F6-06	AI1掉线门限	0.0%~20.0%，以 10V 或 20mA 为 100% 注：对 2~10V 或 4~20mA 以及 10~2V 或 20~4mA 时，内部掉线门限固定为 10%；对 -10~10V 或 -20~20mA 以及 10~-10V 或 20~-20mA 时，不作掉线检测	0.0%	○
F6-07	AI2输入类型	同 AI1 输入类型 F6-00	0	○
F6-08	AI2增益	0.0%~1000.0%	100.0%	○
F6-09	AI2偏置	-99.99%~99.99%，以 10V 或 20mA 为 100%	0.00%	○
F6-10	AI2滤波时间	0.000~10.000s	0.100s	○
F6-11	AI2零点阈值	0.0%~50.0%	0.0%	○
F6-12	AI2零点回差	0.0%~50.0%	0.0%	○

（续）

参数	名称	设定范围及说明	出厂值	更改
F6-13	AI2 掉线门限	同 AI1 掉线门限 F6-06	0.0%	○
F6-14	AO1 功能选择	0:运行频率　　　　1:给定频率 2:输出电流　　　　3:输出电压 4:输出功率　　　　5:输出转矩 6:给定转矩　　　　7:PID 反馈值 8:PID 给定值　　　9:PID 输出值 10:AI1　　　　　　11:AI2 12:PFI1　　　　　　13:UP/DOWN 调节值 14:直流母线电压　　15:加减速斜坡后的给定值 16:PG 检测频率　　 17:计数器偏差 18:计数值百分比　　19:算术单元 1 输出 20:算术单元 2 输出　21:算术单元 3 输出 22:算术单元 4 输出　23:算术单元 5 输出 24:算术单元 6 输出　25:低通滤波器 1 输出 26:低通滤波器 2 输出 27:模拟多路开关输出 28:比较器 1 数字设定 29:比较器 2 数字设定 30:算术单元 1 数字设定 31:算术单元 2 数字设定 32:算术单元 3 数字设定 33:算术单元 4 数字设定 34:算术单元 5 数字设定 35:算术单元 6 数字设定 36:上位机模拟量 1　37:上位机模拟量 2 38:厂家输出 1　　　39:厂家输出 2 40:输出频率(厂家用)　41:面板电位器值 42:计数器 2 计数值	0	○
F6-15	AO1 类型选择	0:0~10V 或 0~20mA　1:2~10V 或 4~20mA 2:以 5V 或 10mA 为中心	0	○
F6-16	AO1 增益	0.0%~1000.0%	100.0%	○
F6-17	AO1 偏置	-99.99%~99.99%,以 10V 或 20mA 为 100%	0.00%	○
F6-18	AO2 功能选择	同 AO1 功能选择 F6-14	2	○
F6-19	AO2 类型选择	同 AO1 类型选择 F6-15	0	○
F6-20	AO2 增益	0.0%~1000.0%	100.0%	○
F6-21	AO2 偏置	-99.99%~99.99%,以 10V 或 20mA 为 100%	0.00%	○
F6-22	100% 对应的 PFI 频率	0~50000Hz	10000Hz	○
F6-23	0% 对应的 PFI 频率	0~50000Hz	0Hz	○
F6-24	PFI 滤波时间	0.000~10.000s	0.100s	○
F6-25	PFO 功能选择	同 AO1 功能选择 F6-14	0	○
F6-26	PFO 输出脉冲调制方式	0:频率调制;1:占空比调制	0	○
F6-27	100% 对应的 PFO 频率	100% 对应的 PFO 频率 0~50000Hz,兼做占空比调制频率	10000Hz	○
F6-28	0% 对应的 PFO 频率	0~50000Hz	0Hz	○
F6-29	100% 对应的 PFO 占空比	100% 对应的 PFO 占空比 0.0~100.0%	100.0%	○
F6-30	0% 对应的 PFO 占空比	0.0%~100.0%	0.0%	○

附录 D 三菱 FR-A540 变频器端子接线图

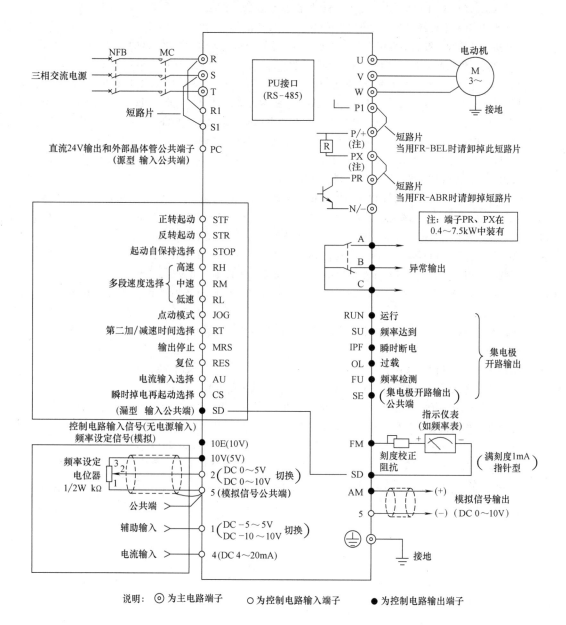

参 考 文 献

[1] 三菱电机. FX1S, FX1N, FX2N, FX2NC 编程手册 [Z]. 2002.
[2] 三菱电机. FX 系列特殊功能模块用户手册 [Z]. 2000.
[3] 廖常初. 可编程序控制器应用技术 [M]. 5 版. 重庆: 重庆大学出版社, 2007.
[4] 阮友德. 电气控制与 PLC 实训教程 [M]. 2 版. 北京: 人民邮电出版社, 2012.
[5] 陈立定, 等. 电气控制与可编程序控制器的原理及应用 [M]. 北京: 机械工业出版社, 2004.
[6] 邓则名, 谢光汉, 等. 电器与可编程控制器应用技术 [M]. 4 版. 北京: 机械工业出版社, 2016.
[7] 巫莉. 电气控制与 PLC 应用 [M]. 2 版. 北京: 中国电力出版社, 2011.
[8] 廖常初. PLC 应用技术问答 [M]. 北京: 机械工业出版社, 2006.
[9] 张振国. 工厂电气与 PLC 控制技术 [M]. 5 版. 北京: 机械工业出版社, 2017.
[10] 郑萍. 现代电气控制技术 [M]. 3 版. 重庆: 重庆大学出版社, 2017.
[11] 许翏, 王淑英. 电气控制与 PLC 应用 [M]. 4 版. 北京: 机械工业出版社, 2017.
[12] 《无线电》编辑部. 无线电元器件精汇 [M]. 北京: 人民邮电出版社, 2009.
[13] 孙政顺, 曹京生. PLC 技术 [M]. 北京: 高等教育出版社, 2005.
[14] 孙德胜, 李伟. PLC 操作实训 (三菱) [M]. 北京: 机械工业出版社, 2007.
[15] 祝红芳. PLC 及其在数控机床中的应用 [M]. 北京: 人民邮电出版社, 2007.
[16] 张还, 等. 三菱 FX 系列 PLC 设计与开发——原理、应用与实训 [M]. 北京: 机械工业出版社, 2009.
[17] 吴启红. 变频器、可编程序控制器及触摸屏综合应用技术实操指导书 [M]. 北京: 机械工业出版社, 2010.
[18] 隋媛媛, 等. 西门子系列 PLC 原理及应用 [M]. 北京: 人民邮电出版社, 2009.
[19] 王廷才. 变频器原理及应用 [M]. 3 版. 北京: 机械工业出版社, 2017.
[20] 高学民. 电力电子与变流技术 [M]. 济南: 山东科学技术出版社, 2009.
[21] 李恩林. 数控技术原理及应用 [M]. 北京: 国防工业出版社, 2006.
[22] 何献忠. 电气控制与 PLC 应用技术 [M]. 北京: 化学工业出版社, 2014.
[23] 崔继红, 张会清. 电气控制与 PLC 应用 [M]. 北京: 中国建材工业出版社, 2016.
[24] Siemens AG. S7-200 可编程控制器系统手册 [Z]. 2007.